THE MYSTERY OF THE
EXPLODING TEETH AND OTHER CURIOSITIES
FROM THE HISTORY OF MEDICINE

# 爆発する歯、鼻から尿

奇妙でぞっとする
医療の実話集

トマス・モリス［著］
Thomas Morris
日野栄仁［訳］
Eiji Hino

柏書房

# 爆発する歯、鼻から尿

奇妙でぞっとする医療の実話集

THE MYSTERY OF
THE EXPLODING TEETH
And Other Curiosities from
the History of Medicine
by Thomas Morris


Japanese translation rights arranged with
Transworld Publishers, a division of
The Random House Group Limited
through Japan UNI Agency, Inc., Tokyo.

目次

## 第二章　本当にあった「謎の病気」



## 第三章　こんな治療はお断り！

## 第四章 痛さ極限、恐ろしい手術



## 第五章 想像を絶する奇跡の生還

## 第六章　信頼できない話

第七章

# 日常に潜む「隠れた危険」

## 謝辞

注意深く原稿を見直し、適切な助言をくれ、素晴らしい本に仕上げてくれた編集者ブレンダ・キンバーと出版社の皆さんに深甚の感謝を。彼らとともに仕事ができたことは望外の幸運だった。

私の代理人パトリック・ウォルシュへの感謝もここに併せて記したい。彼の情熱とエネルギーのおかげでこの企画が動き出した。ローイン・フランシス、アンドレア・セラ、ヒュー・デヴリン、ステファン・バーティは本書に登場した患者たちの病気を予想してくれ、またその他の専門知識の面でも大変お世話になった。それから、私のいつ果てるとも知れない医学的トリビアに驚異的忍耐力で付き合ってくれた妻、ジェニー。全員にここで感謝の意を表しておきたい。

# イントロダクション

数年前、心臓病に関する論文を図書館で読んでいたときのことだ。論文は十九世紀の、どちらかと言えば退屈なものだったが、それが載っている雑誌の冒頭ページにはもっと面白いものが見つかった。それは「腸全体の陰嚢《いんのう》への急激な突出」という面白そうな表題の論文で、次のような記述が見つかった。

ジョン・マーシュ、五十歳、労働者。彼はレンガを満載した荷馬車に轢《ひ》かれ病院に運び込まれた。調べてみると、陰嚢が異様なまでに膨れて大腿《だいたい》の三分の二あたりまで達し、周囲は十七インチ（約四十三センチ）もあった。色は真っ黒で、膨張しきっているため表皮はきわめて薄く、軽く触診しただけでも破裂してしまう恐れがあった。

私の中で数々の疑問が渦を巻いていた。なぜ陰嚢が膨れ上がったのか？　一八二九年に一体全体どんな治療ができたのか？　不運なジョン・マーシュはどれだけ延命できたのか？　恐ろしい記事だったが同じくらい魅惑的で、ページをめくる手が止められなくなっていた。そして読んでみれば、答えも負けず劣らず興味深いものだったのだ。荷馬車の車輪がマーシュ氏の腹部上を通過したことで強烈な力がかかり、腸が鼠径管《そけいかん》に押し込まれて陰嚢にまで達したというのだ。鼠径管というのは腹腔と陰嚢をつなぐ狭い管だ。今や彼の内臓は陰嚢内部で、睾丸《こうがん》と押し合いへし合いを演じている。となれば医者の仕事は単純だ。腸を元の場所に戻してやればいい。

ベッドに寝かせ、腰を持ち上げる。肩は下げさせたまま、温かいケシの湿布《しっぷ》薬で湿らせたフランネルで注意深く、そっと陰嚢を押す。それだけで腸はさほどの困難もなく自然な位置に戻る。湯たんぽ、便秘薬、アヘンにヒル（陰嚢に吸い付かせる）があれば治療は完遂できる。マーシュ氏の運命について、私は悲観しすぎていたわけだ。

事故から十二日後には患者はかなり回復し、あらかじめヘルニアバンドをつけるという予防策を講じれば、何時間かベッドで上半身を起こすこともできるようになっていた。三週間が過ぎると怪《け》我《が》も治り、退院することになった。

だが、完全に治ったわけではなかった。論文には次のような追記がある。

マーシュ氏は昼も夜もヘルニアバンドの着用を余儀なくされている。さもなければすぐさま腸のかなりの部分が陰嚢に落下していくことになるからだ。[1]

それからすぐに私は、古い医学雑誌というのはいい加減に読み飛ばせるものではないと気づいた。吐き気を催《もよお》すもの、楽しいもの、まったく珍奇なものがそこにはあり、そういうものにぶつかるたびに見入ってしまう。ロンドンの公衆衛生や黄熱病《おうねつ》の治療についての、冗長で無味乾燥な学術論文の中にちょっとした逸話が散りばめられている。ナイフを呑《の》んだ患者や自分に外科手術をした人、生きたナメクジを吐き出した話などだ。痛切で胸を打つ話もあれば恐ろしい話もあるが、どれもこれも巧みな作り話以上の価値がある。どんなに珍妙な病気や、奇怪な治療法が記されていても、それらはすべて昔の所見や知識を教えてくれる資料だ。驚くほど最近まで迷信や民間療法が医学の領域に紛れ込んでいるのが見られるが、大昔の医者がときに非常に高度なことをしていたのも事実だ。私は、こんな途方もない話を医学文献の棚の片隅から拾い集めることにした。風変わりな治療、開いた口がふさがらないような手術、そして奇跡の生還。

十七世紀初頭から二十世紀を迎える時期前後までのおよそ三百年間の事例がこの本に集められている。その三百年で医学は劇的な変化を経験する。単なる技術から科学へと、部分的な変質を遂げたのだ。近代の臨床医はまだ古代の医学理論から大きな影響を受けていて、特にギリシャの医者ガレノスの著述が重要視されていた。彼の見解もやはり確実ではない、とわかったことで研究は新時代に突入し革新が引き起こされていたのだが、それでもまだ治療法の多くはガレノスの説に基づいていた。体内を流れる四つの液体のバランスが適切に保たれれば健康も保たれる、というものだ。血液、粘液、黄胆汁《おうたんじゅう》、黒《こく》胆汁。この中のどれかが多すぎる疑いがあれば、瀉血《しゃけつ》［血を抜くことで病気の症状の改善を図る治療法］や下剤などでつりあいをとることができると考えられていた。麻酔がなかったので手術は、時間は短いが苦痛を伴う荒っぽいものになった。また、医者も薬剤師も多種多様な薬を用いたが、効き目のあったのはほんの一握りだった。

三世紀後には顕微鏡を通して、肉眼では見えない小さすぎる生物によって引き起こされている感染性疾患の実態がわかった。医者は感染を抑制する術を学び、患者が意識をなくしているうちに手術を行えるようになり、心不全や癲癇《てんかん》などの重体患者に効く薬を処方できるようになった。とはいえ古い治療法が消えたわけではない。一八九四年までは瀉血を勧める古式ゆかしい医者もいたし、ヴィクトリア朝の医者で気の向くままに下剤を処方する人もいた。彼らは必ずと言っていいほど患者の腹具合を尋《たず》ねていた。

現代の目からすればその治療法の多くは、馬鹿げていて野蛮にすら見えるかもしれないが、過去の医療は現在に劣らず知的で勤勉な営みだったことは覚えておいていい。過去の事例を見れば当時の医者の、患者を助けようという決意のほどがわかる。当時の技術にはまだまだ足りない点が多かったが、そんな中でも彼らは非常に粘り強く、偏屈ですらあった。有効な治療法がないため新しい治療法を見つけ出さなければならず、その研究を先へ進めるために何度も袋小路にぶつからなければならなかった。彼らの治療法と人体の仕組みに対する理解との間には一貫性がある。そして人体についての知識が長足《ちょうそく》の進歩を遂げた分、現代の目からすると古びてしまった治療法もあるが、これは彼らの落ち度ではない。

ジェームズ・ヤング・シンプソンはクロロホルムによる麻酔の先駆者だが、一八五一年に古代ローマの医者が用いた奇妙な治療法について論文を書いている。その中で彼は、彼らの治療法が「突飛《とっぴ》で珍妙」でもあまりに厳しい評価を下すのは思慮深いこととは言えないと注意を促《うなが》し、次のように予見的な文章を残している。

今から一世紀か二世紀後、我々の後継者が現在の投薬方法を振り返ってみたとしよう。ベジタブルパウダーや塩の塊や吐き気を催すような煎薬を芸もなくただ多量に与えている様を知れば、おそらく我々が先達の治療法を振り返って見るときと同等の驚嘆を覚えることだろう。(2)

同じことは二十一世紀の医療にも言える。それだって完璧な科学というには程遠いのだ。とはいえ、当時の水準からしても怪しい治療法もある。そんな場合には私だってちょっとからかってやりたい気分になるが、それくらいは許されるだろう。

医者同士が知識と経験を共有するための医学雑誌が十八世紀の末には激増するが、事例の大半はそこから採られている。他には外科手術の教科書や新聞が原資料になっている。でっち上げと思われる話もあるが（第六章　信頼できない話）、大多数は嘘《うそ》偽りのない事例報告で、信頼できる医者たちが自分の経験したことや見たことを書いている。全文を載せたものもあれば不必要な細部を取り除いた話もあるが、捏造《ねつぞう》も粉飾もしていない。

最後に断っておくが、私は医者ではないし医学的なアドバイスを書いたつもりもない。もし、治療のためポートワインで浣腸《かんちょう》をしたり、蛇《へび》の排泄《はいせつ》物を摂取したり、水銀の詰まったタバコを吸う読者がいても責任はとりかねるので、悪《あ》しからず。

二〇一八年三月

トマス・モリス

本文中（　）の割注および＊は原注、［　］の割注は訳注を表す。
また、本文脇の数字は各章の参考文献番号に対応している。

第一章

# 馬鹿馬鹿しいほど不幸な状態

どんな救急病院にも、やっかいな病気にかかった、しかも完全に身から出た錆《さび》と言えそうな患者がいるものだ。この手の患者は、病気の性質やその原因を訊《き》かれると押し黙ったり筋の通らない説明をしたりする。一九五三年にバーンズリーの病院に入院した男は鋭い腹痛に苦しんでおり、自分ではそれが二週間近く続いていると言っていた。外科医が調べたところ、直腸の壁に酷《ひど》い裂け目ができていた。治療はできたのだが、それはどこからどう見ても数時間前にできた傷だった。どうして傷を負ったのかと訊いてみれば、「かがみこんだ姿勢で」花火のすぐそばに立っていて、それが急に炸裂したからだと答える。が、真実を話すように強《し》いたところでは、私生活でフラストレーションが溜まっていたので「自分の尻に花火を打ち上げた」とのこと。なるほど、一つの手ではある。

医学文献はとんでもない行動をしでかす人々で満ちている。肛門で花火を爆発させた男の祖先と言っていいだろう。本来入れるべきではない場所に異物を入れてしまった人々だ。最も古い事例では、腹痛を鎮めようと修道士が香水の瓶を呑み込んでしまったというのがあるし、ゴブレットが直腸内に入り込んだせいで死んだ農民と、その名誉のために苦慮した外科医の話もあるが、本章に収められた数々の事例の輝かしさの前ではかすんで見える。それら不運な事故の話で印象的なのは、そんなにも痛ましい状況を作り出す発明の才とでも言うべきものだが、しばしば患者を救うために医者たちが編み出した治療法も負けず劣らずの創意に富んでいる。

ここ数世紀で医学は見違えるほどの進歩を遂げたが、変わらないものもある。飽くなき人間の悪戯《いたずら》心やそれに伴う惨事、飛びぬけた馬鹿馬鹿しさだ。これればかりはいくら進歩しても消えない人間の性《さが》らしい。

# 肛門に呑み込まれたフォーク

現代の医学雑誌は、必ずしも人目をひく表題で評価されているわけではない。専門用語はこういうとき役には立たないもので、「ベストロフィン症」「特発性血小板減少性紫斑《しはん》病」「壊死《えし》性筋膜炎」なんて言葉を入れるとすると、鮮やかにきまった表題を付けるのは簡単ではなくなる。

だが近年では無味乾燥な専門用語を退けようという動きがある。少ないながら、文学的隠喩《いんゆ》やポップカルチャーの参照、駄洒落《だじゃれ》の力を借りて読者の注目を集めようとする研究者もいるのだ。『ニューイングランド医学時報（The New England Journal of Medicine）』誌に載った論文の一つは作家ジョージ・R・R・マーティンのファンの気をひこうと必死だ。その表題を「ゲーム・オブ・TOR・ラパマイシンの標的タンパク質（TOR）が支配する四つの王国（Game of TOR the target of rapamycin rules four kingdoms）」［『Game of Thrones（ゲーム・オブ・スローンズ）』をもじった表題］という。他には「尿道《ユリースラ》より圧をこめて＊（From urethra with shove）」なる論文もあるし、奇抜さでは「上腸間膜静脈は血栓症を償う・臨床的続発症の残虐《ざんぎゃく》さ（Super-mesenteric-vein-expia-thrombosis, the clinical sequelae can be quite atrocious）」なる論文が他の追随を許さない。非常に深刻な虫垂炎に関する論文としてはあり得ない表題である。

＊ちょっと唸らせられるような表題だ。周知のように泌尿器科《ひにょうき》は洒落がうまい。［『From Russia with Love（007ロシアより愛をこめて）』を意識した洒落］

だが私のお気に入りは三百年近く前に書かれたものだ。一七二四年に『自然哲学研究（Philosophical Transactions）』という王立協会誌が、サフォーク州ローストフトの外科医ロバート・ペイン氏からの手紙を載せている。その表題は文句の付けようがない。すなわち、

## 《肛門に押し込まれ、後に引っ張り出されたフォーク》

ローストフト在住　外科医　**ロバート・ペイン**

ジェームズ・ビショップはグレート・ヤーマスに住む船大工の見習いで年齢は十九歳だったが、下腹部に激しい痛みがありそれが六、七カ月続いていた。疝痛《せんつう》の一種かと思われた。血尿が出るとのことだったので私はこれを膀胱結石《ぼうこうけっせき》だろうと診断した。薬はほとんど効き目がなく、そのうちに左の臀部《でんぶ》に硬い腫《は》れが現れた。大殿筋《だいでんきん》のあたりで、肛門から一から二インチ（約二・五から五センチ）のところだ。少々上向きに傾斜していた。それから少しすると彼は毎日数回、肛門のすぐそばから膿《うみ》を排出するようになった。

さて、今回の事例では嚢胞《のうほう》［体内に生じた袋状のもの。液体が入っている］の類が形成され、次いでその表面が割れたことになる。外科医は痔瘻《じろう》を疑った。これは腸の端から肌の表面にかけて、普通はできないはずの管が通ってしまう症状だ。が、すぐにこれも見込み違いだとわかった。

まもなく腫れた部分からフォークの先端が顔を出し、肌を半インチ（約一・三センチ）ほど突き

抜けた。それからすぐに激しい痛みはやんだ。私はフォークの枝と枝の間に挟まれている部分の肉を切ることにしたが、これは良い判断だったと思う。その後にフォークの周囲に輪状切開を行い、がっしりしたペンチで問題のものを取り出した。さほどの困難もなく全体が外に出た。引き抜いたとき、柄《え》の端の部分は排泄《はいせつ》物でひどく汚れていた。

まあ、当然だろう。それにしてもよくこんなに大きな食器を入れられたものだ。

長さ六・五インチ（約十六・五センチ）ほどの大きなフォークだ。柄は象牙《ぞうげ》だったが、今は真っ茶色になっている。鉄の部分は真っ黒で表面は滑らかだ。錆《さび》はない。

この若者はなぜこんな状況に陥ったのか、説明を渋った。少なくとも、仕送りをやめると脅されるまでは話そうとしなかった。

彼の血縁で、この近所に住んでいる紳士がいる。ブランデストンの教区牧師を務めるグレゴリー・クラーク師で、私のもとに今回の患者を送り出した人物でもある。患者はクラーク師に大いに世話になっている身の上でもあったから、なぜこんなことになったのか黙っているつもりならこれ以上面倒は見ない、と脅されれば話すしかなかった。彼は便秘を解消できると思って、フォークを肛門から押し込んでみたというのだ。だが不運にも手が滑って回収できないところまでフォークが入ってしまった。

ペイン氏はあとがきで次のように述べている。

**ＰＳ・彼は肛門からフォークが入っても一カ月ほどは何ともなかったと言っている。**[1]

とはいえ、この話の教訓が変わるわけではない。すなわち、便秘になっても、肛門にフォークを押し込むべからず。

# ナイフを呑むのは体に悪い

何やらわけのわからないものを呑《の》み込んで人目をさらう人々がいる。医学文献において彼らはいつも重要な役割を果たしてきた。十九世紀の医学雑誌にはおびただしい数の事例が記録されている。大半の患者は明らかに精神疾患の類を患《わずら》っているのだが。ここで紹介するのは、一八二三年に刊行された『内科外科医学雑報（Medico-Chirurgical Transactions）』に掲載されていたものだが、笑いをとるためにナイフを呑む男の事例報告で私が初めて読んだものでもある。

## 《数々の折りたたみナイフを呑んだ後、十年生き延びた男》……死後の身体の記述付き

王立学会特別研究員医学博士他　ガイズ病院医師　アレックス・マルセット

一七九九年六月、二十三歳のアメリカ人水夫ジョン・カミングスの船がフランス沿岸に停泊していた。彼は水夫仲間たちとともにハバディグレイスから数マイルの場所にある海岸に降り立った。一行は群衆にとりまかれた天幕を野原に見つけ、そこへ行ってみることにした。興業が行われているというので中に入ることにしたのだが、そこでは香具師《やし》が折りたたみ式ナイフをあたかも本当に呑み込んでいるかに見せかけて観客を沸かせていた。船に戻った後、天幕に行ったうちの一人がナイフを呑み込んだ香具師の話を水夫仲間に聞かせている横から、したたかに酔っぱらっていたカミ

ングスがナイフくらい自分にだって呑めるとひけらかし始めた。

賢明なふるまいとは言えない。彼の同僚はすかさず証明するようけしかけるのだった。仲間たちを失望させまいと、彼は懐中ナイフを口の中に入れて大量の酒と一緒に流し込んだ。

だが見物人たちはそれだけでは満足しなかった。彼らが「もっといけるか?」と問いただせば、カミングスは「船中のナイフを持ってこい」と答え、それに応じてすぐさま用意された三本のナイフを、さっきと同じやり方で呑み下す。「大胆な酔っぱらい(本人の言)のおかげで一同は大いに愉快な一夜を過ごした」という。

どんな水夫も知っていることだが、行動には結果がついてまわる。異物を摂取したときの「結果」は通例十二時間以内に現れる。見よ! これが結果だ。

翌朝便通があったが、これは特に妙なところはなかった。午後もう一度便通があり、このときナイフが一本吐き出されたが、最初に呑んだものではなかったとのこと。翌日になって一度に二本のナイフが出てきた。このうちの一本が初めに呑んだもので、彼によると四本目のナイフだけが出てこない。しかしそれで不都合を感じたことはなかったという。

それでは何も心配はいらないわけだ。

さて、この派手な〝芸〟をしでかしてから六年というもの、彼が再びナイフを呑みこもうと思うような機会はなかった。だが一八〇五年の三月、アメリカのボストンで水夫仲間たちと飲んでいたときのことだ。彼は以前成し遂げたあの偉業をひけらかし、まだ同じことができると吹聴《ふいちょう》したい気分に駆られ、またあの〝芸〟を披露するつもりになった。ナイフが用意され、彼は即座にこれを呑み込んだ。この晩だけで彼は、さらに五本のナイフを呑み込んだという。翌朝になると物見高い連中が大挙して見物にやってきたので、彼はその日さらに八本のナイフを呑み込むことになった。全部で十四本になる。

カミングス氏は何というか、まあ、切れ者ではないと考えて差し支えないだろう。

だが今回は悪ふざけの報《むく》いを受けることとなった。翌朝になると嘔吐《おうと》が止まらなくなり、腹痛にも悩まされるようになった。チャールストン病院に連れて行かれたが、本人が言うには「それから翌月の二十八日までの間に、そこで無事積み荷を産み落とした」

これは多分、当時の船乗りたちにとっては一般的な言い回しで、新しく名文句が発明されたわけではなかったのだろうが、それでも私には面白かった。「入れ物を空《から》にした」後で、カミングスはフランス行きの船に乗ることになるが、その帰途でアイシス号に航路を遮《さえぎ》られ、イギリス海軍に徴発されることになる。

ある日、船はスピットヘッドに停泊していた。彼は酔っぱらい、またしても自分の悪ふざけをひけらかした。そしてまたしてもナイフを呑んでみろとけしかけられ、それに応じることになる。「口だけの人間にはなりたくない」と彼は言っていた。

なるほど立派な人間は、口にしたことはやりとげてみせる。とはいえ分別があれば、ナイフを五本も呑み込んだりしない。しかもこれはまだまだ終わりではなかった。

翌朝、仲間たちにもう一度あの〝芸〟が見たいと熱心に言われると、彼はいつもながらの調子の良さで快諾してしまう。そして「一同の声援と酒の力を借りて」はっきり覚えているだけで九本の折りたたみナイフを呑み込んだが、いくつかはとても大きかった。後で見物人に確かめたところではさらに四本のナイフを呑んでいたらしいのだが、彼はそれについてははっきりと覚えていないと言っている。おそらく、ひどく酔っていたのでナイフを呑んだときの記憶をなくしてしまったのだろう。

何たる向こう見ず！　彼には学習するということがないのだろうか？

だがこれが、我々が記録すべき最後の〝上演〟になった。彼は何回かナイフを呑んでいるが、合計すると少なくとも三十五本にはなる。これが結局最後の挑戦となり、最終的には彼の存在そのものに終止符を打つことになった。

彼は死が近づいているのを感じていたはずだし、おそらくちょっとどころでなく馬鹿馬鹿しい事態だと思っていたことだろう。カミングスは船医に従って便秘薬を飲むことにした。しかし薬をもらっても効き目はない。

結局、三カ月後に彼は相当量の油を飲み、（彼の表現を借りれば）ナイフが「腸を下り落ちていく」のを感じたという。実のところナイフが排出されたとは言っていないのだが、これ以降気分は楽になったという。その状態がしばらく続いたが、翌六月の四日に彼はナイフの柄《え》の片面を口から吐き出す。乗組員の一人の持ち物だった。

多分その乗組員も返してくれとは言わなかっただろう。

同じ年の十一月、ナイフの破片がいくつか排出され、一八〇七年二月にはさらに数個の破片が排出された。そして六月、治療不能と見なされ彼は船から降ろされた。そのすぐ後に彼はロンドンのガイズ病院でバビントン医師の治療を受けている。

医師はナイフを呑んだ話などは信じられないと、彼を退院させている。彼は健康を回復していた。そして一八〇八年の九月まではまた病院に現れることもなかったのだ。

今度はキュリー医師の患者となり、治療を受けた。だが、みじめにも彼は徐々に苦しみの底に沈んでいき、一八〇九年の三月、衰弱の果てに命を落とすこととなった。

彼が死にかけているときですら、担当医は三十以上のナイフを呑んだ話など信じはしなかったが、あるときを境に状況が変わる。

ある日、バビントン医師とアストレイ・クーパー卿（P198参照）は共同で検査にあたった。この事例についてあらゆる側面から精密に調査を行ったが、特に決め手となったのが真っ黒な色をした腹部からの排出物（大便のこと）だった。消化器官の中に鉄錆《てつさび》色をした物体が本当に蓄積されているという結論に達したのだ。このことは病院の外科医ルーカス氏によってすぐに裏付けされた。直腸に指を挿《さ》し入れたところ確かにナイフの欠片《かけら》があったというのだ。腸のあちこちに欠片があるらしかったが、つかみ取ろうとすると患者が激しい痛みを訴えたので取り出すことはできなかった。

医師たちは硝酸《しょうさん》と硫酸《りゅうさん》でナイフを溶かす（少なくとも切っ先を鈍らせる）方針に切り換えたが、そんなことをすればむしろ容体は悪化するに決まっている。医師たちは何もできないまま、患者が消耗し死んでいくのを見ているしかなかった。カミングス氏の遺体を解剖したところ、彼の腹部は異様な惨状を呈していた。体組織のあちこちが暗い錆色のしみで汚れていたのだ。腸内でいくつかの刀身が見つかったが、そのうちの一つは結腸に突き刺さっていた。これだけでも人が死ぬには十分だ。が、それだけではなかった。

胃を外側から観察したところ、体組織が変質した跡があらわに見て取れた。そのときは内側を調査したのではなかったが、結局はすぐに切り開かれることになる。立ち会ったのはアストレイ・クーパー卿とブリストル診療所の外科医であるスミス氏。スミス氏はこのとき偶然居合わせたのだった。おびただしい数の刀身、スプリング、柄が発見された。三十から四十のパーツが見つかった。明らかに刀身の残骸《ざんがい》だというものが十三から十四あり、かなり腐食が進みサイズも驚くほど小さくなっていたものがあった一方で、比較的状態の悪くないものもあった。

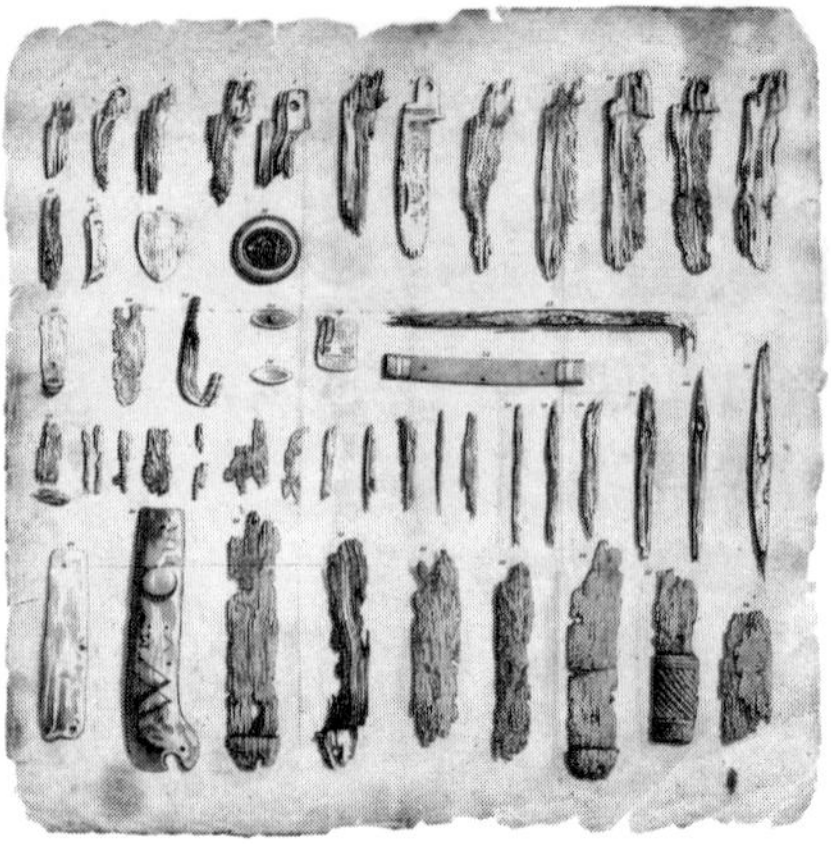

胃にあったナイフのパーツのスケッチ

腹部臓器を仔細に調べていくうちに、医師たちの頭を悩ませていた疑問の答えも見つかった。疑問とは、ほとんど元の状態のままで出てきたナイフがある一方で、消化が進んでいたナイフがあったのはなぜか、というものだ。

速やかに胃から排出できた場合には、刀身は柄の中に折りたたまれたまま、つまり比較的害が少ない状態で腸内を通過することになる。だが、ナイフが胃の中に残ったまま時間が経つと柄（大半は動物の角でできていた）が

溶けるか、あるいは少なくとも小さくなっていき、ナイフの金属部分を保護することができなくなっていくのだ。(2)

さてこの話の教訓はなんだろうか。大量のアルコールを飲んだ状態で目立とうとすると大抵は悲惨なことになる。そしてもっと大事なことは、「もっといけるか?」と訊《き》かれたときに言うべき答えとは「船中のナイフを持ってこい」では決してないということだ。

# 留め金をつけられた性器

◆infibulation, n. ◆留め金で性器を閉じること。
［オックスフォード英語大辞典］

infibulation――そうそう出くわすことのない単語なので私も辞書を引いた（これで意味はわかったわけだ。砕けた感じの会話で、使ってみてはいかがだろうか?）。この言葉が初めて使われたのはジョン・ブルワーの『人間の変形（Anthropometamorphosis）』のようだ。これは一六五〇年に刊行された、タトゥーやピアスなどの身体改造についての論考だ。ブルワーは古代ギリシャには、若い男性俳優の純潔を保つために性器を留め金で留める風習があったことを明らかにしている。

古代ギリシャ人の間では、若く柔弱な男性がまだ早すぎる時期に性交を行って声がつぶれることのないように、彼らの帆桁《ほげた》（ペニスのこと）にリングかバックルをはめるのを常としていた。

一八二七年の『ロンドン医学生理学時報（London Medical and Physical Journal）』に掲載された論文がなければ、私もこんな風習を知らずに済んだと思うのだが。その愉快な論文は次のような表題だ。

**《留め金をつけられた性器、包皮に硬性癌《がん》を発症する》**

数年前、デュピュイトラン氏はペトロ博士からM氏の事例について相談を受けた。M氏はフランスで最も重要な工場を経営している人物だった。

これは現代でいうところのエアバスやフォードのCEOが恥ずかしい問題を抱えて病院に行くことに等しい。そしてこの場合は本当に恥ずかしい「問題」だったのだ。

年齢は四十歳ほどで体格も良かった。長い間、男性器から悪臭のする液体が大量に漏れ出る症状が続いていた。尿を排出するのにも苦労するほどだった。包皮《ほうひ》は相当に膨れ上がり硬くなり、ところどころ潰瘍《かいよう》になっていた。

この記述からすると相当な遊び人だったかのように思える。

ここまでは特に注目に値する部分はない。だが、あちこちが金具に貫かれている包皮を見て看護人が俄然《がぜん》、好奇心を掻《か》き立てられることになった。金具と包皮の隙間、それから傷口の縁は完璧に形成された皮膚組織に覆われていたのだ。

「完璧に形成」とは新しい皮膚が傷口の縁に形作られていったということだ。ちょうどピアスの穴にイヤリングやスタッドをつけっぱなしにしておくと、数週間後には新しい皮膚組織で隙間が埋まるのと同じだ。これは重要な情報だった。

デュピュイトラン氏は治療に移る前に、なぜ陰茎《いんけい》の包皮に穴が開くことになったのか確かめることにした。患者が言うには、若いころポルトガルを訪れて数年を過ごすことになった。そこで情熱的な女性とねんごろな関係になったのだが、嫉妬《しっと》心のほうも強烈な女性だった。彼は無私の愛情を捧げており、彼女は彼に対して絶対的な影響力を持つことになった。

成功を収めたフランス人実業家と情熱的なポルトガル人女性がお互いをいたわり合っていたというわけだ。なんともお熱いことで。

ある日、情を交わし合っていたときのことだ。彼は男性器にちくりと刺すような、かすかな痛みを感じた。佳人の愛撫《あいぶ》に注意を奪われていたのでなぜ痛みが生じたのかを調べてみることもしなかったのだが、抱擁《ほうよう》を解いて男性器を見ると見事な造りの、金色の小さな留め金がついている。そして鍵は彼女の手に！

艶《つや》消《け》しな話だ。ある意味ロマンティックだとは思うが、誰もが理解してくれる行いでもない。

女性は弁舌の才にも恵まれていたようだ。愛撫を織り交ぜながら言葉巧みに恋人の機嫌を操り、留め金を付けたままにさせることを認めさせ、さらにそれを美しい装飾品だと言いくるめてしまったのだ。行為のたびごとにつけ直す合意までとりつけており、穴の開けられた部分は弱くなっていったようだ。そして信じられないことだが、彼女は最終的に「念には念を入れる」ため、二つ目の留め金までとりつけてしまった。

いささかやりすぎではないかと思うのだが、驚くべきことに男性のほうは同意していた。多分「M」氏はこれら一切を喜んでいたのではないだろうか。医者にした話以上に。

四年か五年その状態が続いた。一つ、もしくは二つの留め金を常に装着し、その鍵はといえばもちろん彼の恋人によって厳重に保管されていた。最終的には包皮の病気にかかり、デュピュイトラン氏が相談を受けたときには癌の兆候を示していた。

当時、「癌」と言ったとき、悪性の腫瘍《しゅよう》ではなくやっかいな潰瘍を指すこともあった。というわけでこの場合は単純に、比類なくデリケートな部位に発症した慢性的な感染症のことを言う。

最も安全で効果的な方針が採られた。手術で包皮が切除されたのだが、ほとんど割礼《かつれい》と同じ手順がとられた。その後サンソン氏の治療を受け、三週間足らずで完治した。それからは患者は完全な健康体で過ごしている。(3)

M氏がこの話を従業員たちから隠しおおせたことを祈ろう。クリスマスパーティーで暴露されていたりでもしたら目も当てられない。

# 燭台に〝棹〟がハマった少年

前項に登場したデュピュイトラン氏、すなわちギヨーム・デュピュイトラン男爵は十九世紀初頭のフランスで最も名声があり成功を収めた外科医だ。彼は今日ではまずデュピュイトラン拘縮《こうしゅく》の名前の元になった人物として記録されている。これは良性の腫瘍が手のひらから指にかけて発現し、かぎづめのような形に手が固定されてしまう病気だ。彼にはいくつかの誇るべき長所があった。名手と言ってよいほどの腕があったし、あらゆる外科手術の手法に精通していていくつかは自分で編み出していた。また、ヨーロッパ中の医学生がその雄弁に触れようと彼の講義につめかけ、席を争うほどだった。とてつもない富豪で、シャルル十世に百万フランもの大金を貸そうと申し出たこともある。これは亡命先での不自由を慮《おもんぱか》ってのことだった（シャルル十世は一度は喜んで申し出を受け入れたが、後になって、現金はもう必要なくなったと書き送っている）。デュピュイトラン氏は優れた人物だったし、本人もそのことを自覚していた。手術の手並みの完璧さを後輩から称賛されたときに彼はこう答えている。「Je me suis trompé, mais je crois m'être trompé moins que les autres（私とて間違いを犯してきた。だが余人よりその度合いは少ないだろう）」

デュピュイトラン氏は、外科手術で衝撃的な功績をいくつも挙げ、重要な症例を担当していた。そして、ここで紹介するのも氏の偉業の一つである。一八二七年にパリで刊行された雑誌に載っていたもので、表題を訳してみるとだいたい「燭台に締め付けられたペニス」とでもなるだろう。

## 《燭台に締め付けられたペニス》

桶屋見習いの少年が施療院にやってきた。うめき声を上げ、顔は赤くむくみ、足取りは痛々しく、体を斜めに傾けながら足を踏み鳴らし、手で性器をつかんでいる。どうやら尿路に問題を抱えており、深刻な苦痛に耐えているようだ。彼は急いで下穿《したば》きを脱ぎながら、尿が詰まって外に出なくなってしまった、と何とかそれだけを言うと、異様なほど腫《は》れあがり紫色になったペニスを出して見せたが、その中ほどは何かに締め付けられて深い溝が走ったようになっていた。デュピュイトラン氏がその溝のあたりに折り重なった包皮をどかしてみると、そこに黄色い金属片が見えた。さらに包皮をめくってみると、驚いたことにそれは燭台のソケット（socket）だった。広いほうの口が前を向いている。前というのはつまり恥骨《ちこつ》のほうだ。

「ソケット（socket）」はしかし最良の訳語ではないかもしれない。原文では「bobêche」というフランス語になっているが、これは燭台の外側にある輪っかのようなものだ。融けた蠟燭《ろうそく》の滴《しずく》をせき止めるためについている。この場合は少年のペニスをせき止めてしまったわけだが。

まったくこの患者はひどい責め苦に耐えていた。三日もの間尿を排泄《はいせつ》できなかったおかげで膀胱《ぼうこう》はへそのところまで膨張していたし、すぐに何とかしなければペニスは壊死《えし》してしまう恐れがあった。手をこまねいている暇はない。一刻も早く、ペニスを締め付けて尿をせき止めている異物を取り除かなければならなかった。手術の道具が取りそろえられる間、どうしてこんなことになったのか理由を問い詰められた少年は、酔っぱらいながら堕落《だらく》した遊びに耽《ふけ》っているときに燭台のソケットを取り、それが誤ってペニスにはまってしまったと白状していた。

おいおい少年よ。

一度はまってしまうと、もう引き抜くことはできなかった。何とかしようと努力すればするほど一層みじめな状態に落ち込んでいった。さらに、ペニスが突っ込まれたソケットの、狭くてとがったほうの口は亀頭《きとう》の先端のほうを向き、圧迫していた。

何ということだ。

デュピュイトラン氏はまず、広いほうの口の、位置が対称となるような二つの場所に切れ目を入れた。それから切れ目を延ばしてソケットを二つに裂いていくわけだが、ペニスが膨れ上がっていたためこれにはかなりの困難が伴った。ある程度までいったところで助手が二本のへらの先端を差し込む。するとすぐに外科医と助手の努力が実り、筒は二つに割れ、ペニスが解放された。

外科医というよりまるで消防士の仕事みたいだ。どちらにせよ、大抵の男性なら、刃物が、何というか、そんなにもモノに近い場所で使われるのには抵抗を覚えるのではないだろうか。さて、三日も尿が出ていなかったせいで、少年の膀胱にはとてつもない圧がかかっていた。それが解放されたときどうなるかは想像に難くない。

拘束が無事解けたかと思うや、デュピュイトラン氏は噴き出してきた小便を浴びることになった。

お見事。

羞恥心《しゅうちしん》と歓喜が一緒くたになって患者のもとにやってきた。彼は下着すらつけないまま即座に走り出し、群衆の中を突っ切っていった。手術が成功した証を彼ら——とノートルダム寺院前の公園に——にふんだんにふりまいて。手術のおかげで彼は尿詰まりの責め苦から解放され、下手をすると死の危険がある壊死からも免れたわけだった[4]。

デュピュイトラン氏はきっとそぼ濡《ぬ》れた衣服をしぼりながら、この若者と同じ喜びに浸っていたことだろう。

## 心臓を撃ち抜かれても……

十九世紀までは心臓に傷がつけば即座に死に至ると信じている人がほとんどだった。数世紀来の伝統的な考え方によると、そこは感情の座であり、魂の宿る中枢であり、人体の中心ということになっていた。この「生命力の源泉」（十六世紀の外科医であるアンブロワーズ・パレの言葉）に傷がつけば死に至ると考えるのは自然なことだった。多くの医者が同じように考えていた。西洋医学史上最も偉大なガレノスが、心臓の傷は不可避的に死をもたらすと書いていなかっただろうか？　だったらそれは正しいに違いない、というわけだ。

だが、優秀な医者は当時すでに知っていたことだが、それが真実ではないことを示す証拠はいくらでもあった。パレ自身も、決闘を行った挙句に心臓に大きな刀傷を負い、そのまま三百メートルほど走った男の体を検分している。他にも自然死した患者の心臓組織に数カ月から数年前にできた傷跡が発見された例もある。ガレノスの主張は完全に覆されていたわけだが、場所によってはこの説がしぶとく生き残っていた。根強い医学上の神話だったのだ。心臓が傷ついてもしばらく生きていた（それか回復さえした）事例は、一八三〇年代にはまだ公表に値するだけの目新しさを備えていた。ここで紹介するのはその中でも折り紙つきの一つで、一八三四年にウスターシャー州アップトン＝アポン＝セバーンのトマス・デイヴィスが雑誌に発表している。デイヴィスは自分のことを外科医と書いているが、この時代の多くの田舎《いなか》医者と同じく、免状を持たない薬剤師というのが実情だった。*

＊地方の同業者ジョージ・シュワードはこの論文を読んで激しい怒りの手紙を書き送っている。デイヴィスはこの事例についての自分の報告書を盗用しているというのだ。シュワードは長期間にわたりデイヴィスに対するキャンペーンを繰り広げ、どうやら所期の目的を達成したらしい。数年後に作成された地方の商工名鑑を見てみるとデイヴィスは外科医ではなく「薬剤師兼穀物、種子の販売人」とされている。おそらくこちらのほうが正確な記述だろう。

## 《心臓の中に異物が見つかった少年の特異な事例》

アップトン＝アポン＝セバーン在住　外科医　**トマス・デイヴィス**

一八三三年一月十九日の夕方、私は十歳のウィリアム・ミルズ少年の手当てのため、アップトンから二マイル（約三・二キロメートル）のところにある町ボートンに呼ばれた。到着すると少年の両親は、息子《むすこ》が入れ子式の長柄《ながえ》フォークで作った銃で自分を撃ってしまった、と教えてくれた。尋常《じんじょう》ではない挨拶《あいさつ》だ。即席で銃を造るとしても、長柄のフォークというのは一番に頭に浮かぶ道具とは思えない。

フォークの柄の中に長さ三インチ（約七・六センチ）ほどの木片を詰めて少年はそこを銃尾とした。銃の火口は柄の空《から》っぽの部分に火薬を詰めた後に造られた。

思慮分別に富むとは言えないが、巧妙な工夫ではある。

結果はどうだったかというと、火薬が爆発したときに工作した銃尾、つまり木片が銃身からものすごい勢いで飛び出してきて、少年の右胸部、第三と第四肋骨《ろっこつ》の間を貫いて消えた。少年はこの後すぐ四十ヤード（約三十六メートル）ほど歩いて家に帰っている。

まだ歩けるというのは明るい兆《きざ》しだと思われた。それに医師が検査したときは、深刻な事態には見えなかった。

私が診《み》たときには、彼は相当量の血を失って意識がかなりぼんやりしているようだった。体を右側に向けてもらうと、木片が入っていった箇所から毒々しく血が流れ出ていった。数時間経っても何も起こらなかった。彼はまったく痛みを訴えなかった。

実際、事故の直後は特に大きな影響があったようには見えなかった。

事故が起きてから十日か二週間ほどの間、彼は快方に向かっているように思えた。それにその期間中、一度などは自分の足で庭まで出て戻ってきたのだった。距離にしてだいたい八十ヤード（約七十三メートル）ほどだろう。庭で彼は花を見て楽しみ、土を掻《か》きまわしさえした。

趣味は園芸と小火器の開発というわけだ。十歳の少年にしては少々奇妙な取り合わせではある。

調子は良いし陽気なこともしばしばで、お祭り気分のことすらあると彼はいつも言っていた。顔つきにも妙な点はなかったが、ただ目だけは明るすぎるように感じられた。二週間が経つと目に見えるほど衰弱していき、しばしば悪寒がするようになった。その後には決まって気絶する。心拍は非常に速く、咳《せき》や吐血はない。分泌作用は健康そのもの。最初から最後まで痛みはなかった。彼は二月二十五日にこの世を去る。事故が起きてからきっかり三十七日後のことだった。

基本的に医者は何もできなかったことになる。木片が体のどこに行ったのか見つけ出す手立てもなかったし、麻酔がなければ（登場まで数十年待たなければならない）試験手術もできない。検死にはデイヴィス医師と三人の同僚、そして奇妙なことに少年の父親が立ち会っている。

胸部を開くと右側、第三と第四肋骨の軟骨の間から小さな傷跡が見えた。胸骨から半インチ（約一・三センチ）あたりの場所だ。肺は健康そのもののようだったが、ただし右肺に小結節［病気により、組織が周りの組織から小さく盛り上がった状態］ができていた。肺動脈に近い位置だったが、肺根に細胞組織が青くなっている箇所があった。サイズ的には胸の体腔壁にできた傷と一致している。

すべて木片でできた傷と一致していることになる。おそらく木片は二つの肋骨の隙間を通り、右肺に入り込んだ。だが、そこからが驚きだったのだ。

外から見た限り心臓は健康そうだった。右心耳《うしんじ》と右心室《うしんしつ》を観るために心臓を切開したところ、驚くべきものが見つかった。少年が銃尾として使っていた木片が右心室から見つかったのだ。片端が心臓の一番先の部分に押し付けられていた。心臓の内壁と肉柱《コラムナエ・カルニアエ》の間に押し込まれていたのだ。もう一方の端は房室弁《ぼうしつべん》のところにあった。それも特にデリケートな、裂け目になっている部分にだ。しかもクルミほどの大きさの血の塊がこびりついていた。

木片が入り込んだ少年の心臓の版画

木片は心臓の右側から見つかった。これは非酸素化血液を肺に送り出す部位だ。右心耳（現在は右心房《うしんぼう》として知られている）は血が入ってくる場所で、ここから血液は三《さん》尖《せん》（房室）弁を通過してポンプの役割を果たす右心室へ至る。肉柱《コラムナエ・カルニアエ》（これはラテン語〝columnae carneae〟ではそのまま「肉の隆起部」という意味）は筋肉の柱が心室に突き入っているもので、これは何本もある。どうしたわけか木片がこの下に潜り込み、周りには大きな血の塊を形成している。

少しの間でも異物が血流の中に紛れ込んだときにはこんなことが起きる。

木片が心室に入り込んだときに、心臓か、あるいは心膜に傷がついたはずではないかと、調べてみたが無駄だった。

これは重要なことだ。もし、単純に木片が心臓を貫通して入り込んだのだとすれば、二つのことが言えるはずだ。まず、少年は数分以内に命を落としていたであろうこと。この木片ほどの物体が入るほどの傷口なら悲惨なほどの出血量になっていたはずだ。二つ目は、心筋に大きな傷が残っていただろうということだ。

この事例は最も興味深い記録になるという印象を私に残した。まず第一に、この子どもは長さ三インチ（約七・六センチ）ほどの木片を右心室に抱えながらしばらく生きていたことになるし、以前と変わらぬ活発さで心筋が活動していたことになる。これは驚くべき事態だ。この状態で心臓が血流を行きわたらせることには、力学的な困難が伴ったことを考えあわせるならば特に。次に、木片がどのように右心室に入り込んだのか指摘するのが、いささか難しいという事情がある。心嚢にも心臓の筋肉組織にも傷はないし、傷跡もない。

デイヴィス医師はある説明を思いついたが、彼の同僚たちの多くはこの説明をかなり怪しく思ったに違いない。が、この説明はおそらく正しい。第一次世界大戦中、外科医たちは心室に弾丸が入り込んだ兵士たちの事例に数多く対処したのだが、弾丸は血流に運ばれてそこまで来た、つまり大静脈（人体の中で最も大きい血管で、非酸素化血液を心臓に送り返す）などの血管を通ってきたのだった。これに似たことが起こっていたようなのだ。

**この木片は肺を貫通した後大静脈に入り込み、そこから右心耳まで血流に運ばれ、次いで右心室に至った。そこで木片は先に述べたような格好（図版に見られる通りだ）で固定された。私はそのように考えるに至った。[5]**

実際、非常に興味深い事例だ。医師が挿絵を用意してくれたのはありがたい限りである。この状況で少年が一カ月以上生き延びた点は心に留めておこう。

## 死を招くエッグカップ

ウォルター・クーパー・デンディは外科医として活動していたが、彼が医学界になした貢献で後代まで残っているのは手術でも道具でもない。言葉である。一八五三年に「プシコテラペイア、あるいは治療における心の影響（Psychotherapeia, or remedial influence of mind）」という論文を発表し、心理学が治療に利用できる可能性について詳細に述べている。皮膚病や水疱《すいとう》に関する彼の本は忘れ去られたかもしれないが、彼がサイコセラピー（精神療法）と名付けた学問分野は健在である。

もし世に正義があるならば、彼が一八三四年に『ランセット（The Lancet）』に寄稿した逸品のことも思い出されるべきだろう。各ページの最上部にはそっけなく「デンディ氏とエッグカップの事例（Mr Dendy's Egg-Cup Case）」と印刷されている。事例そのものも素晴らしいが、記述も素晴らしい論文である。

**《ある男の回腸から発見された大型エッグカップ》**

ブラックフライアーズ地区スタンフォード通り　ロンドン王立外科医師会会員　**ウォルター・C・デンディ**

六十歳のアダムス氏は二十五年間鼠径《そけい》ヘルニアを患《わずら》ってきた。かなりの頻度《ひんど》で腸が陰嚢《いんのう》に落下するが、それでも絞扼性《こうやくせい》ヘルニアになったことはなかった。

これがどういうことなのかよくわからなくても、「陰嚢に落下」「絞扼性」などという言葉を見れば楽しからざる状況だということだけははっきりする。鼠径ヘルニアは股の付け根部分の病気だ。比較的一般的な病気で内臓の一部（大抵は腸の一部だ）が鼠径管を通って落下する。鼠径管は腹腔と外性器をつなぐ通路だ。恥骨《ちこつ》のあたりが膨らむのが一般的だが、もっと深刻なケースになると陰嚢に貫入する。「絞扼性」ヘルニアは、血管が押しつぶされ、いずれ組織が死に至る病気だ。

**死の三カ月前、アダムス氏は下痢に苦しんでいた。最終的には赤痢《せきり》になっていたが、それもある程度は治っていた。**

赤痢（これは血の混ざった下痢のことだ）は多分血管の絞扼が原因だろう。医師はまずヒル、下剤、嘔吐剤《おうとざい》で炎症を軽減しようとした。「消炎《アンチフロジスティック・プラン》プラン」と呼ばれるやり方で一八三〇年代には盛んに行われていたものだ。嘔吐と下痢に襲われながら献血をする場面を想像してみてほしい。患者がどんな愉快な状態に見舞われていたのかそれで大体わかる。最初、治療はうまくいっていたかに思われた。しかし……

一週間後には深刻な症状がぶり返してきた。吐糞《とふん》を伴う嘔吐や吃逆《きつぎゃく》、腹部の腫《は》れ物など、絞扼あるいは閉塞《へいそく》の兆候が出ていた。だが、腸からは繰り返し液状の排泄《はいせつ》物が少量排出されていた。

「吐糞」とは愉快ならざる現象を指す禍々《まがまが》しい言葉だ。患者は排泄物のような物体を口から吐き出すようになっていた。「吃逆」はしゃっくりのことだ。デンディ氏はこれらの症状が何を指すのかを知っていた。小腸が塞《ふさ》がっているのだ。彼は腸のどの部分が問題なのかを見つけようと、もう一度ヘルニアを調べた。

**詳細な調査の末、非常に小さなねじれが深部にあることがわかった。この部分が陰嚢の入り口に付着しているらしい。この腫れに触れると患者は激しい痛みを感じたので、整復術を少し試した後に、私はためらわず手術を提案した。**

「整復術」は整体の一種だ。絞扼性ヘルニアは手術なしで治ることはめったにない。デンディ氏の直感は完璧に正しかったわけだ。

**同僚は賛成したが、患者が拒否した。理由は言わなかったが、とにかく切るのは嫌だという。**

一八三三年に手術をするのは確かに恐怖だっただろう。だが、後でわかったことだがこの患者には別の理由があった。

**というわけで私は一時しのぎの手段をとることで満足するしかなかった。そっと圧力を加えて、陰嚢の入り口に付着しているよじれ部分をもとの位置に戻そうと試みた。それを何回も繰り返すと、**

吐糞症は収まったのだった。

明るい兆《きざ》しだ。が、これは見せかけにすぎなかった。

彼は徐々に衰弱していき、腹部はますます膨張していった。十二月四日午後三時に彼はこの世を去る。どんな事情でこれほど深刻な病気になったのか一切ほのめかすこともなかったが、これは後に主要な原因が明らかになっている。

「事情」はデンディ氏が行った死後解剖ですぐに明らかになった。予期せぬことに、腸内に陶器が入っていたのだ。

腹部を切開してみると、小腸が膨張し変色していた。上十二指腸のひだを取り除けてみると、指が腸の外皮から飛び出ている硬い物体に行き当たった。結腸は交差するようにねじれていたが、さらに調査を進めると驚くべきことに、薄くなった外皮の中に陶器のエッグカップが押し込まれていたのだった。カップは縁の部分がぎざぎざになっていて、背骨に当たっていた。壊れた脚が突き出て、腸骨の稜《りょう》の近くまで来ていた。

腸骨の「稜」とは骨盤骨の上部の曲線を描いている部分にあたる。エッグカップは文字通り腸を貫いていた。この時代では死が避けられないほどの傷で、このエッグカップはすぐに感染症を引き起こしただろう。デンディ氏は腸内に二つの損傷を見つけたことになる。ヘルニアとエッグカップにつけられた裂傷だ。自然と彼は、この異物がどのような経路で患者の小腸にまで入り込んだのかの解明に夢中になった。

**そこで私は友人のステファン氏に結腸を、つまり盲腸から下の部分を調べてみてほしいと要請した（この時点になって私は筆をとったのだったが）。**

盲腸とは、小腸と大腸のつなぎ目にある盲管のことだ。

**この調査のおかげで大腸全体は比較的健康な状態にあることがわかった。逆に小腸、特に回腸は極端なまでに膨張し、変色していた。徐々に濃くなる深紅、それからくすんだ紫の部分を見れば長く病気を患《わずら》っていたことは明らかだ。おびただしい数の潰瘍《かいよう》がまだら状になっていたことからもそれは確認できる(6)。**

このことから、エッグカップの侵入経路についてわかることがあるのだろうか？　物事をあるがままに見てみよう。エッグカップが侵入したといって、その経路は限られている。デンディ氏は、肛門からでなく、患者がこの朝食用の陶器を口から呑《の》み込んだものと結論付けている。その理由はといえば、腸の下のほうの部分は健康だった一方で、小腸は明らかに病気になっていたからだ。だが、彼も認めていることだが、大半の人間にとってこれほど大きなものを呑み下すのは不可能だろう。デンディ氏はしかし、「記録にある中でも最も興味深い事例の一つ」なのだとしてこの異論を退けている（ここで言う「記録」とは、肛門からエッグカップが入ったという数々の伝説のことを指しているに違いない）。

心理学の分野に的《まと》を絞っても現在の専門家のほとんどが賛同してくれると思うのだが、肛門からエッグカップを入れる可能性のほうが、口からそうするより圧倒的に高い。それにこれならこの哀れな患者が腸に異物があることを話さなかった理由も説明できる。論文はエッグカップのスケッチ（おそらくデンディ氏の手になるものだ。才能ある画家である）で終わっている。素朴な模様のものだ。

明らかに中国風の図案を模倣したものだ。十八世紀の末にはそんなものが非常な人気を博したのだった。これはブローズリーと呼ばれる図案で、この時代の磁器製造業者の多くが使っていたものだ。だがこのデザインには一つ変わった点があり、そこからさらに詳しいことがわかる。二人の人物が橋を渡っているが、一人は傘を、もう一人は牧杖《ぼくじょう》を手にしている。これが変わった点だが、ブローズリーを採用している会社でこれらの小道具を描いているのはラスボーン社だけだ。一八一二年から一八三五年にかけてスタッフォードシャー・ポッタリー［スタッフォードシャーにある工業地域。北部は十七世紀初頭には陶芸の中心地だったとのこと］で活動していた会社だ。どうして患者の小腸にエッグカップが入っていたのか、これ以上の事実は出てこないだろうが、少なくともそのエッグカップの出元はわかったわけだ。

エッグカップのスケッチ

# ガラス食べ過ぎに効くキャベツ

奇妙な事例の中でもかなりの割合のものは、「信じられないほど馬鹿馬鹿しい若気の至り」とでも呼ぶべきカテゴリーにきれいに収まってしまう。学生時代の私も、一冊にまとめてみればかなりの嵩《かさ》になるはずのこの正典に少しばかりの貢献をなしたことがある。シャツにアイロンをかけながら鼻に火傷《やけど》を負ったのだ（詳しくは訊《き》かないでほしい）。

一七八七年にアントワーヌ・ポータルが出版した救急医学についての本には、さらに馬鹿馬鹿しく自業自得《じごうじとく》という他ない事例が記録されている。ポータルはルイ十八世専任の医者でフランス王立医学院の創設者でもある。危険な物体の摂取事故を取り扱った章で、彼は自身の創意が発揮された治療について回想している。

**《体内の石灰、摂取された土石、あるいはガラスの引き起こす影響について》**

こんな青年を診《み》たことがある。酒盛りの最中にグラスを食べてみせろと言いながら、自分のグラスを歯で砕き、呑《の》み込んでしまった青年だ。だが報《むく》いなしとはいかなかった。

こんなことをすれば何もないほうが不思議である。

すぐに恐ろしい胸やけに襲われ、痙攣《けいれん》が起こり、命の危険にさらされていた。この軽薄な男の友人が私を呼びに来たときにはそんな状態だったのだ。

「軽薄な」とは状況を考えればかなりマイルドな表現だ。

私はまず瀉血《しゃけつ》を施《ほどこ》すことにした。だが、今回の治療の主目的は症状を引き起こしているガラスを取り出すことだ。どんな方法を使えばいいのか、非常に頭の痛いことになった。吐酒石を使えば胃が刺激されることで収縮を起こし、ガラスの破片がさらに胃壁に食い込むことになる。下剤を使えば、かなりの長さがある腸管にガラスがなだれ込み、腸壁を引き裂くことになるだろう。

理路を辿《たど》ってみれば、この医師は賢明で状況に適切な慎重さを備えていたことがわかる。ともあれ選択肢は二つしかない。口から吐き出してもらうか肛門から排出してもらうかだ。吐酒石を使えば口から吐き出させることは可能だが、筋収縮の際にガラスが胃壁に突き刺さるだろうこともポータルにはわかっていた。もう一つのほうはもっと悪い。ガラスは消化器官の中を下降しながら転げ回り、大出血を引き起こすに決まっていた。あちらを立てればこちらが立たず、こちらを立てればあちらが立たない。医師の思いついた解決法はしかし工夫に富んでいた。

胃を食べ物で満たせばガラスの破片が包み込まれるはずだ、とアドバイスするのが適切と思われた。そうしてから吐き出してもらう。キャベツが調達され、茹《ゆ》でられた。患者に大量のキャベツを食べさせてから、水の入ったグラスに吐酒石二粒を落としたものを渡した。

「大量」とは具体的にどの程度だったのか、気になるところだ。想像するに二玉は下らなかったのではなかろうか。キャベツ好きの患者だったことを祈るばかりだ。

患者はすぐに嘔吐《おうと》し、キャベツに包まれたガラス片を大量に吐き出した。そしてかなりの量のミルクを飲み、風呂に入り、軟化浣腸剤《エモリエントかんちょうざい》を摂取した。

この時代は何が何だかわからないほど多様な種類の浣腸剤が作られていて、それは一般的にも知れ渡っていた。ある書き手などは浣腸剤を八種類に区別している。パーガティブ、エメティック、トニック、エクサイティング、ディフュージブル、ナルコティック、ラクサティブそしてエモリエントだ。ある権威の言葉を借りれば「エモリエント」（軟化する）は「赤痢《せきり》やその他腸に多大な苦痛をもたらす病気のとき入用になる」とのこと。この下剤は、使う医者の数だけレシピもあるという状況だったらしい。十八世紀の医者であるリチャード・ブルークスはヤシ油、牛乳、卵黄を原料にしていたし、リチャード・リースは『医療入門（Medical Guide）』（一八二八年）で次の材料が必要だと述べている。「ビロードアオイの根、アマニ、オオムギ、澱粉《でんぷん》、子牛の脚と肉、雄鹿の角を削ったもの等々を煎じることでできるゼリー質で油のような薬」。またトマス・ミッチェルは『薬物と治療行為（Materia Medica and Therapeutics）』（一八五七年）の中で次のように断言している。

二から四オンス（約六十二〜百二十四グラム）の新鮮なバターか同じ分量のオリーブオイルを、半パイント（約〇・二四リットル）の薄い澱粉液かアカニレの浸出液に混ぜる。すると良質な軟化《エモリエント》浣腸剤ができる。また、一オンス（約三十一グラム）の羊のスエット【牛や羊の腎臓周りについている固い脂肪】をしっかり摺《す》りつぶし、一パイント（約〇・四七リットル）のミルクで煮込むと素晴らしい浣腸液になる。これは赤痢には非常に有効な薬だ。⑦

どれもこれもあまり気味がいいとは言えない調剤の仕方だが、ポータルの患者には効いたらしい。甲《か》斐《い》甲《が》斐《い》しい看護にもかかわらず患者は非常にやせたので、私はロバのミルクを飲むよう勧めた。一カ月も飲み続けるとすっかり元通り健康になった。⑧

キャベツとロバのミルクとは、とても治療に適切な組み合わせとは思えないが、心配は御無用である。ポータル医師の手にかかればこんなものだ。

## 「ガチョウの唄」

悪ふざけに関して言えば人間は驚くべき能力を備えている。長い年月にわたり、考えつく限りぼどんなものでも、人間の気管から取り出されなかったものはない。爪、木の実、ヒル、羊の歯、弾丸、それから杖までもが取り出されてきた。これらの物体は十九世紀初頭のたかだか数年の間に記録されている事例だ。

だが私が思うに、奇妙さで言うならここで紹介する話に軍配が上がる。一八五〇年『英国内外における内科外科医学研究（British and Foreign Medico-Chirurgical Review）』がドイツ人外科医、カール・アウグスト・バローからの報告を載せている。ケーニヒスベルク大学の教授であるバローは復顔の先駆者であり、現在でも使われている整形手術のテクニック、バローズ・トライアングルを考案した人物でもある。今回紹介する事例は創意が遺憾なく発揮されている点は疑えないが、復顔や整形に関するバローの業績と同等の歴史的意味があるとは言えない。彼が患者の喉から取り出すよう依頼されたものとは……別の喉である。正確にはガチョウの喉だ。

**《バロー医師が気管切開により子どもの喉から取り除いたガチョウの喉について》**

バロー医師の近所の子どもたちは、殺されたばかりのガチョウの喉を吹いてその鳴き声に似た音を出す遊びに夢中になっていた。

珍妙な遊びだが、薬を売ったり老婆に盗みを働くよりはいい。

十二歳の少年がその遊びに没頭している最中に咳《せき》に見舞われて、例の楽器を呑《の》み込んでしまった。すぐに窒息感がやってきて、次いで深刻な呼吸困難を引き起こした。バロー医師が診《み》たときには十八時間が経過していて、顔は青みがかった赤色になってむくみ、一面が汗に覆われていた。息を吸い込もうとするたびに首の筋肉が発作的に収縮し、澄んだ笛の音のような音がするのだった。そして息を吐くときにはしわがれた音が聞こえてきた。ガチョウの鳴き声に似ていないでもない。

正直に言って、少年の命が危険にさらされているのでなければ、私だってこのガチョウの鳴き声のような音を聴いてみたい。

口から手を入れてみると、声門裂《せいもんれつ》（声帯の間にある裂け目のこと）が塞《ふさ》がっているのが指先に感じられた。バロー医師は（人間とガチョウのサイズ比からするとありそうもないことだが）、ガチョウの喉が声門裂を通過したのだと確信した。即座に気管切開が行われた。だが似た構造のもの同士が張り付いてしまっているため、鉗子《かんし》を使って両者を区別できるようにするのは非常に困難だった。

知られている限り気管切開は最も古い外科手術の一つで、古代の著述家たちの多くが記述を残している。この事例では呑み込んだガチョウの喉（こんなフレーズを書きつける日が来ようとは）が、少年の気道を完全に塞いでしまっている。だから気道を確保するために喉を切り開くのは理にかなっていた。

さらに、例の楽器が敏感な粘膜に触れると嘔吐《おうと》するために、筋肉が激しい収縮運動を起こし、ガチョウの喉は舌根の後ろまで引き上げられる。何度も挑戦した末に、バロー医師は人差し指でガチョウの喉をつかまえることに成功。喉が引き上げられることはこれでなくなり、どうにかこの異物を取り除くことができた。術後九日もすると少年はすっかり良くなっていた。

この時代、気管切開は危険に満ちた手術だった。術後感染がよく起きていたからだ。それを思えば今回の事例が素晴らしい結果だったことは疑えない。

バロー医師は、手術中多くの子どもたちがいてくれたのは彼にとっては本当に幸いだったと言っている。そのおかげで話の信憑性《しんぴょうせい》が確かめられた。信じられないような話だったので、それくらいの確認が必要だったのだ。(9)

まあ、確かにありそうもないことではある。だが、逆に言えばこんな作り話をする子どもがいるだろうか？

## 世界初の〝ボトラー〟

大半の医者は、傷の理由が恥ずかしくてとてもありのままを説明できない、という患者を治療した経験があるものだ。ワート・ブラッドリー・デーキンはその著書『泌尿器科学の珍事《ひにょうき》（Urological Oddities）』で、膀胱《ぼうこう》に異物がはまり込んでしまった患者の、筋の通らない説明を数多く紹介している。「体温を計っていたら手から滑り落ちた」（体温計）というものから「何が起こるか見たかった」（長さ六フィートのコイル）というものまで多種多様だ。「威厳と名声を併せ持つ市民」が説明を拒否した例もある。尿道にミミズが入ったということで治療に来た患者だった（公平を期すために言っておくが、これは多分、ここで黙秘権を使わなければいつ使うのか、という場面である）。

しかしながら、荒唐無稽《こうとうむけい》な説明が真実なこともある。一八四九年にニューヨーク州シラキュースの外科医アザリア・シップマンが報告しているのもそんな事例だった。瓶にペニスがはまってしまった若い男性の治療に呼ばれたのだったが、患者の説明が嘘《うそ》偽りのない真実だとは最初思ってもみなかったのではないだろうか。

### 《カリウムの新作用――尿道の中の異物――カタレプシー》

数カ月前、私は大至急ということで若き紳士に呼ばれた。彼はこれ以上ないほど馬鹿馬鹿しく、痛ましい状況に陥っていた。一パイント（約〇・四七リットル）ほどの容量で、首が短く口の小さい瓶にしっかりとペニスがはまっていたのだった。ペニスは瓶の首を突き抜け、膨れ上がって紫色になっていた。瓶は白色で完璧に透き通っていた。栓はすりガラスでできていて、瓶の口は直径でわずか四分の三インチ（約一・九センチ）ほどしかなかった。ペニスが膨れ上がっていたので、引き抜くのはまったく不可能だった。患者は非常な恐怖に襲われ何とか瓶を取り外そうと焦っていたので、なぜこんな珍奇な状況に立ち至ったのか私に何の説明もしようとしなかった。痛みが激しく精神的苦痛も耐えがたいほどだったので、すぐに何とかしてくれと懇願してくるのだった。

こんな状態なら私だって説明は後回しで、まず治療をしてもらいたい。

この状態では説明は得られそうもないと見て取り、まず手で瓶を引き抜こうとしたが、これは失敗した。次にテーブルの上に載っていた大きなナイフを手に取ると、その背を瓶の口に打ち付けた。するとすぐに瓶は粉々に砕けてペニスは解放された。恐怖に震えていた患者の喜びといったら相当なものだった。

しかし解放された男性器の先端は尋常《じんじょう》ではなく膨れ上がり黒く変色し、火にあぶられたみたいに水ぶくれを起こしていた。その持ち主はというと……

彼は苦痛を訴えていた。瓶を取り去った後何日も炎症、腫《は》れ、変色は収まらなかったが、乱切法《らんせつほう》（表面を傷つける瀉血法の一種）と寒冷療法によってもとに戻っていった。とはいえ、患部はいまだ非常に危うい状態にあったし、実際に痛みもかなりあった。そろそろ読者諸氏は、なぜ生きている男のペニスが瓶の口みたいな変な場所に収まってしまったのか、知りたくて仕方なくなっているころだろう。

この報告が書かれてから百六十九年、読者全員が同じ気持ちになるはずだ。

私自身、非常に好奇心を掻《か》き立てられていた。だが、患者には恐れも動揺もあった。火傷《やけど》や腫れ、炎症が原因でペニスを失うかもしれなかったし、あるいは瓶から取り外すためには切り落とさなければならないかもしれないという心配もあった。それらすべてが一緒くたになってやってきて、患者は恐慌を来《きた》していた。

確かにそれでは話すどころではないかもしれない。

さて説明の時間である。瓶の中ではカリウムがナフサ（液体炭化水素のこと。可燃性）に浸かっていたが、これは実験で使い切られ、空《から》の瓶が部屋に転がっていた。患者は尿意を覚えたが部屋から出ていくのが煩《わずら》わしく、栓を抜くと瓶の口にペニスを添えた。尿が飛び出すと即座に爆発音がして光と炎が上がった。あっと思うまもなくペニスは瓶の中に引き込まれ、がっしりとつかまえられていて、まるで万力《まんりき》に挟み込まれているようだった。カリウムの燃焼がたちどころに真空状態を作り出し、柔らかくしなやかなペニスの組織が瓶の口を塞《ふさ》ぐことで空気を締め出す。瓶はさながら巨大な吸角《きゅうかく》［皮膚に吸い付け、悪血や膿を吸い出す医療器具］のように例の器官に吸い付いていた。瓶の口が血管を圧迫している一方で、動脈は亀頭《とう》や包皮、その他もろもろに血液を送り続けていた。このことと空気が希薄なことが原因となって、患部は異様なサイズに膨れ上がったのだった。

深刻な状態だ。全然おかしくない。

カリウムがどの程度残っていたのかはわからないが、大きな塊からこぼれ落ちて少量だけ残っていたというのはありそうなことだ。小さかったので青年が見逃してしまったと。私はこんなことが起こるものかどうかテストしたくなった（患者と同じ器具を使ったりはしなかったが）……

最後のコメントを聞いて一安心だ。

……そしてそのためにカリウム数粒をティースプーン一杯分のナフサと混ぜ合わせ、一パイントの瓶に入れた。それから尿を少量垂らす。このとき指を瓶に入れていたが、入り口を塞ぎ切ってしまわないようにしていた。結果はというと雷管のように大きな音を伴った爆発が起き、指は引きずり込まれがっちりくわえ込まれてしまった。というわけで現象は実証された。非常に興味深く哲学的な実験だったが、我が友人と患者を恐怖に陥れることになった。

これは完全に筋が通っているように聞こえる。カリウムに尿がかかったらどうなるか見たことのない向きにとっては、シップマン医師が書いている通り劇的に感じられるはずだ。この金属は反応性が高く、水に投げ入れられた場合、小さな欠片《かけら》であっても激しい爆発を起こす。また空気中ではすぐに酸化が進む金属でもある。だから化学愛好家の患者はナフサに浸けて保存していたわけだ。

報告がすっかり長くなってしまったが事故の珍奇さに鑑《かんが》みてご寛恕《かんじょ》いただきたい。あまりにも馬鹿馬鹿しいのでお笑いいただけるのではないだろうか。だが哀れな被害者にとっては決して冗談事ではない。彼は悶《もだ》え苦しみながらも、もう自分のペニスは駄目になってしまったのではないか、瓶を破壊してしまえば鋭い破片で切り裂かれて完全な状態ではいられなくなってしまうのではないか、と想像し、恐怖に震えていたのだ。(10)

笑いの涙が乾いたら、どうかこの可哀そうな男に同情してやってほしい。

## 大腸内の「脱獄キット」

一八四〇年にアイルランドからの訪問者がフランス北部のブレストで、ある監獄の案内を受けていた。六千人を収容できる大建築で、最も多いときには市の人口の十分の一にもなる囚人がいたという。彼らは重労働を課される奴隷《どれい》でもあった。規模は大きいが勤労意欲に欠ける労働力で、その職分は大規模建築から天井造りまで様々だった。その監獄は一七五一年に使用開始され、設計も革新的だった。独房の中ですら収容者が監視下におかれるような造りになっていたのだ。にもかかわらず、そのアイルランド人、ヴァレンティン・カーワンはこの監獄があらゆる犯罪と悪徳の温床《おんしょう》になっていると考えた。

**ここでは並の者が悪人になり、恥知らずで更生しない悪人はさらに悪くなっていく。**

これでは素行矯正《きょうせい》など夢のまた夢だ、とカーワンは素早く見て取った。この監獄は犯罪の手管《てくだ》を学びたい連中が集まるフィニッシング・スクール［主に未婚の若い女性のための学校。結婚前に文化的な教養を身につけるためのものだった］のようなものになっていると考えたのだ。悪党どもは、立ち居振る舞いやフラワーアレンジメントの代わりに押し込み強盗や詐欺《さぎ》の講義を受けていたわけだ。

偽造業者は泥棒から合い鍵の作り方を学び、泥棒はお返しに署名偽造の秘伝を授けられる(11)。

生きるのに快適な場所とは言えない。仕事は厳しく、食事は貧弱で、死亡者数はぞっとするほど多い。囚人が頻繁《ひんぱん》に脱獄を企てるのも驚きではない。カーワンは複製キーや偽造パスポート、逃亡に必要なその他もろもろの道具の取り引きが盛んに行われているのを目撃している。それでも、うっかり『メディカル・タイムス（Medical Times）』の論文のテーマになってしまう囚人はなかなかいない（奇妙なことにこの論文は監獄が閉鎖され、収容者たちがガイアナの流刑地に流されて三年後に発表されている）。

**《横行結腸内の異物》**

少し前にブレストの牢獄（bagno）内で発生した興味深い事例だ。

bagno（普通はフランス語で bagne とする）はヨーロッパ南部の国々で、囚人が厳しい労役を課される監獄を指すときに使われていた言葉だ。

すでに一度脱獄を経験している危険な囚人が、突然腹部の痛みや便秘、吐き気や高熱等々があると訴え始めた。ヘルニアではなかったが、症状はすぐに深刻さの度合いを増していった。腸内に何かがぶち込まれているのは疑いようがなかった。

医者は、腸にループができ、何かに挟まっている疑いがあると考えた。もしかすると事態は非常に深刻かもしれないわけだ。血液の供給が止まれば、壊死《えし》が引き起こされ体組織は速やかな死に至る。

**嘔吐《おうと》は執拗《しつよう》で、痛みは激しく、腹部膨張ははなはだしかった。**

腹部膨張とは腹がきつくなって膨張することだ。腸管の中にガスが溜まったことによって引き起こされる現象で、腸管壊死の典型的な症状である。

**治療を受けているにもかかわらず、患者の容体は悪化の一途を辿《たど》った。このときになってようやく、彼は直腸の中に革袋を押し込んだのだと告白した。看守から隠しおおせるためだという。それで直腸を検査することになったが、何も見つからなかった。**

この囚人は全部を正直に話したのではなかった。彼の病気が身から出た錆《さび》だということを隠そうと、また一つ嘘《うそ》を重ねたのだった。確かに彼は腹の中に隠し持っていたが、それは袋などではない。

**症状は絶えず激しくなっていき、しばらくすると腹部の左側に腫《は》れが現れた。下降結腸のある位置だった。囚人はこの段階になって、直腸の中に木の箱《エチュイ》を入れたと白状した。しかも驚いたことに、急いでいたので上下反対に入れてしまったという。**

ようやく真実が明らかになった。「エチュイ（étui）」とは装飾の施《ほどこ》された箱のことで、ペンナイフや裁縫《さいほう》道具などの私物を持ち運ぶのに使う。手術の器具を入れる外科医も多い。今回の場合、木箱は均整のとれた形をしていなかった。明らかに片方の端がもう片方よりつかみやすい形をしていたのだ。ところで、なぜ患者が木箱より袋を入れたほうが恥ずかしくないと思ったのかは謎のままだ。

症状が始まってから一週間後に患者はこの世を去り、検死が行われた。患者はひどい腹膜炎にかかっていたことがわかった。そして腸は「ガスで異様なまでに膨張」していた。だが驚くべきは結腸だ。そこには――

**大きな異物が横たわっていた。円錐《えんすい》形の箱だった。先端は盲腸のほうを向いていた（腸の上部を向いていたということだ）。長さ六インチ（約十五センチ）、幅五インチ（約十二・五センチ）の薄鋼板が使われていて、重さは二十二オンス（約六百八十四グラム）。皮に覆われていたが、これはおそらく直腸の粘膜が金属部分と接触しないようにし、取り出すのを容易にするための工夫だろう。**

誰であれ大腸に入れておくには大きすぎる物体だ。箱には次のものが入っていた。

- 銃身、四インチ（約十センチ）
- スチールねじ

・スチール製の親ねじ
・ねじ回し（以上に挙げた四つで鉄柵を取り外すほどの滑車が造れる）
・木を切るためのスチール製ノコギリ、四インチ
・金属用のノコギリ
・錐《きり》
・角柱やすり
・二フラン硬貨一枚と一フラン硬貨四枚が糸で結わえられたもの
・道具に油を差すための獣脂

つまり完全な脱獄キットだ。よくもこれだけ細かいところまで気がまわるものだ。もっとも、実際にやってみると大きな穴があったわけだが。

この珍発見以降、苦役を課される囚人たちに取り調べが行われるようになった。看守長は、最悪の囚人は怪しげな物品、つまり様々な道具や金銭を直腸の中に隠していた、と言うのだった。

しかし変わらないものは変わらない。

これらの品目はしかしながら、概して小ぶりで一インチ（約二・五センチ）かそこらしかない。囚人たちは「必需品」と呼んでいる。

今日では市販の小型携帯電話も「必需品」になっている。囚人たちの腹の中を調べたことのある看守にはおなじみの品だ。

**看守は先に描写したような箱は見たことがなかった。**

それはそうだろう！

**これらの箱《エチュイ》はいつもだいたい同じ形だ。一方の端が円錐のように尖《とが》っていてもう一方は丸まっている。必ず尖っているほうが肛門のほうを向くように入れるものだが、これは簡単に出せるようにするためだ。今回の例では囚人は人が近づくのを感じ、急いで必需品を隠さなければならなかった。それで尖っているほうとそうでないほうを間違えたのだ。**(12)

直腸内にとどまっていれば誰も見ていないときに取り出せたのだが、箱は囚人の思惑を越えて何と大腸にまで移動してしまったのだ。

今回のアドバイス？　脱獄《ブレイク》するなら、友達にやすりを仕込んだケーキを焼《ベイク》いてもらうことだ。

第二章

# 本当にあった「謎の病気」

人間の病気がどれくらいあるか考えてみたことがおありだろうか。病気といってもインフルエンザやハンセン病、腺ペストといった伝染性のものだけではなく、糖尿病や癌《がん》、それから遺伝病なども含めてのことだ。この問題に答えはない。というのも日々新たな病気が発見されているからだ。世界保健機関は疾病および関連保健問題の国際統計分類を公表しているが、これは体の異常のほぼすべてを分類網羅して概要を付してあるというすさまじい分類表だ。一八九三年に刊行された第一版には百六十一の病気が記載され、一世紀後の第十版には一万二千の病気が載っていた。ある推計によれば現在はだいたい三万の病気が発見されているという。もっともおおよその数値ですら合意がとれていないのだが。

HIV・エイズやエボラなどは数百年前には単純に存在していなかったが、これは進化の過程で生まれた新種の病原菌で、その中でも特にありがたくない部類に入る。他には、近年DNAシークエンシングが発展したことで発見された病気もある。謎の症状を引き起こす遺伝子変異を正確に特定できるようになったのだ。これらの病気は希少疾患とされており、罹患《りかん》するのは人口の〇・〇五パーセント以下だ。そして、事例が少ない分、治療上の選択肢は少なく、それも試験が済んでいないことが多い。

希少疾患は、最も才能があり経験も積んだ医者にとっても難問である。現代の、病院の施設を自由に使える医者にとってもそうなのだから、十八世紀ならなおさらだ。たとえばある医師がサフォーク州である家族を診《み》ることになったのだが、彼らは恐ろしい奇病を抱えていた。四肢がしなび、衰えていく病気だ。イングランドでは未知の病気だったため、原因もわからず治療は不可能な状態だった。痛みを取り除いてやる以上のことはほとんどできず、医者は事例報告を残して将来の参考になることを祈るばかりだった。私はこの人類といまだかつて見ない敵とのファーストコンタクトにほれぼれするような魅力を感じる。読めば、未知の敵を解明しようとする医者の葛藤《かっとう》を感じることも多いだろう。

だが、あまり科学的とは言えない理由で新奇な病気が描写されることもあった。『自然哲学研究（Philosophical Transactions）』やその他の初期医学雑誌が創刊された十七世紀は、自然哲学者が怪物など自然の秩序から外れた存在に格別の興味を持った時代だった。この時代の論文の典型的な表題を一つ挙げておこう。すなわち「人間に似た顔の怪物的豚二匹と、胸でつながった二羽の七面鳥の関係（A relation of two monstrous pigs with the resemblance of human faces, and two young turkeys joined by the breast）」だ。普通でないものを学び理解したいというのに偽りはないのだろうが、グロテスクで異常なものに魅力を感じるという人間の性質を当て込んでいたのも事実だ。

「天才と怪物」に関する研究は十八世紀になると下火になるが、雑誌編集者の煽情《せんじょう》主義的本能は後々まで発揮されることになる。珍しい症状を持つ謎めいた病気（不可思議ならそれだけ良い）はほとんど有名になることを保証されているようなものだった。補強証拠がどれだけ貧弱であっても問題はない。大便らしきものを吐いた少年の記述には医学的な価値はほとんどないが、話としては素晴らしいわけだ。この章で紹介されている病気はおそらく本物だ。もっとも、どれほど頭の柔らかい専門家であっても、耳から尿を出す患者の話には異議を唱えるだろうが。

## 心臓に巣食う「蛇」

十七世紀の医者エドワード・メイについては、上流階級に属していたということ以外ほとんど何もわかっていない。彼の家は、何人もの下院議員とセント・ポール大聖堂の主席司祭を一人、世に送り出し、何人かはイギリス王家の親族になっているというサセックスの名家だった。エドワード自身シャルル一世の宮廷によく参内していた、というのも特任王室医師の地位にあり、ヘンリエッタ・マリア王妃についていたからだ。彼は若き貴族たちのフィニッシング・スクールのような場所で教鞭《きょうべん》もとっていた。学校はムセイオン・ミネルヴァと言い、天文学から乗馬、フェンシングまで習うというエキセントリックなカリキュラムの学校だ。

だが、メイ医師の生涯で最も際立ったエピソードと言えば、ある事件のことになる。よく知られている上にぞっとするような事件だったので、同時代の有名なウェールズ人歴史家ジェームズ・ホーウェルが「ハイ・ホルボーンの惨事」と述べているほどだ。メイ医師はこの心をかき乱す体験の記録を一六三九年に出版された小冊子の中に残している。タイトルが素晴らしい。

**《二十一歳の紳士ジョン・ペナントの左心室《さしんしつ》から見つかった怪物についての、最も確実で嘘《うそ》偽りのない物語》**

この不幸な患者（死亡しているが）、ジョン・ペナントはウェールズ貴族の御曹司《おんぞうし》で、その血筋はノルマン征服［一〇六六年、ノルマンディー公ギョーム二世によるイングランド征服］の時代にまでさかのぼることができる。エドワード・メイは次のように状況を説明している。

一六三七年十月七日、ハリス卿夫人が私のもとに来た。昨夜亡くなった甥《おい》のジョン・ペナントの遺体を解剖するため、外科医と一緒に来てほしいとのことだった。長期にわたる病気、ひいては死をもたらした原因に、彼の友人は納得がいっていないので満足させてやってほしいという依頼だった。また、彼の母親は、数年前私が結石《けっせき》の治療を受け持った人物で、息子《むすこ》の死因が結石かどうか知りたいと思っていた。

メイ医師は以前、ジョン・ペナントの母親の膀胱《ぼうこう》結石の治療をしたことがあった。十七世紀において結石にかかっている患者は現在よりずっと多かった。それが息子の死因ではないかと彼女が思ったのも自然な話なのだ。

懇請に応え、私は外科医であるジェイコブ・ヘイドン修士に使いを出した。彼はストランドにあるセント・クレメンツ寺院の裏、キャッスル・タバーンの隣に住んでいたが、下男を連れてやってきた。そして死んだ男の横たわる部屋に行くことになった。我々が正常な部分を切り開いていくと膀胱の至る所が化膿《かのう》し潰瘍《かいよう》に覆われていた。膀胱の上部は割れ、全体が腐敗していた。右の腎臓《じんぞう》は損傷がひどく、左は希薄《きはく》腐敗膿《ふはいのう》を蓄《たくわ》えて二倍ほどに膨れ上がっていた。内側と肉質の部分はすべてなくなり、外皮だけになっていた。

「希薄腐敗膿」とは血と膿《うみ》が混ざったものだ。ここまでの記述で相当ひどい状態だということがわかる。まるで破滅的な病魔が泌尿器《ひにょうき》系等を食い荒らしてしまったかのようだ。

体のどこにも結石や尿砂は見つからなかった。胸部のほうを見ていくと、肺の状態はかなり良かったが、心臓は球形に膨れ上がっていた。右心室は灰色で、中身のない革財布のように萎《しぼ》んでいた。何も入っていなかったのだ。心膜と神経膜もほとんど乾き切っていた。本来ならば肺から分泌された液体を含み、それが心臓を満たしているのだが。

私はメイ医師の「中身のない革財布のように萎んでいた」という言い回しが好きだ。これは病気にかかった心臓を鮮やかに描き出している。「肺から分泌された液体」とは心膜液のことで、これは心臓の外側表面を円滑にし、鼓動を打つときの摩擦を軽減する働きがある。心膜とは心臓を取り巻く嚢のことだが、健康な患者であればこの中にティースプーン一杯分ほど（だいたい五十ミリリットル）この液体が含まれている。

左心室に触れてみると、外科医の手にはそれが右側よりもずっと硬く、石のように感じられた。そこで私はヘイドン氏に切開するよう頼んだところ、大量の血がそこから排出された。これは純然たる事実なのだが、体中の血が左心室に集中していたのだ。

検死の初期の段階で主要血管の中が空《から》だということがわかり、これは死後何らかの理由で血液が心臓に「引き返した」のだと考える者もいた。現実には、心拍が停止した場合には血液は重力に引かれ、体の一番低い場所に落ちていき、法医病理学においては、これは死後、体のどの部分が動いたかの手がかりとして活用される。だが今はメイ医師の記述に戻ろう。

左心室を空にするとすぐ私はヘイドン氏に別の部分を調べるように指示を出した。彼はその大きさと硬さについてまだ納得していなかったが、私は彼の言葉を聞き流したらしい。何といっても健康な人間の場合、左心室は生気が収められている場所なので右心室《うしんしつ》の三倍の厚みがあるものだからだ。しかし彼は心臓から手をどけようとはしなかった。この大きさと硬さはおかしいと言い募《つの》るのだった。

メイ医師が指摘していることは正しい。左心室はポンプの役割を果たす場所なので、健康な人間においては、右心室に比べて筋肉の厚みがおよそ三倍になるのだ。これは全身に酸素を含んだ血液を送り届けるため、より高い圧力がかかることになるからだ。これに対し右心室は非酸素化血液を肺まで押し出すだけでいい。しかしこのケースでは左心室は通常よりもさらに大きく、心筋が異常肥大していると言ってもいいくらいだった。これにはいくつかの原因が考えられた。そしてそんな状態である以上、患者はしばらく前から病気にかかっていたものと思われる。ここまで大きくなるには時間がかかるからだ。

メイ医師は左心室の開口部を広げるように指示を出した。

……そうしたところ、肉質の物体が見えてきた。私たちの目には折り重なるように絡み合った蛆《うじ》虫《むし》か蛇《へび》に見えた。何とも不思議な物体だった。私の頼みで彼はそれを心臓から取り出した。窓辺にまで持って行き、そこで横たえてみた。

日中の光の中で検分してメイ医師はしたたかにショックを受けることになる。

胴体は白い。人間の肌で言うと最も白い部類の色だ。だが人間の肌のようとは言っても、ニスを塗ったような光沢を帯びていた。頭は蛇のそれに似ているが血まみれになっており、ハリス夫人はそれを見て震えあがるのだった。そしてそれ以来、その頭があまりに蛇に似ていたので内心恐怖を感じていたのだと、何度も口にしている。大腿《だいたい》とその先から派生する細かい枝は肉のような色をしていた。繊維《せんい》やら神経やらもみんなそんな色だった。

蛇に大腿があったとは初耳だ。メイ医師は最初人間の心臓に蛇が入り込むものか懐疑的で、「粘液と血液の集塊」にすぎないのではないかと口に出していた。この推測に関しては後に立ち戻ることになるだろう。ともかく彼はもっと詳細にこの異様な生物を調べることにした。

まず頭部を調べてみるとドロッとした物体でできているようで、首は血まみれだが腺があるようだった。急に心臓からもぎ離したせいか破壊されていた（ように見えた）。心臓からはすんなりと分離されたように見えたのだったが。胴体を調べ、また、脚もしくは大腿の間を糸通しの針で突いてみると、この物体は中が空洞になっている固体で、突いた針がすっぽり収まってしまうくらいの空間があることがわかった。これには驚かされた。

外科医の指示に従って見物人はかわるがわる眼前の物体を調べた。これは蛆虫か蛇か何かで、消化器などの解剖学的特徴を備えていると納得するまで、金属の針で突きまわすのだった。明らかに誰も信じないような話なので、彼らは自分が見たものについての宣誓供述書にサインしている。

本当に人間の心臓内に蛇か虫がいたのだろうか？　それはまずない。メイ医師の最初の仮説を思い起こしてみよう。彼はまずこの奇妙な物体を「血液の集塊」つまり大きなクロット［血液が凝固したもの］と考えたのだった。こちらのほうがはるかに可能性が高いように思われるし、この二世紀後のヴィクトリア朝の医者も同じ結論に達している。

ベンジャミン・ワード・リチャードソンは勤勉かつ独創性のある研究者だった。麻酔薬をいくつかと、狭心痛に効く薬、亜硝酸《あしょうさん》アミルを発見している。血栓あるいは血餅のメカニズムにも強い関心を持っていた。一八五九年、彼は心臓内の「フィブリン沈殿」すなわちクロットについて一連の講義*を行っている。リチャードソンは血栓にはありとあらゆる形態とサイズがあると述べている。ときにフィラメント状にもなるし中が空洞のチューブの形もとる。後者の場合、血液はその中を通過することになる。これこそメイ医師が青年の心臓で発見したものの正体だと彼は示唆《しさ》している。怪物的だが、これはクロットが神話の蛇のような見た目に発展したものなのだ[1]。

＊不運な学生たちは聴講のためにクリスマス休暇をあきらめなくてはならなかった。「怠惰《たいだ》な者はこう考えていることだろう。休暇に割り込んでくるとはなんて無慈悲な行いだ、と。だが謝罪はしない」。メリークリスマス！

それがクロットだと仮定することではじめて、ある推測が成り立つことになる。最初、外科医が左心室の尋常《じんじょう》ではない「大きさと硬さ」に注意していたことを思い出してほしい。筋肉の異常肥大（サイズの増大）ばかりでなく、不自然に硬くなっていたわけだ。これは特発性好酸球増加症（HES）と呼ばれる珍しい血液疾患によく見られる症状で、クロットが心臓にまで入り込む危険性がある。HESは同時に多数の臓器を危険にさらすが、これで青年の腎臓の状態は説明がつく。もちろん確かめることはできないが、症状は確かに合致する。

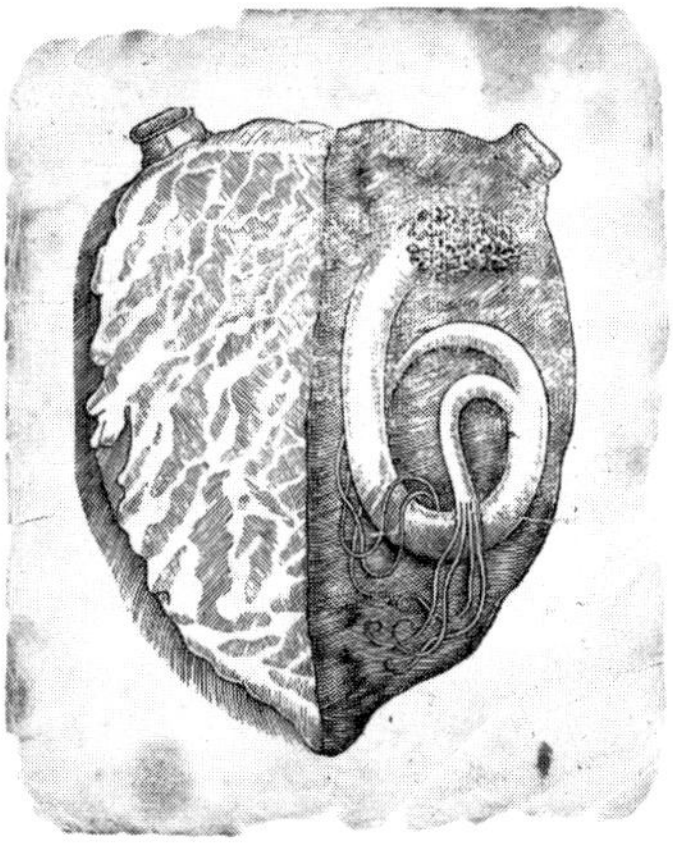
心室内に「蛇」のいるジョン・ペナントの心臓

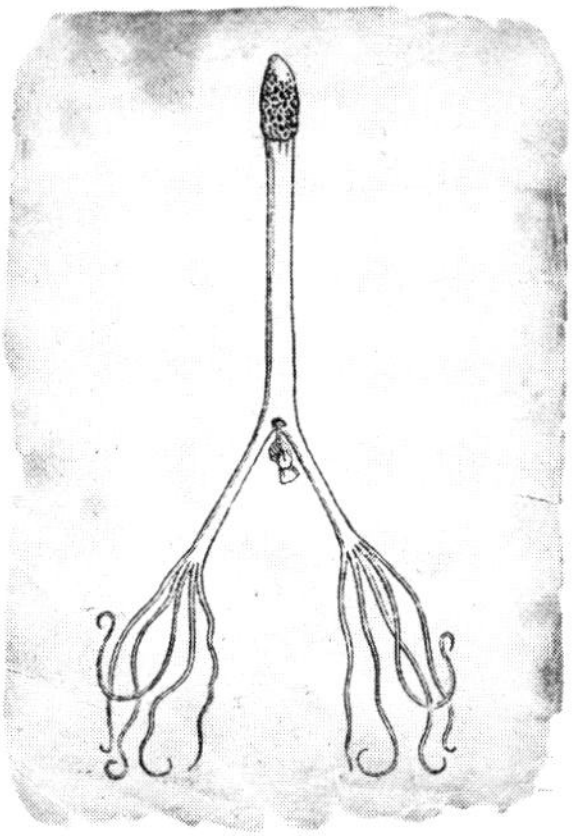
ジョン・ペナントの心臓から取り出され、ほどかれた「蛔虫」。「消化器官」の存在が示されている。

検死が終わった後「蛇」がどうなったのか気になっている読者もいることだろう。外科医はさらなる研究のため保存するべきだと強く訴えていたが、故人の母親はまた別の考えだった、とメイ医師は説明している。

外科医は保存を熱望していたが、母親のほうはそれを生まれた場所に返すべきだと主張していた。彼女は繰り返し言っていた。「彼とともに来たのですから、彼とともに去るべきです」。私が去った後、外科医がその物体を再び青年の体内に再び縫《ぬ》い込むまで、彼女はその場を動かなかったのだ。(2)

まるでニーチェの『ツァラトストラかく語りき』だ。すなわち「なんじらは蛆虫より人間への道を経来《へき》たった。しかも、なんじらの中の多くはなお蛆虫である」〔『ツァラトストラかく語りき』竹山道雄訳〕

## 恐怖の壊疽

一七六二年『自然哲学研究（Philosophical Transaction）』にある事例報告が載った。私たちがせっかく意識の外に追いやっていた世界を、わざわざ思い出させてくれる事例だ。ある病気が家族全員を傷つけ、殺してしまう。そして医者はといえば手をこまねいて見ていることしかできない。そういう世界だ。哲学者トマス・ホッブズの言葉を借りれば人間の生命はしばしば「孤独で貧しく、きたならしく、残忍で、しかも短い」［『リヴァイアサン』永井道雄、上田邦義訳］のだ。ホッブズが言っているのは戦争のことだが、病気だって十八世紀に出くわすことのある恐ろしい敵だった。

**《サフォーク州ワッティシャム在住の家族の四肢の壊疽《えそ》についての事例報告》**

王立学会特別研究員医学博士チャールトン・ウォラストンから王立学会特別研究員医学博士ウィリアム・ヘバーデンへの手紙の抜粋（一七六二年四月十三日、バリーセント・エドマンズにて）

報告はチャールトン・ウォラストンによって書かれている。王室付きの医師に任命されたばかりの二十九歳の男だ。将来有望かに思われたキャリアは、この二年後、無残にも絶たれてしまう。高熱から命を落としてしまったのだ。彼の娘であるメアリーは、チャールトンの死因を「ミイラを解剖しているときに誤って指を切ってしまった」ことから来る敗血症だとしている。

ジョン・ダウニングは貧しい労働者で、ワッティシャムに住んでいる。これはバリーから十六マイル（約二十六キロメートル）離れた場所にある村だ。一月時点では妻と六人の子どもがいた。年長は十五歳の女の子で年少は生後四カ月。ジョン・ダウニング氏同様、皆とても健康で、それは近隣の住人も保証してくれた。年長の女の子が左脚が痛いと訴えたのは一月十日（日曜日）の朝のことだ。特にふくらはぎがひどかったという。夕方には痛みは耐えがたいほどになっていた。同日の夕方、十歳の女の子も同じように痛みを訴え出した。月曜日には母親とまた別の子ども、火曜日には父親を除く家族全員が同じような病気にかかっていた。あまりの激痛に叫び声が上がり、近隣の人々が不安がったくらいだった。

ぞっとしない話だ。気づかないうちに進行していた病気の症状が急激に表に現れ、しかもそれが非常に厄介《やっかい》なものだったわけだ。ウォラストン医師は一家を訪ね、病気の進行について細かく尋《たず》ねた。

おおよそ四～六日もすると痛みはひいたが、脚は段々と色が黒くなっていった。最初は打撲のような斑点状の模様のようなものが現れたのだった。同時に、もう片方の脚も病気にかかりどうしてよいかわからないほどの苦痛が患者を襲った。そして数日するとそちらの脚も壊死《えし》が始まったのだ。

「壊死」とはつまり壊疽《えそ》のことだ。脚が黒く変色したのはその部分の組織が死んだせいだ。

壊死した部分は、助手なしで取り除くことにした。手術はだいたい通例通りで、骨の切断に少々手間取ったくらいだった。患者はほとんど何の痛みも感じることがなかったはずだ。

この後にどうなったか概略が書いてある。シンプルな記述だが、冷厳でかなりインパクトがある。

メアリー、母親、四十歳。右足首から先を切除。左脚は壊死して骨だけのような状態になっているが切除はしていない。

メアリー、十五歳。片脚の膝《ひざ》から先を切除。もう片方は完全に壊死しているが、まだ切除はしていない。

エリザベス、十三歳。両脚の膝から下を切除。

サラ、十歳。片方の足首を切除。

ロバート、八歳。両脚の膝から下を切除。

エドワード、四歳。両脚首から下を切除。

生後四カ月の赤子は死亡した。

父親だけ被害が少なかったわけだ。といっても、下肢こそ無事だったものの、指が何本か固まって動かなくなっている。

この悲劇の最中にあっても脚以外は健康だという話だったが、これは驚くべきことだ。痛みがひいているときは、元気でよく眠っていた。大腿《だいたい》に腫《は》れ物があった女児以外は熱もないようだった。母親はやせ衰え、手もほとんど動かないようだったが、他の家族は悪い状態ではなかった。男児の一人などは、特に健康そうで血色も非常に良かった。とても陽気で、ベッドに座りながら切断した足先をドンドン鳴らしていた。

まるでディケンズの小説のような、心を打つ光景だ。ウォラストン医師は病気の原因を解明しようと全力を尽くしたが、やがて敗北を認めざるを得なくなった。寒々とした名前の田舎《いなか》牧師、ボーンズ師はさらなる調査を申し出た。彼は家族に、食材や飲み物をどこで買ったのか、さらには調理器具についてまで事細かに尋《たず》ねた。が、結果は思わしくなかった。

私は、哀れな一家が苦しんだ病気の原因かもしれない事実をすべて洗い出す労を執《と》った。だが、残念ながら満足のいくものは何も出てこなかった。

ジョン・ダウニング自身は家族を襲った不幸の原因を妖術《ウィッチクラフト》のせいだとしていたが、牧師がこれを歯牙にかけないのは当然だった。ウォラストン医師の見解を見てみると、正解に近いところまで行っていることがわかる。

パンの材料となる穀物の品質が非常に悪かった。小麦は雨の多い時期に刈られ、そのまま地面の上で野ざらしにされるため、その大部分が黒くなり完全に駄目になっていた。だが、村の多くの一家が同じ穀物を使い、それでいて何の支障もなく暮らしている。

『自然哲学研究』の編集者は、ウォラストン医師が見逃していたつながりに気づいた。およそ半世紀前にフランスの外科医が驚くほど似た病気を発見していたのだ。一七一九年にオルレアンの外科医であるノエル氏の論文が出版されている。それによれば、

病院に五十人以上の患者を受け入れることになった。壊疽に苦しんでいる患者たちで、問題の部分は青黒くなり、乾燥していた。壊疽はつま先から進行して、大腿にまで達している患者もいた

とのことだ。ノエル氏がフランス王立科学アカデミーに報告した際にはかなりの反響があった。

アカデミーの紳士たちは摂取したものに原因があるという意見だった。特にパンが問題で、多量の麦角菌《ばっかくきん》が含まれていた。

まさにその通り。穀物が寄生菌（麦角菌）に感染していたのだ。感染した穀物は青黒色を帯びて、毒性を持つことになる。熱では死なない菌なので、パンなどの焼いてある食品でも危険だ。毒素は母乳を媒介にして母親から子どもに伝わってしまう。ダウニング氏の赤子が死んでしまったのもこれが原因だろう。ウォラストン医師の論文に記されている壊疽は、麦角病の典型的な症状だ。

一七六二年十月、はじめの訪問から半年後にウォラストン医師はジョン・ダウニングの家を訪れ、病が治まっているのを見て喜んだ。年長の娘は命を落としていたが、それ以外の家族は全員生きていた。最も気がかりだったのはジョンの妻、メアリーの容体だった。

以前の報告で私は、彼女の片足首から下を切除し、もう片方の脚は膝から数インチのところまで完全に壊死しているが切除はしなかったと書いた。夫のほうは脛骨《けいこつ》を折り、その場所がほどなくしてひどい壊疽にかかった。膝下三インチ（約七・五センチ）あたりだった。腓骨《ひこつ》のほうは無事だったとのことで、そちらは切断しなくて済んだ。(3)

麦角病の事例には現在でも時々お目にかかるが、ありがたいことにこれほどの惨状が引き起こされることはとっくになくなっている。

## 人間ピンクッション

一八二五年、コペンハーゲンの医者がある事例報告を公表した。あまりにも信じがたい話だったので、この医者は同僚三十人が裏付けしてくれる旨を書き添えておかなければならなかった。オットー医師の論文はもともとドイツの雑誌に発表されたものだが、『内科外科医学研究（Medico-Chirurgical Review）』の編集者が英語圏の読者のために翻訳している。

**《コペンハーゲンの針人間》**
**レイチェル・ヘルツは十四歳まで健康状態も良好だった。そのころの彼女は顔色も良く、どちらかというと多血質のほうだった。**

この時代の医者の多くはいまだに「気質」あるいは性格が四つに分類されるという説を信じていた。これは、少なくとも紀元前四世紀から、つまりヒポクラテスの時代から医学界を席巻していた古《いにしえ》の四体液説のなごりだ。この説によると病気は四つの体液（血液、粘液、黄胆汁《おうたんじゅう》、黒《こく》胆汁）の均《きん》衡《こう》が崩れることで引き起こされる。「多血質」とは血液が多い状態で、十九世紀初頭のある医者は「多血質の人間は起伏の激しい気性で、極端に活発な性質」だと書いている。

一八〇七年八月、彼女は激しい腹痛に襲われ、ヘッケルド教授を頼ることになる。これが教授がこの事例に携《たずさ》わった最初である。このころから翌年の三月まで彼女は執拗《しつよう》な丹毒《たんどく》(細菌性の皮膚炎)と熱に悩まされ、非常に衰弱した状態になってしまう。様々なヒステリーの症状も現れたが、これは通常の方法では治療できなかった。その年の三月から一八〇九年五月までの十四カ月間、彼女は獰猛《どうもう》なヒステリーの発作に何度も見舞われることになる。発作の後に彼女は気絶してしまうのだが、非常に長い時間目を覚まさず、死んだと勘違いされることもあった。癲癇《てんかん》の発作に襲われることもあれば、非常にだるくなったりもした。しゃっくりの発作が出たり、精神錯乱に陥ることもあった。

次の新事実は十九世紀初頭において教育を受けた十代のデンマーク人が余暇に何をしていたのか、多くを教えてくれる。現代の親がこんな症状に悩まされることは多くないだろう。

狂気の発作中、彼女はゲーテやシラー、シェイクスピアやエーレンストーヤの長い詩篇を大きな声で朗読してみせた。正気の人間もかくやという正確さで、発音も完璧。目はつぶっていたが、朗読に適切な身振りまで添えていた。

別の雑誌に載っているこの事例についての報告では「悲劇的な詩の演劇的朗読を伴う長い発作」なる描写がされている。ロマン主義的な文学作品と精神疾患の結びつきというのは本当にある。一七七四年にゲーテの『若きウェルテルの悩み』が刊行されると、この悲劇の主人公のような服装が流行《はや》り、その憂鬱《ゆううつ》な振る舞いまで真似《まね》る人が出てきた。自殺まで真似る可能性がある、と不安を掻《か》き立てられたいくつかの国では発禁処分にまでなっている。そのように示唆《しさ》されているわけではないが、これこそが哀れなレイチェル・ヘルツを悩ましていたものだった。

度を増して危険な域にまで錯乱が達していた。歯ぎしりし、蹴りまわし、身近に近づいてくるものなら何であれ襲いかかった。このおかげで彼女の家庭ばかりか、近所中が滅茶苦茶《めちゃくちゃ》だった。

この少女の場合、精神の危機は明らかに肉体の病気が原因だった。彼女は便秘で排尿も困難な状態だったので、日常的にカテーテルを使わざるを得なかった。一番深刻だったのは血を吐き始めたことだ。熱狂の発作が治まると、意識が朦朧《もうろう》とするようになった。何をしてもその状態から抜け出すことはないようだった。

一八〇九年五月、コリセン教授が相談を受けた。彼は患者が無気力状態のときには鼻孔にかぎタバコを押し付けるよう勧めた。効果は素晴らしく、くしゃみをすることもなく彼女は正気づいたのだった。その日彼女は何の症状も訴えなかったし、かぎタバコは使うたびに素晴らしい効果を上げた。が、それも束《つか》の間《ま》のことだった。錯乱の発作は弱まることなく一八〇九年五月から一八一〇年十二月まで続き、それから徐々に沈静化していった。

短期間の再発を経験したことを除けば、その後数年間彼女は健康体で過ごす。一八一九年一月までは、だ。

激しい腹痛、高熱、吐血、下痢などの症状に見舞われ、回復は不可能と思われた。が、回復する。腹部を調査してみると大きな腫《は》れ物が見つかった。へそのすぐ下に三つの腫れがあったのだ。

腫れた部分には軟膏《なんこう》が塗られたが、無駄だった。絶望的な状況の中、ヘッケルド教授は腫れ物をメスで切り開く決断を下す。そしてここからが本当に面白いところだ。

予測とは裏腹に、大量の膿《うみ》などは出てこなかったし出血も少量だった。傷を探り針で調べてみると、興味深い感触が手に伝わってきた。まるで金属の物体を突いた感じだった。何度もそんなことがあったので、鉗子《かんし》を差し込んでその物体をつかみ取った。そして彼は驚愕《きょうがく》することになる。というのも出てきたのが針だったからだ。針を取り出すと患者の苦しみは落ち着いたようだった。が、それも束の間にすぎない。激痛と吐血がぶり返してきた。左腰部に別の腫れ物が現れていたが、触られると非常に苦痛らしかった。二月十五日にそこも切り開かれることになり、酸化して黒くなった針が引っ張り出されたのだった。

似たような腫れが体中に現れてくるのだった。現れるたび医者が切り開くのだが結果はいつも同じ。

一八一九年二月十二日から一八二〇年八月十日までの十八カ月間、体のあちこちにひどい痛みを感じ、その場所に腫れが生じるという状態だった。痛みのあった場所からは針が取り出されたが、その数は二百九十五本にもなった。内訳は――

左胸二十二本、右胸十四本、上腹部四十一、左下肋《かろく》部十九、右下肋部二十、へそ三十一、左腰部三十九、右腰部十七、下腹部十四、右腸骨部二十三、左腸骨部二十七、左大腿《だいたい》三、右肩二十三、両肩の間一、左肩下部一

◆総計二百九十五本◆

一八二〇年の八月から一八二一年三月までは新たな針は出てこなかった。完治したと判断して、ヘッケルド教授はこの奇妙な事例について論説を（もちろんラテン語で）書いている。だがこの判断は時期尚早だった。

大きな腫れが右の腋窩《えきか》（わきの下）に現れ、一八二二年五月二十六日から七月十日までの間に百本を下らない針が取り出されたのだ！　一八二二年七月一日から一八二三年十二月十日までに、複数回に分けて五本ずつの針が取り出された。こちらは全部で四百だ‼

調子が強いのは原文通りだ。著者は興奮を抑えられなかったと見える。

この患者は健康回復期に、ラテン語を学び今回の事例について日記を書くことで無聊《ぶりょう》を慰《なぐさ》めてい

た。彼女は現在コペンハーゲンのフレドリクス病院で、健康体で過ごしている。(4)

奇妙なことに『内科外科医学研究』の論文では、どうして患者の体から大量の針が出てきたのか説明していない。一見信じがたいかもしれないが、最もありそうなのが患者が呑《の》み込んだということだ。おそらく彼女は衝動的に土や紙などの異物を食べてしまう、異食症と呼ばれる摂食障害にかかっていた。不快なことに、いったん体に入った後は、針は消化器官の壁を貫通してしまうので、それで体中に散らばってしまったわけだ。これなら腹痛についても吐血についても説明がつくし、わきの下やら大腿から錆《さ》びた針が出てきたという驚きの事実にも納得がいく。一人の人間の体にこれほど穴が開くのを再び見るには、パンクの時代まで待たなければならない。

## 眠りながら決闘した男

夢遊病者と住んでいる人であれば、午前二時に寝たはずの誰かと会話する、なんてことはおなじみになっているかもしれない。私の妹の一人も子どものころ夢遊病の気《け》があったが、彼女を部屋に連れ戻すのにも皆すぐに慣れ、翌日の朝食時にはそのときのおかしな発言を引き合いに出して談笑したものだった。

だが夢遊病者としては、妹はアマチュアにすぎなかったようだ。一八一六年ロンドンで出版された雑誌にはあるドイツ人学生の話が掲載されている。その話の中で学生は「D氏」とだけ呼ばれている。

### 《嘘《うそ》偽りのない事例――観察および詳細な調査》――奇妙な夢遊病についての事例報告

一八〇一年、若きD氏は下宿人として「H」牧師の家を訪ねた。H氏は尊敬すべき牧師で、家庭には小さな子どもがいた。到着して早々、自分には眠りながら徘徊《はいかい》する癖があるが、もしそんな場面に出くわしてもどうか驚かないでほしい、とD氏は伝えた。数日後の夜中、牧師は耳慣れぬ物音に目を覚ました。何の音か調べに階段を下りていくと……

D氏が眠ったまま本を何冊か運び降ろしていた。本はD氏が両親から送ってもらったものだった。私はしばらくその部屋にいたが、不意を突いて彼を起こすような真似《まね》はしなかった。見ていると、彼は本の目録を作り始めた。非常に暗かったにもかかわらず作業は正確で、私が明るい場所でやった場合と遜色《そんしょく》はなかっただろう。タイトル、著者名、それぞれの版、それから印刷された場所を正確に写し取っていく。そうしているうちに本が一冊落ちて、その音が目を覚まさせたらしい。彼はすぐにベッドに戻っていった。

翌朝、彼はこの出来事を覚えていなかった。彼は眠ったまま驚くほど入念な仕事をこなしてみせる。チェスもカードもお手の物で、一度などラテン語で教授宛ての手紙を書いたこともあった。

また別のときには、彼は人前でラテン語の式辞を朗読することになっていたのだが、そのリハーサルを眠ったままやってみせたこともあった。まるで大学の理事たちが臨席しているかのような振る舞いだった。机を探していたかと思うと、彼の前にかがんでいたH氏を演壇に見立て、その首に原稿を置いていた。朗読が終わると彼は架空の聴衆と理事たちにお辞儀《じぎ》をしてから退席した。

また、彼がベッドに入ってから、大家の娘がピアノを弾き始めたことがあった。D氏は譜面を携《たずさ》えてやってきて、自分の好きな曲を指し示すと楽譜を譜面台に置いた。そして彼女に弾くように促《うなが》した。彼女が弾き終わると、D氏とともに家族も拍手を打ち鳴らす。それから彼は急いで部屋に戻っていった。どうやら目が覚めて服を着ていないことに気づいたらしい。* 眠っているときの彼は大抵の場合、落ち着いていて理性的だったが、今回紹介する事例ではその限りではない。

＊大半の向きは、「何ということだ！　全員服を着ているのに自分だけ裸じゃないか」という不安な夢を見たことがあると思う。もしそれが現実に起こったとしたら！……ホラーである。

ある夜、彼は突然決闘しなくてはならないと思いついた。相手は以前ユトレヒト大学で学友だった男だ。立ち合いはH氏に頼むことにした。時間も場所も決まった。そして合図が出され、D氏は致命傷を負って倒れた。彼は自分をベッドに運び、すぐに医者を呼んでほしいと頼むのだった。私たちの知り合いの外科医が夢遊病状態のD氏を見たいと言っていたので彼を呼びにやった。外科医がどこに傷を負ったのか質問すると、D氏は手を自分の体の左のほうに当てて言う。「ここだ。ここに弾が入った」。「それを摘出するために来ました」と外科医は答え、「しかし手術を始める前に少しこの酒を飲んでください。私が持ってきたものです」と言う。その後D氏が言っていた場所にものすごい圧力をかけた。外科医が言うには弾丸は取れたらしい。D氏にもそれがわかった。「そのようです。感謝します。見事な手術でした。ところで私の決闘相手は死にましたか？」皆が、彼は生きていると教えるとD氏の顔は喜びに輝くようだった。この喜びのおかげで彼は目を覚ましたように見えた。

ちょっと盛りすぎじゃないだろうか。『ロンドン医学実録（The London Medical Repository）』の編集者もこれは出来すぎだと考えたらしく、次のような補足説明をつけている。

この手紙は非常に尊敬されている開業医から我々の手に託されたもので、そこに事細かに書かれている事実については彼の保証付きである。開業医は手紙を書いた人物と知り合いで、その書き手のほうはオランダの牧師だ。有徳、篤実《とくじつ》な人物である。非常に特異な記述なので、この証言を付して読者のもとに届けることが適切と考えた次第だ。どの程度信じられるかは読者の判断にお任せする(5)。

留保をつける気持ちは痛いほどよくわかる。

## 爆発する歯

この謎が最初に姿を現したのは『デンタルコスモス（Dental Cosmos）』誌上だった。これは一八五九年創刊のアメリカ初の歯科医向け学術誌だが、タイトルも良い。日用雑貨食料品店に行って「ミルク一パイント（約〇・四七リットル）と『デンタルコスモス』を頼む」なんて言うところを想像してみると愉快になる。この雑誌の歴史でも初期の号にペンシルベニアの歯科医W・H・アトキンソンの書いた三件の事例報告が載っている。奇妙な事例なのだが、三件ともよく似ている。四十年のキャリアの中で彼が見てきた事例だ。

### 《他人に聴こえるほどの破裂音を伴う歯の爆発》　W・H・アトキンソン

一件目の患者はD・A牧師でペンシルベニア州マーサー郡スプリングフィールドに住んでいた。一八一七年の夏、突如として耐えがたいほどの歯痛に苦しめられることになった。

八月三十一日の午前九時、上部歯列右側の犬歯あるいは第一小臼歯《しょうきゅうし》が痛み始めた。痛みは段々激しくなっていき、牧師が暴れ出すほどだった。痛みが続いている間、彼はあちこちを走り回って苦痛を紛らそうとしたが無駄だった。気が立った動物のように頭で地面を突き返していたかと思うと、角のところでフェンスの下に頭を押し込もうとしたり、さらにもう一度泉のところへ行って冷たい水の底に頭を突っ込んだりしていた。あまりのことに不安に駆られた家族は彼を小屋に連れて行き、何とか気を静めさせようと手を尽くした。

牧師としてはあまり威厳に満ちた態度とは言えない。きっとそれだけ歯が痛かったのだろう。

だが何をやっても無駄だとわかっただけだった。状況が変わったのは翌朝の九時ちょうどのことで、彼は荒々しい錯乱状態のまま歩き回っていたのだが、突然、銃声のような音がした。彼の歯が破裂したのだった。そしてすぐ痛みは消えた。その瞬間彼は妻のほうを向いて、「痛みは完全に消えたよ」と言ったのだった。

正確を期すために言っておくと、彼の歯も消えていたのだった。

彼はすぐベッドに行き、そのままぐっすりと眠った。昼が終わり、夜が明けようという時刻になるまで目を覚まさなかった。目覚めたときには理性も調子も戻っていた。彼はまだ存命で、この苦痛に満ちた事件については鮮明に覚えている。

二件目は十三年後で、被害者の名前はミセス・レティシア・D。同じくペンシルベニア州のマーサー郡に住んでいた。

今回は一件目のようにはっきりとしたことはわかっていないが、最初の事例にだいぶ似ている。大きな音とともに歯が破裂して、痛みがやみ、歯は粉々に砕けている。上顎《じょうがく》大臼歯だった。

最後は一八五五年に起こった事例だ。またしてもマーサー郡で発生しており（水に何か含まれていたのだろうか）、被害に遭《あ》った人物はミセス・アンナ・P・Aという。

今回は歯が前後方向に割れた。これは激しい痛みと歯髄《しずい》の炎症によって引き起こされたものだ。他の二件と同じように、突如として鋭い音が響き渡ると、痛みがやんでいた。割れたのは上部歯列左側の犬歯《けんし》だ。彼女は健康に過ごしている。今は素晴らしい女の子たちの母親になっている。(6)

彼女が健康で家族もできたというのは何よりだが、命の危険がある病気を予想していた読者も多いのではないだろうか。

アトキンソン医師の報告は予兆であるかに見える。歯が破裂する病気が小さな流行になる予兆だ。実際、似たような事例がこの後の数十年で何件も発生している。一八七四年に刊行された『歯科の病理学と治療（Pathology and Therapeutics of Dentistry）』で、J・フェルプス・ヒブラーは特に衝撃的なある事例について書いている。女性の患者だったが、あまりにも歯が痛むので正気を失うかと思ったそうだ。

何時間か部屋を歩き回った後、彼女はちょっと休憩をとるために腰を下ろしたのだという。その瞬間痛みがやんだ。痛みがなくなって以降は五感は完全だったと彼女は断言している。症状といえばひどい痛みがあっただけで、突然、歯が衝撃音とともに破裂したのだった。彼女はほとんどひっくり返らんばかりだったという。破裂したのは下部歯列右側の第一大臼歯だった。(7)

てっぺんから根元まで、歯はまっぷたつに裂けた。爆発の衝撃は「かなりの時間、ほとんど耳が聴こえなくなる」ほどだったという。口の中で爆竹《ばくちく》が弾けたようなものだ。

この説明を信じるならば、劇的な爆発が起こったことになる。何が原因だったのだろうか。アトキンソン医師は論文の中で、「フリーカロリー熱素」なる物質が歯の内部に蓄積され、劇的に圧力が高まったのだとしている。この仮説は真っ先に除外しておいていい。というのも時代遅れの科学理論をもとにしているからだ。長い間、「カロリー熱素」という液体によって熱が構成されているものと信じられてきた。この理論では、カロリー熱素同士は反発し合うとされているので、圧力が高まった点は説明できるのだが、今ではこんな物体が存在しないことは明らかになっている。J・フェルプス・ヒブラーは違う仮説を立てていた。虫歯のおかげで歯髄中に可燃性のガスが発生し、それが爆発した、というのだ。だが、これもあまり説得力はない。今では虫歯の進行は歯の外側から始まるものだとわかっているからだ。

歯の詰め物をするときに使われた薬品が原因だというものから電荷の蓄積というものまで、いくつかの仮説が提案されては退けられていった。一番ありそうなのは患者が症状をありそうもないくらいに誇張しているという説明だった。硬いものを噛《か》めば歯が割れることだってあるし、自分の口の中で発生した音なら派手に聞こえることもあるだろう。しかし、これも「他人に聴こえるほどの破裂音」という点を説明できていない。何人か証人がいたのだから。メアリー・セレスト号の運命や切り裂きジャックの正体と同じで、爆発した歯の謎も真相は藪《やぶ》の中になってしまうらしい。

# 鼻から排尿する女

ロードアイランド州プロビデンス市の一般開業医、サルモン・アウグストゥス・アーノルドは無名の医者で、歴史に残るような業績もほとんど上げていない。しかしながら彼はある一点において不朽の名声を得る資格がある。一八二五年に『ニューイングランド内科外科医学時報（New England Journal of Medicine and Surgery）』に寄稿した奇怪な事例報告を見てみればそれがわかる。それはラブレー風『エクソシスト』［アメリカのホラー映画。一九七三年製作］とでも言うべきもので、プロットはホラー風で屈曲に富み、得体のしれない体液も出てくる。アーノルド医師は新種の希少疾患を発見したと信じていた。その名も〝paruria erratica〟という。これはラテン語だが、翻訳してみれば「尿放浪障害」とでもなるだろう。おかしな名前だが、好奇心はそそられる。

**《尿放浪障害についての事例報告》**

医学博士　**サルモン・アウグストゥス・アーノルド**

マリア・バートンは二十七歳の健康な女性だった。が、一八二〇年六月に月経が止まり、喀血《かっけつ》した。

生理が来なくなって血を吐いたわけだ。

担当の医者は藪《やぶ》医者で、毎日かなりの量の血を抜いて身体が弱ったところで無思慮にも催吐剤《さいとざい》を飲ませていた。効果のほどはといえば子宮脱が誘発され、尿分泌がまったくできなくなった。ちゃんとした医者に診《み》てもらうことにしたが、甲斐《かい》もなく、その状態が二年半近く、症状が弱まることもないまま続いた。

子宮を支えている腹部の筋肉と膜帯が弱ったり伸びてしまったりするとこの子宮脱は起こる。臓器が膣《ちつ》の中に落下してくるのだ。膀胱《ぼうこう》脱はその合併症で、排尿を困難にさせる。今回の事例は明らかにこれだった。尿を排出するために、一日に一回彼女の膀胱にカテーテルを挿入しなければならなくなった。そしてここから事態が何やらとてもおかしな方向に進んでいく。

一八二二年の九月のことだ。私が彼女に会ったばかりのころだったが、カテーテルから尿が出ない状態が七十二時間続いていた。だが右耳から一滴一滴、液体が滲《にじ》み出している。それが数時間続いて膀胱は空《から》になった。翌日の午後五時にも同じことが起きた。液体が漏れ出している時間も同じくらいだったが、ただ量は前日より多かった。熱したシャベルに落としてみると、尿独特の臭《にお》いが漂う、つまり尿素があるということだ。

この「加熱シャベル検査」はどういうわけか診断ではもう使われていない。耳からの排尿は続き、日を追うごとに頻度《ひんど》が増えていく。アーノルド医師は報告している。

徐々に量が増えていくが、それにかかる時間は短くなり、十五分で一パイント（約〇・四七リットル）が排出されるまでになった。尿はだいたいカラスの羽くらいの幅に広がって流れていった。それから、一層不規則に排出されるようになった。数時間おきに現象が起きるようになり、排出される量は二十四時間で八十オンス（約二・五キログラム）にまでなっていた。

八十オンスとは四パイント（約一・九リットル）である。平均的な人間が一日に排尿する量よりも多い数字だ。そして新しい症状が現れた。ひきつけを起こし「熱狂的な気分」が湧《わ》くようになっていた。笑い出したかと思うと支離滅裂《しりめつれつ》な歌を歌い出すようなこともあったが、そんなときの彼女は「しばしば冴えわたる機知とユーモアを発揮した」とのこと。茫然自失《ぼうぜんじしつ》状態で十二時間過ごしたこともあるという。そして症状はさらに悪化する。

右目の視力は失われ、左目が見えにくくなる現象が頻繁《ひんぱん》に起こった。左目のほうは後に完治するが、そうなると彼女は部屋の中ですら、ものの輪郭が見分けられなくなった。右耳も相当に悪くなり音が聞き取れなくなったし、何やら離れたところにある滝の音のようなおかしな音が耳の中でずっと響いていた。

何ともはや、この音はすぐに現実のものとなる。

次に尿が出てきたのは左耳からで、排出の直前になると、右耳から似た音が聞こえてくるのだった。十分、十五分前だとはっきり聞き取ることはできない。そして尿を出し終わると音も消える。左耳の次は左目で、朝になると数時間尿の涙を流すのだが、これはひどい炎症を引き起こした。

ほうら、馬鹿馬鹿しくなってきた。しかし待ってほしい。まだ終わりではない。

一八二三年三月十日、今度は胃から尿が吐き出された。内容物と混ざり合うようなことはなかった。四月二十一日には左胸が張るようで、かなりの痛みがあった。何かしらの液体が含まれているのは明らかで、乳首から数滴こぼれ落ちていった。時折、左の乳房から尿が排出されるようになった。

記述を辿《たど》っていくと、両耳、両目、腹部、両胸から尿が排出されたことがわかる。もうこれ以上はないだろうって？　そんなことはない。

一八二三年五月十日、下腹部とへそのあたりが断続的に収縮を起こし、膀胱からへそのあたりをねじれるような激しい痛みが突き抜けていった。数日後、大きな音が聴こえてきた。ボトルからコルクを抜いたときに生じるような音だ。その直後、さながら噴水のようにへそから尿が噴き出てきた。

ぞっとする現象だし女性も気の毒だが、へそから尿が噴き出てくる光景は見物《みもの》だったに違いない。

が、メインイベントはここからである。

おかげで体力がすり減っていき、彼女は最後の努力をすることになるが、それがきっかけとなってこの事例は仕上げとなった。鼻から尿が排出されたのだ。それは一八二三年七月三十日の朝に始まった。最初は一滴一滴としたたり落ちていたものが、日を追うごとに量が増え、しまいには滂沱《ぼうだ》として流れ落ちるまでになった。

さて、この液体は本当に尿だったのだろうか。アーノルド医師は化学教授に複数のサンプルを送り検査にかけている。結果として比率的にかなりの分量の尿素が含まれていることが確認された。通常は尿に含まれている有機性廃棄物だ。また、当然の疑問も残っている。これは事実なのか、女性のでっち上げではないのか、ということだ。

友人のウェブ医師には時々彼女の診療をしてもらっていたが、私と彼とで交互に入れ替わって彼女のそばに二十四時間ついているようにした。疑わしい点をつぶすためだ。尿の排出量はそれに先立つ数日と同等で、これ以後も変わらなかった。疑う要素はもう何もない。正真正銘この液体は尿で、それが彼女の耳や目から排出されていたのだ。毎日、視覚上のデモンストレーションが繰り返され、事実が証明されたのだ。

医師は「私がこの目で見た」と書くこともできたはずだが、「視覚上のデモンストレーション」

などと大袈裟《おおげさ》なレトリックを使うほうがよいと判断したらしい。ところで、それから彼女はどうなったのか。この話はハッピーエンドで終わっている……多分。

大きな異変が起きていたわけだが、六カ月もの間ますますその度合いを増していき、患者を見た人は、明日はどうなるかわからない、という意見だった。しかし六カ月が過ぎると症状が徐々に収まり、今では排尿に不自由はないので部屋を歩くこともできるようになっている。一八二四年の夏などは何度も乗馬に出かけているくらいだ。右耳、右乳房、へそからの漏出《ろうしゅつ》は毎日あるが、ここ一年ほどは量も頻度もそれほどではない。膀胱からは一般的な量が排出される。腹部、鼻、目からは数カ月尿は出ていない(8)。

理想的とは言えない結末だ。目から時々尿が出てくるというのでは、ディナーパーティーの客として完璧とは言えない。この事例報告はアーノルド医師が「排尿日記」と呼ぶ十七ページの文書を付して終わっている。患者がどれほどの尿をどこから排出したか、九カ月間毎日記録した何とも高尚な文書である。

あまりに奇怪で本当とは思えない、と考えておられるならそれは多分正しい。だが、マリア・バートンが変な条件が組み合わさって奇妙な症状に悩まされた可能性もわずかながら存在する。彼女の病気は子宮脱に始まって、そこから泌尿器系《ひにょうきけい》に異常が発生したのだった。尿に含まれる廃棄物を排出できなければ、血液中の尿素濃度が高まってしまう可能性もある。これが尿毒症だ。典型的な症状としては、疲労、異様な精神状態それに震顫《しんせん》［一部の筋肉が収縮、弛緩を繰り返す不随意運動］である。この患者の場合、すべて当てはまる。しかし尿毒症で最も衝撃的なのは、結晶性尿汗症《にょうかんしょう》だ。腎臓の弱っている患者にだけ見られる症状だが、尿素が肌から滲《し》み出し結晶化する。汗でそれが溶けていると、臭いも見た目も尿のようになる。そして彼女が浮腫《ふしゅ》――組織間隙《かんげき》に液体が溜まっている状態――も患《わずら》っていたとすると、大量の汗（臭い付き）が出たことだろう。

だというのに「さながら噴水のようにへそから尿が噴き出てきた」とは一体どういうことなのか。驚くべきことにこれについても合理的に説明ができる。膀胱は尿膜管と呼ばれる組織でへそとつながっている。尿膜管とは妊娠初期の胎児の膀胱から尿を抜き取っていた管のなごりだ。この管は通常、誕生時には消えて繊維《せんい》状のひもしか残らないのだが、ごくまれにその後になっても残っていることがある（尿膜管開存という状態だ）。管は気づかれないくらい狭いのだが、膀胱内の圧力が高まれば尿がその管を押し開き、へそにまで突き進む可能性はある。

これで解決かって？　それははっきりしない。これほど深刻な尿毒症にかかった患者が六カ月間生き延びるには、かなりの幸運に恵まれなくてはならないが、それが二年ならなおさらである。そしてそれだけが問題なのではない。ありそうにないだけでなく、医学的に見て耳や鼻から尿を出すというのはあり得ないことなのだ。* マリア・バートンについて、我々はどのような評価を下すべきだろうか。医学史上で唯一鼻から排尿した人物なのか、それとも類希《たぐいまれ》なるペテン師なのか。どちらの可能性が高いか――それは言わぬが花だろう。

＊面白いことに、古い医学事典の中には〝oturia〟という単語が載っているものがある。「耳から排尿する」という意味だ。つまり、起こり得ない事象という意味である。

## 胎児を吐き出した少年

この愉快な事例報告はもともと一八三四年のギリシャの新聞に載ったもので、すぐにヨーロッパの医学雑誌上にセンセーションを巻き起こした。フランス人医師であるピエール・アルドワンはエーゲ海諸島のシロス島へ赴《おもむ》いた。デメトリウス・スタマテッリという少年が病にかかり、その両親がアルドワン医師を呼んだのだった。ロンドンの新聞はこの話を次のように報じている。

**《前代未聞の流産――少年が吐き出した胎児》**
アルドワン氏が少年の診療に呼ばれたのは去る七月十九日のことだ。この患者は刺すような腹痛に襲われていた。アルドワン医師はいくつかの治療法を試してみたが痛みを鎮めることはできず、すっかり匙《さじ》を投げてしまって臨終の秘跡を行ったほうが良いと勧めた。

アルドワン医師が改善の兆《きざ》しを読み取ったのか、両親が猛烈な抗議に出たのか。どちらにせよ医師は秘跡の手配をするよりも先にやることがあるとすぐに判断した。

翌日、瀉下《カサーティック》性嘔吐《おうと》剤《ざい》を与えたところ、少年は少し吐いた。

「瀉下性嘔吐剤」とは何とも禍々《まがまが》しい響きだが、これはヒマシ油とコラライン（地中海の海藻を乾燥させたもの）とトコン（南アメリカに生えている植物の根。通常は赤痢の治療に用いられる）を調合したものだ。効果のほうも愉快とは言えない。何といっても嘔吐と下痢を同時に誘発する薬なのだ。

この最初の嘔吐はすぐに収まった。二回目には腹部に激しい痛みを伴い、最後には口から胎児を吐き出した。

ＯＫ。少年が胎児を吐いたんだな……ん？　胎児？

胎児の頭部はしっかり形成されており、腕も片方は完璧に形をなしていた。下肢はなく、ただ肉が少し突き出ていて先端が細くなっている。そしてへその緒で胎盤とつながっていた。三日後には患者の容体はだいぶ良くなっていた。病的な症状はすっかり姿を消して、快方に向かっている⑼。

予想外の物体が手に入ってしまったわけだが、アルドワン医師はこれを持って帰ると、シロス島の医師全員を招いて、その前で検査にかけ、その後はアルコール漬けで保管することになった。「公開までしたのだから、ペテンとはお考えにはならないだろう」とアルドワン医師は書いている。

もちろん、アルドワン医師の報告を疑う人間は多かった。パリ科学院のメンバーたちはアルドワン医師がこの事例報告の出版に「異様な熱の入れよう」を見せているのを疑わしく思い、著名な博物学者エティエンヌ・ジョフロワ・サンティレールに調査を依頼している。サンティレールは奇形学、つまり先天的な不具について特に研究している人物だったので、この件に関しては十分以上の資格があった。彼は保管されていた胎児を送ってもらい、解剖した後にこれは確かに人間の胎児が途中まで形成されたものだと発表した。

それからしばらくして今回の患者、デメトリウス・スタマテッリは死去したが、原因はわかっていない。この少年の検死を担当した医師によると消化器官はほぼ正常な見かけをしていたという。結論は以下の通りだ。

**彼が本当に胎児を吐き出したかは、今回の検死では確認できなかった。だが、この話が捏造《ねつぞう》されたものだとの証明もまたなされていない。胎児が吐き出された時点から時間が経ってしまっているため、消化器官を調べても確かな証拠は出てこなかったのだ。**(10)

しかしながら、興味深いことに今回の件には一つだけ異様な箇所があった。胃の内壁に、普通では考えられないくらい多くの血管が集まっていたのだ。アテネ医療専門家委員会は、ここが胎児が胎盤につながれていた場所かもしれないと認めている。サンティレールはこれらすべてを勘案して、今回の事例は確証されたというには程遠いが、少なくとも可能性は否定できないとしている。彼は、これがでっち上げだとしたらデメトリウスの「単純で無知な」両親が関与していないことは確かだ、と述べている。

サンティレールも承知していたことだが、双子の片割れがもう一方の体内に入ってしまうことはある。「胎児内胎児」と呼ばれる現象である。母親の子宮にいるとき、デメトリウスにはおそらく双子の兄弟がいたのだが、それが彼の体に吸収されてしまったのだ。これは途方もなく珍しい事象で、二百に満たない例しか記録に残っていない。はなはだしい例になると、二〇一七年に十五歳のマレーシアの少年が腹部の膨張とそれに伴う激痛を訴え入院したところ、この少年の中から一・六キログラムの奇形胎児が発見されたという記録がある。(11) その中でもデメトリウスの件が普通でないのは「双子」が発見された場所だ。確かに胎児内胎児の事例においては腹部に奇形胎児が見つかるのが通例なのだが、見つかった胎児には頭蓋骨《ずがいこつ》、陰嚢《いんのう》、それから口までそろっていた。これが強酸性の胃液の中にあったとすると数日ももたないはずで、そのままの形をとどめているというのは信じがたいのだ。

## 頭に突き刺さったままのペン

こんな類の話は聞いたことがないだろうか。昔兵隊だった人物が八十歳になって急に背中に痛みを覚える。調べてみるとそこは兵隊時代に弾を受けた場所で、すっかり忘れていたが組織の中にしっかり弾が食い入っていたのだ。この手の話は大方は本当だと思っておいていい。人間の体に意外な物体が埋め込まれているというのはよくあることで、ときに問題を生じるまでに何十年も眠っている場合もある。

そうは言っても今回の話はちょっとわけが違う。初出は一八八八年に『シカゴ医学探問（Chicago Medical Journal and Examiner）』に載ったもので、症状が現れるまで異物が脳内に二十年残留していたというのだからなおさらだ。

**《奇想天外な傷》**

尖《とが》った物体で上瞼《うわまぶた》か瞼の下のほうを突き、眼窩《がんか》板《ばん》を貫いて脳に達すれば致命傷になるし、こんな事件は何件も起きている。ベビーファーマーが針を突き刺して子どもを殺してしまう事例はよく知られている。

「ベビーファーマー」とは他人の子どもを預かって賃金をもらう人のことだが、彼らは一括払いで

（少額の）賃金を受け取っていたので、子どもが死んだほうが得になったわけだ。それでおびただしい数の嬰児《えいじ》殺しが起きていた。『英国医学時報（British Medical Journal）』が一八六七年に主導したキャンペーンの結果、里親《さとおや》制度や養子縁組にもっと厳格な基準が採用されるよう法律が改正されることになった。

それから怒りっぽい「乗客」がスティックを馭者《ぎょしゃ》の頭に四インチ（約十センチ）突き刺した事件からも、まだそれほどの時間は経っていない。

私だって運転手にイラつくことくらいあるが、これはさすがに相応の報《むく》いだとは言えまい。

概してその外傷の影響はすぐ現れる。一度にやってくるとは限らないが、だいたい一時間か二時間以内に深刻な症状が複数やってくるのが通例だ。だが、先週ロンドン病院から報告されたのは、例外的事例として興味をひくものだった。亡くなったのは三十二歳の訪問販売員だった。故人はほんの数週間前までは健康で、何冊も正確この上ない帳簿をつけていた。

当時の新聞を見ると故人はモーゼ・ラファエルという名前で、ロンドンのイーストエンドにあるブロムリー・バイ・ボウ区に住んでいたことがわかる。数字を操る能力はかなりのもので、この若き紳士は「素晴らしい頭脳労働者」と書かれている。これは結果的に皮肉になってしまったわけだ。モーゼは急に割れるような頭痛に襲われ、意識の働きが鈍くなってきた。彼は入院することになり、数日後に「卒中《そっちゅう》」の症状が高じてこの世を去ることになる。この言葉は一般的に脳の血管に問題が起きたとき使われるわけだが、この医者はショックを受けることになった。

検死で脳を調べてみたところ、七面鳥の卵ほどの大きさの膿瘍《のうよう》【体組織中で内部に膿が入った空間】が基部に見つかった。明らかに最近できたものではなく、内部にはペンが入っていた。合わせて長さ三インチ（約七・五センチ）だ。この異物は長い間この場所にあったに違いなく、骨に食い込んでいた。目にも鼻孔にもペンが入ったと思《おぼ》しい傷跡は見つからなかった。

彼の妻も驚いていた。そんな話はちらとも聞いたことがなかったし、彼女以外の人間も彼がそんな怪我《けが》を負ったことを知らなかった。

ペンは学校で使われるごくありふれたもので、故人が学生時代に傷を負ったのではないという証拠は何一つ出てこなかった。要するに、これは特定の条件下で脳が深刻な損傷と異物の存在にどれほどの時間耐えられたか、その極限を示す注目すべき事例というわけだ。ある意味で、故人が病院で死んだのは幸運なことだった。開業医なら、卒中か、あるいは死因審問用の言い回しをするなら「神の訪れ」と診断したことだろう。(12)

「神の訪れ」とは突然の死に申し渡される評決だ。ただこの患者の場合であれば神のお出ましを願うまでもない。ペンの一突きで事足りたのだから。

# 第三章

# こんな治療はお断り！

医療の歴史といえば、大方の人間には奇天烈《きてれつ》な治療法を施《ほどこ》していた医者が思い浮かぶ。数千年の間、瀉血《しゃけつ》が治療法の一環として行われていたのは有名な話だ。これは幻獣が発明した治療法だった（少なくともルネサンス期の学者ポリドール・ヴァージルによればそういうことになる）。

**人間はウォーター・ホース**［もともとはスコットランドの馬型の幻獣ケルピーをこう呼んだが、湖の怪物を指すのにも使われた］から瀉血を学んだ。ウォーター・ホースは弱って混乱していたが、川辺で尖《とが》ったアシの茎を探し出し、荒々しく脚の血管にそれを突き刺すと体が楽になったようだった。そうやってからウォーター・ホースは泥で傷口を覆った。[1]

もっとおとなしい瀉血法もある。たとえばヒルはヨーロッパ中で数百年にわたり使われていたが、一回あたりティースプーン一杯分の血を吸い取るだけだ。もっと思い切ったものだと静脈切開だ。血を多く抜きたいときに血管を開くわけだ。腕の血管でやるのが一般的だが、体中どこででもできる手法で、ドイツ人外科医ローレンツ・ハイスターは一七一八年に論文の中で、他の部位から瀉血をするやり方を説明している。目、舌、さらにはペニスからも瀉血するというのだ。ベンジャミン・ラッシュは十八世紀に生きたアメリカ人だが、この人物も瀉血の熱心な支持者で「瀉血はオンス単位でだけ行うのでなく、ポンド単位でも行う。水鉢だけでなく、バケツを使うこともある」[2]と述べている。十九世紀には廃《すた》れる治療法だが、一八九〇年代までは支持する年長の医者もわずかながらいた。

だが運良く瀉血から逃れられたとしても、薬は摂取しなくてはならない。これも面白くない展開になることが多かった。この時代、水銀や砒《ひ》素《そ》など毒性の高い物質が含まれている薬が一般に処方されていたし、ドクニンジンやベラドンナなども毒があったが、薬戸棚にあってはむしろ主役の趣《おもむ》きがあった。『ロンドン薬局方（Pharmacopeia Londinensis）』は一六一八年に最初に出版された治療法のカタログだが、十七世紀のイングランドで何が「効く」と考えられていたかについて興味深い事実を教えてくれる。十一種類の排泄《はいせつ》物と五種類の尿、十四の種類の血液に唾液《だえき》、汗や脂肪などがその範疇《はんちゅう》に含まれていたが、これは雑多な動物から採取できるものだった。また、その時代の薬局では、雄鹿や雄牛のペニス、蛙《かえる》の肺、去勢された猫、アリやヤスデが見かけられたものだった。

だが、一番奇妙だったのは切った爪（嘔吐《おうと》を誘発するために使われていた）や非業《ひごう》の死を遂げた人たちの頭蓋骨《ずがいこつ》（癲癇《てんかん》の治療に使われた）、あるいは粉末状にされたミイラだろう[3]。上質のミイラがエジプトから輸入され、喘息《ぜんそく》や結核、打撲傷など様々な症状に対して用いられたのだ。もっとも自国内で安っぽい紛《まが》い物を用意することもでき、これは肉片を酒に漬けた後で燻製《くんせい》にして作る。ハムのようにだ。効果は本物と寸分違わなかったし、サンドイッチの具としても断然こちらが優秀だ。

一八〇〇年を少し過ぎたころにはこれら珍妙な治療法は完全に廃れていた。当時としてはまさに正統派そのままの治療法だったわけだが、驚くにはあたらないだろう。古い医療に代わり新しい医療が台頭してくる。医者たちはしばしば新しい薬剤を試し、それを専門誌に報告として載せている。効果が認められて一般に受け入れられたものもあれば、脇に追いやられたものもある。治療法として失敗しているもののほうが、事例報告は面白いことが多い。現代の基準からして馬鹿げているだけでなく、当時からしても馬鹿げた治療だったのだ。

## 伯爵よ、甦れ！

八月のある暖かい午後のこと。イングランドのタンブリッジウェルズという富裕層の住む街の一角で五十代の男がローンボウルズ〔イギリス発祥のスポーツでボウリングの前身。ジャックという小さな球を標的に、ボウルと呼ばれる偏心球を転がす〕を楽しんでいた。突如、男は意識を失い地面に倒れる。死んでいるように見えた。今日なら数分以内に救急車が来て、病院に行く前に緊急処置として救急救命士が蘇生《そせい》術を試すところだろう。しかしこれが三百年前なら？　オックスフォードのボドリアン図書館から見つかった驚くべき文書を読めば、細かいところまで実によくわかる。一八四六年に『地方外科医学雑報（Provincial Medical and Surgical Journal）』誌上に復元された昔の事例報告だ。

**《ボドリアンの逸話・未公開断片》　グドール医師からトマス・ミリントン卿宛ての書簡**

一七〇二年、チャールズ・グドール医師はタンブリッジウェルズで友人たちと過ごしていたのだが、思いがけなく本業をこなすことになった。グドール医師といえば数年後に王立内科医協会の会長に選出されることになる有名な医者だ。そのグドール医師が高名な同僚であるトマス・ミリントン卿に宛てた手紙で、この事件の悲劇的顚末《てんまつ》について物語っている。

かの偉大なケント伯爵の死は、あまりにも突然で衝撃的だった。今季一番の事件だろうが、事の詳細を嘘《うそ》偽りなく以下に書き記しておこうと思う。

命を落としたのは第十一代ケント伯爵アンソニー・グレイで、五十七歳だった。

伯爵は頻繁《ひんぱん》にタンブリッジウェルズを訪れていたが、今回は十二日間ほど続けて足を運んでいた。滞在中、朝の祈りの後、それと時々夕方の祈りの後に散歩をする、あるいはシオンの丘のローンボウルズのグリーンを散策する以外、運動はしていなかった。その日、私は伯爵と散歩をしていた。チャペルから出発して二つか三つ角を曲がったところで、夕方の五時にローンボウルズをする約束をしたのだが、伯爵はこのゲームを一度もしたことがなかったし、生前、我々と一緒に例の水を飲むこともなかった。

タンブリッジウェルズはミネラルウォーターが有名で、十八世紀初頭に来る人の多くはこの水が目当てだった。伝承によると、この水は一六〇六年、ノース卿ダドリーによって発見された。彼は若い貴族で放蕩《ほうとう》に耽《ふけ》っていたが、森の中で偶然見つけた泉の水を飲むと「長く苦しんでいた肺病」が治ったというのだった。グドール医師自身も健康上の理由でこの地を訪れていた。その養生規則には例の水を飲むことと、ローンボウルズを毎夕二時間プレイすることが含まれていた。(4)

約束の時間になったが、伯爵は私より先に到着していて、(私の見間違いでなければ)ジョージ・

ハワード卿、キングセール卿、トマス・ポウィス卿とローンボウルズをプレイしていた。

四人ともその場にふさわしい貴族階級の面々である。

私はいくつかのニュースを伯爵に教えたが、これはまだ彼の耳には入っておらず四人は少しの間話に花を咲かせた。その後伯爵はゲームに戻り、二ゲームか三ゲームプレイした（のではないかと思う）。私はグリーンのもう一方の端に行ってゲームを始めた。一ゲームが終わり、二ゲーム目の途中で悲鳴が上がった。「伯爵が！　伯爵が倒れた！　医者だ！　医者を呼べ！」それで私はボールを放りだして伯爵のもとへ馳せ参じたのだが、彼は芝地に死んだように倒れていた。脈拍も呼吸もなく、ただ喉のあたりがかすかに震えるのだった。目は閉じていた。

「脈拍も呼吸もない」とは、呼吸器と心臓が止まっているということになる。これはもうどうにもならないように思える。今日であれば、有能な救急救命士が心肺蘇生（CPR）を施《ほどこ》すところだが、この技法が開発されたのは驚くほど最近のことだ。これについての最初の記述は一九五八年になるまで現れない。私ははじめ、十八世紀の医者が処置なしと観念すると思っていた。しかし、グドール医師はそう安々と敗北を認めたりはしなかった。

すぐに両腕からかなりの量の血が瀉血《しゃけつ》された。計算した結果、十から十二オンス（約三百十一～三百七十三グラム）の血を抜いたことになる。

半パイント（約〇・二四リットル）よりほんの少し多いくらいだ。

次いで、私はかなり強いかぎタバコを鼻に押し当て、スピリタス・サリス・アルモニアキを両方の鼻孔に流し込んだ。それからヴィナム・ベネディクトゥムを二オンス（約六十二グラム）、大至急持ってくるように指示を出した。薬剤師（ソーントン氏）は三オンス（約九十三グラム）持ってきて、それを伯爵の喉に注いだ。一滴もこぼさなかった。

「スピリタス・サリス・アルモニアキ」とは塩化アンモニウム溶液のことで、胸の病気を治療するための去痰薬《きょたんやく》としてよく使われる。当時、最高品質の塩化アンモニウムはエジプトでラクダの尿から精製され、それが輸入されていた。「ヴィナム・ベネディクトゥム」はアンチモンを含んだワインのこと。アンチモンは毒性金属だが、それをワインに混ぜて催吐剤《さいとざい》として用いられていた。医師のプランは当時としてはかなりオーソドックスなもので、ショックを与えることで過激な反応を誘発し、息を吹き返させるというものだった。くしゃみ、咳《せき》、嘔吐《おうと》、なんでもいい。

これが終わるとすぐに伯爵を（椅子に乗せて）運んだ。まずグリーンから連れ出し、舞踏室を抜け、まことに申し訳ないながら二階の寝室に入った。私は伯爵の頭を胸に抱えるようにして支えていた（そうしなければ頭が横か後ろか前にがくりと倒れていたところだ）。そうしてベッドまで運ぶとすぐに、外科医に吸角《きゅうかく》を六から八持ってきて伯爵の肩に乱切法《らんせつほう》を施してほしいと呼びたてたが、外科医も薬剤師も（外科医が一人と薬剤師が一人居合わせたのだが）吸角を一つも持っていなかったし、外科医でも薬剤師でもない人々も同様だった。（外科医と薬剤師が言うには）たとえ女王陛下の御命が危機にさらされていたとしても、ここタンブリッジウェルズで吸角を手に入れることはできなかったろうとのことだ。

吸角を使った乱切法は瀉血の方法の中では穏やかな部類に入る。皮膚に小さな開口部を開き、吸角が血を少量抜き出す手法だ。

そうとわかって私は失望した。伯爵の頭を剃《そ》るように指示を出し、そこにブリスターを押し当てた。首や肩にもだ。

ブリスター［blister、英語で「水ぶくれを起こさせる」という意味がある］とは読んで字のごとくひどい炎症を引き起こす物質で、これが肌に押し当てられたわけだ。普通は膏薬《こうやく》の形で用いられる。水ぶくれを起こさせ、体から毒素を排出させるのが狙いだ。それから医師はクロウメモドキのシロップをスプーン数杯分か投与した。これは下剤だ。そこでブランスウェイト医師が合流した。事件を聞きつけ、手助けのために駆け付けたのだった。彼は「適正量のジューレップ」（気分をすっきりさせるのに使われる各種ハーブの煎薬）を使ってみようと提案した。

二人の医師が全力を尽くしたことは間違いない。だが、治療はさらにエキセントリックな方向に向かいつつあった。

そこにウェスト医師が来た。彼は赤熱《しゃくねつ》したフライパンを頭に当ててみるようにとアドバイスした。

これはもうヤケクソではないか？　多分そうだったのだろう。

しかしながら伯爵はもう呼吸も脈拍も完全に停止しているようだった。生命が、と言うべきかもしれない（それでも一、二の医者はまだ希望があると思っていたが）。つまり、この件に関して言えば希望はほぼないに等しく、どのような治療も無駄なようだった。

この時点で部屋に「貴顕紳士たる人々がひしめいている」のがグドール医師には耐えがたくなり、全員に退席を願った。その中の一人、グロスターの司教は今回の件を知らせようと、一マイル（約一・六キロメートル）離れたところにいる伯爵の娘のもとへ急いだ。

彼女はこの知らせを聞いて（想像できたことだが）激情に駆られ、叫ぶのだった。「父が？　父が死んだの？　教えて。本当のことを言って」。真実は司教の手の中にあった。伯爵は卒中《そっちゅう》で死んだように思われた。彼女は吸角は試したのか尋《たず》ね、父親のもとへ行く決心をした。

彼女は取り乱し、父親の体を彼の部屋に運んでやってほしいと望んだ。グドール医師は賛成した。

馬車の中で従者に腰回りを抱きかかえてもらい、伯爵には直立姿勢を保ってもらう。そうすれば従者の熱も伝わり、かつ馬車の振動が伝わって、数時間前に処方した催吐剤と下剤の効果が現れるのではないか、と私は判断した。我々には判別がつかないが、もしまだ伯爵の腹部に熱、あるいは生命がほんの少しでも宿っているならば、期待できるかもしれなかった。

もちろん儚《はかな》い希望である。倒れてから数分以内にはもう、この哀れな伯爵の命は失われていたのではないか。にもかかわらず遺体は（ありそうなことだったが）馬車に載せられ、伯爵の部屋にまで運ばれた。しかも治療もまだ続けられていたのだ。

伯爵を温かいベッドに横たえるとすぐに、パイプにタバコを入れて火をつけたものをいくつか持ってくるように指示を出した。肛門から煙を吹き入れるのだ。タバコ・グリスターは利用できなかったが、これなら効果があるのではないかと思われた。

「グリスター」とは浣腸剤《かんちょうざい》だ。タバコの調合に使う液体で、刺激剤として知られていた。様々な病気の治療のため、肛門から注入されるのが常だった。今回はしかし、浣腸用の道具が手もとになかったので、肛門から煙を吹き入れることになったという次第。常軌を逸しているかに思われるかもしれないが、これは標準的な蘇生術で、溺《おぼ》れた人間によく施されていた。*これも無駄とわかったとき、ついに万策尽きて途方に暮れた。が、最後に一つだけ試すことになった。患者を温めるために採った方法なわけだが、やはりヤケクソじみている。

＊タバコ型浣腸をする場合、十分に注意してやらないと患者の腸の内容物を口いっぱいに頬張《ほおば》ることになったという。危険要素満載だったというわけだ。利他的な行為だったのは言うまでもない。これが元になって「肛門から煙を吹き入れる」という言い回しが生まれた。相手におもねるという意味だ。タバコ型浣腸についてもっと知りたければ本章の次の事例で面白い情報が載っている。

**これが無駄に終わった後、エドマンド・キング卿がこの家内で羊を殺して、その腸を伯爵の腹に巻きつけること提案した。誰がどう見ても死んでいるような状態になってから相当な時間がたったアポプレクティックでも、適切な治療を施せば息を吹き返す例も多かったので我々は望みを持っていたのだが、あらゆる治療は徒労に終わった。**

「アポプレクティック」とは卒中（apoplexy）患者のことで、卒中は脳卒中だとか脳血管障害（CVA）だとか言われたりもする。実際、卒中患者が昏睡状態に陥ってから意識を取り戻す例はあるが、三百年前に昏睡と死亡を見分けることは難しかったはずだ。聴診器なしでは心臓が止まっているかどうか百パーセントの確信は持てないし、死後硬直が始まってようやく死亡を宣告できる事例すらあったのだ。それを加味すればグドール医師が患者を蘇生させる努力を続けたのも理解できないことではない。

手紙は長い議論の末に死因についての結論を出している。グドール医師の同僚たちは伯爵の死因を膿瘍《のうよう》あるいは「卒倒《シンコープ》」と思っていたが、後者は病状説明としては意味をなしていない。というのも、卒倒には「意識不明」くらいの意味しかないからだ。膿瘍というのも考えにくい。膿瘍ならば倒れる前に何らかの兆候があったと考えられるのだが、今回はそれがないのだ。急死の原因などいくらでも考えられる。心臓発作、心不整脈、動脈瘤破裂などなど。だが、グドール医師は死因は脳卒中だと確信していた。脳卒中は深刻なものになると、

**棍棒《こんぼう》[5]で殴打されるか、肉屋の斧を打ち付けられたかのようになり、手足を動かすこともかなわなくなる**

と指摘している。

そんな一撃で、ケント伯爵の不幸な運命が決まってしまったのだと医師は論じている。

## 溺れる者はタバコ型浣腸をつかむ

サミュエル・オーギュスト・アンドレ・デイヴィッド・ティソは十八世紀に高名だったスイスの医者だ。偏頭痛について初めて学術的な論考を書いた人物であり、自瀆《じとく》の害悪について書き、盛んに引用された『オナニスム（L'Onanisme）』の著者でもある。一七六一年には『健康についての助言（Avis au people sur sa santé）』という一般向けの本を書いており、これは六年後に英訳されている。ジョン・ウェスレーはメソジスト派を興した人物だが、この本を早い時期に読んだ読者の一人で、アマチュアながら医学に魅了され、医師として小さな診療所も持っており、正式な医者にかかる余裕のない人々を無料で診《み》ていた。一七六九年、彼自身『健康についての助言（Advice with Respect to Health）』という題で、ティソの著作の英語版を出版している。書かれていることの多くはいまだに有効だが、何というか、時代遅れになっている部分もある。一例として、溺死《できし》しかけた人間の応急処置についてティソが書いている箇所を見てみよう。見出しからして実用本位だ。

**《溺《おぼ》れた人間の処置方法》**

溺れて、水中に十五分もいた人間が助かる見込みはほとんどない。そのような状況下では、二、三分で人は死ぬ。だが、いくつかの条件が重なって通常では考えられないほどの時間、人間が窒息に耐えることもあるので、早々にあきらめてしまうべきではない。しばしば二時間、ときには三時間窒息していた人間が息を吹き返した例も知られているのだ。

およそありそうにもない話だ。七分も水面下にいれば脳に致命的なダメージを及ぼすのに十分なのだから、三十分ともなれば生還する確率は実質ゼロに等しい。水温が極端に低い場合であれば、理論上生還率は最大になる。体温が低下するおかげで身体の酸素需要量が低下し、新陳代謝も鈍くなるからだ。だがそれでも一時間水面下にいた人間が息を吹き返した例となるとほんの一握りになってしまう。二時間、三時間ともなると結果はどうなるか、言うまでもない。

ティソは生還率を上げるために採るべき方法を列挙している。

まず患者の服を脱がせ、乾いた粗目の亜麻布《あまぬの》で体を強くこする。それから可能な限り速やかに温かいベッドに患者を運び、こするのもやめないこと。かなりの時間それを続ける必要がある。

心肺蘇生《そせい》（CPR）が登場するまで、たとえ心臓が止まっていても血液の循環を再開させるのには体をこするのが一番だと考えられていた。また、十八世紀には人工呼吸もすでに知られていた。

頑健な人間が、温かい呼気を患者の肺に吹き込むこと。それから手もとにあるならば、タバコだ。パイプを使って口から煙を吹き入れると良い。

タバコを吸い吸い人工呼吸を行う救急救命士を想像してみればよい。ティソは十八世紀の大多数の医者と同様、溺死の第一原因は水を呑《の》むことではなく、肺の中で泡が立ちそれがガスを発生させるとこだと考えていた。タバコを使った治療法も、その煙が泡を解消し、肺の「弾性」もしくは圧力——ロバート・ボイルの著述から借りた用語だが——を取り戻すことで呼吸が回復されるという理論に基づいていた。もちろん瀉血《しゃけつ》も重要だった。

**外科医がいるなら、頸静脈《けいじょうみゃく》を切開して十から十二オンス（約三百十一～三百七十三グラム）の血液を排出してやることだ。瀉血によって血液の循環が再開され、頭部や肺の閉塞《へいそく》が解消される。**

タバコのほうもやめる理由はない。そして吹き込み口は一つより二つのほうが良い。

**タバコの煙は可能な限りの量をできるだけ速く、肛門から腸内に送り込むべきである。パイプは二つあったほうが良い。一つは臀部《でんぶ》に挿《さ》し入れて、もう一つは口から肺に煙を吹き込むのだ。**

ティソは嚢《のう》付きのパイプを推奨しているが、これはまるで現代の救急救命士が使うバッグ・マスクのようだ。ところで直腸にタバコの煙を吹き込むというのは何も彼が思いついた奇想というわけではない。前項で見てきたようにケント伯爵を蘇生させるのにも使われていた手法だ。ケント伯爵の事例では失敗したが、十八世紀のヨーロッパでは広く用いられていたやり方ではある。オランダ式燻蒸消毒《ダッチ・フュミゲーション》として知られる技術だが、開発自体は数世紀前のアメリカ先住民の手になるものと言われていた。

ティソの本は、蘇生術の研究と実践のための団体が人間社会に生まれる直前に刊行されている。それらの団体は、一七六七年のアムステルダムを皮切りに、ドイツ、イタリア、オーストリア、フランス、ロンドンなどで創設された。オランダ式燻蒸《くんじょう》消毒は相当に価値のある技術だと考えられており、それ用のチューブと「臀部に」タバコの煙を吹き付けるためのふいごが、コーヒー・ショップや理髪店などの公共空間に据え付けられていたくらいだ。現在、除細動器（AED）が備え付けられているようなものである。だが、使われるのは煙だけではなかった。

嚢のついたカニューレやその他のパイプを挿し入れ、その他の煙を吹き入れてもいい。嚢は錫《すず》でできた漏斗が口についていて、その下でタバコに火がつけられる。そういう発明品があるのだが、必要に迫られて私はこれを何度か使っている。患者の鼻には最も強い揮発性物質を入れるべきだ。マヨナラ〔シソ科の多年草〕などといった強いハーブや、タバコを乾燥させて粉末にしたものを吹き入れるのだ。

こんなものが挿し込まれてしまえば気道を塞《ふさ》いでしまって、患者が酸素を取り入れるスペースがなくなりそうなものだ。

患者が生命の兆《きざ》しを見せない限りは、何か飲ませようとしても徒労に終わる。だが、少しでも動きがあった場合は一時間以内に、キバナアザミとカモミールを煎じ、蜂蜜で甘くしたものを飲ませるべきだ。他には白湯《さゆ》と塩を少々加えたもの以外は何も摂《と》らないようにすること。

キバナアザミは近代医学においては万能薬と考えられていた。『空騒《から》ぎ』の中でマーガレットがベアトリスに次のように言っている。「それなら、カルドゥウス・ベネディクトゥス草を煎じたのを、心臓の上に塗り付けておおきなさいまし――嘔気や目まいには何より効きます」［シェイクスピア『じゃじゃ馬ならし・空騒ぎ』福田恒存訳］

病人が生きている証が見つけられても、我々は処置をやめるべきではない。というのも、回復の最初の兆《きざ》しが現れた後で命を落とす場合も時々はあるからだ。最後に、明らかに患者が生き返った場合でも、気《け》だるさや咳《せき》、熱などの症状が出ている場合がある。そういう場合は腕から瀉血して大麦湯［大麦を煎じたもの。子どもが下痢のときなどに使う］をたっぷり飲ませる必要がある。

大麦湯を飲ませるのは、まあ、そこまで悪いアイディアというわけでもない。書かれていることのいくつかに関しては戦々恐々といったところだが、ティソはさらに悪い治療法を批判して結んでいる。

不幸なことに剝《は》いだばかりの動物の皮にくるむ、というような処置が行われることがある。羊、子牛、犬などの皮だが、これは時間もかかる上に効き目の点でも、温かいベッドに寝かせたほうがよい。

実際に、しばしばこんなことが行われていたのだった。もっとも、大抵は戦場で毛布が手に入らない場合だったが。

**患者を空《から》の大樽の中で転がすのは危険だし、貴重な時間を無駄にすることになる。それから足から吊り下げる治療法も廃止すべきだ。**

おっしゃるとおり。こういったやり方が由緒あるものとされ、広い地域でまかり通っていたのは事実だ。「大樽」を使うやり方で何をするのかと言えば、横に倒した樽の上（か中）に患者を固定して前後に揺らすのだ。穏やかな揺れが肺に入った水を吐き出させてくれると信じられていた。患者を逆さ吊りにするというのはさらに荒っぽいがこれも同様の目的があった。だがこれらの方策は当時すでに時代遅れになり始めていた。十五年後にはかなりの影響力を持っていたエディンバラの医者ウィリアム・カレンが公然と非難の声を上げている。「わずかに残った命の灯すら消してしまう、きわめて危険な」治療法だと言うのだった。

ティソは別の助言を残しているが、これも示唆《しさ》に富んでいる。

**糞《くそ》の山で暖をとるのも有効だ。私は観察力ある目撃者から情報提供を受けているが、その人物の談によると、六時間水中にいた人間が息を吹き返すのに一役買ったということだ。**(6)

はばかりながら申し上げると、「観察力ある目撃者」とはきっと肛門から声を出す人物なのだろう。

## 秘薬・カラスの胃液と唾液

イタリア北部にあるパヴィア大学は世界最古の大学の一つで、一三六一年に創設されている。実験科学研究の分野において由緒ある歴史を誇っている。たとえば、電気化学の先駆者であるアレッサンドロ・ボルタは一七七九年から四十年間この大学で教授をしていた。

彼がボルタ電池（世界初の電池）の開発に取り組んでいたころ、大学では医学の分野でも世界最先端の研究が行われていた。惜しいかな、その中には忘れ去られてしまったものもある。『医学年鑑　一七九七（Annals of Medicine for the Year 1797）』に載ったヴァレリアーノ・ブレラの論文などがそうだ。彼は弱冠二十二歳で教授に任命された才能あふれる医者だった。当時寄生虫は、人体の内部で自然に形成される器官だと主に考えられていたが、それを正す本を出すなど、後年のブレラは重要な仕事を数多く残している。しかし、今回紹介する論文はその限りではない。彼が病院で実践していた新奇な治療法の報告である。

**《動物の唾液《だえき》などやその他の液体、また体内で生じる様々な物質を使ってマッサージをした場合、どのような効果が出るか》**

パヴィア大学講堂での講演　医学博士（教授）　**ヴァレリアーノ・ルイス・ブレラ**

この新しい治療法を提唱したのはフランチェスコ・シアレンティ医師で、後にパヴィアのブレラ医師によって改良された。イタリアとフランスで相当な話題になっており、我々の耳にも入ってこざるを得なかった。その効能について我々がどれほど疑わしく思っていたとしても、無視はできない。

表題に続くコメントは編集者によるものだが、彼は諸手を挙げて賛成というわけでもないらしい。以下、ブレラ氏の報告である。

シアレンティ医師は胃の病気を治療するのに、胃液を使うのを奨励していた。素晴らしい効果を上げるというのだ。

患者に他人（というか動物）の胃酸を摂取させるとは、大胆な決断に違いない。発案者のフランチェスコ・シアレンティは才覚ある医学研究者で、胃液の組成についての本を出したことがあった。

同時にアヘンを与えるとかなりの不快感と嘔吐《おうと》が誘発される確率が高いとわかった。これは、胃液が腐敗していたせいでアヘンが消化されずに残るのが原因だと彼は述べている。ここから彼は、アヘンを体の外側に塗っても大した効果が見込めないのはなぜなのか思考を進めることになる。

これは十八世紀後半の医者にとっては非常に興味深い問題で、特にイタリアの医者にとってはそうだった。パオロ・マスカーニは一七八七年にリンパ系について体系的な本を書いた解剖学者だが、彼は最も速く薬物を血液循環に乗せるには経口摂取ではなく、皮膚に浸透させたほうが良いと述べている。彼の学説はイアトロリプティク（〝iatroliptic〟ギリシャ語の〝iatros〟（内科医）と〝aleiptes〟（聖油を塗る人）から来ている）・メソッドとして知られ、飲み薬の代わりに軟膏《なんこう》を用いた。しかしながらそれを試してみた医者は肌にこすりつけたときにはほぼ何の効果も及ぼさないのに、経口摂取のときだけ効果を発揮する薬物があることに気づいた。例を挙げると、理由は不明ながらアヘンは口から摂取したときには強力な鎮痛剤となったが、軟膏にしたときはそうはならなかった。

シアレンティ医師はアヘンは胃の中ですぐに吸収されるわけではなく、胃液により何らかの変質を被《こうむ》った後で吸収されるものと考えた。このプロセスを体の外で再現することができれば、おそらくアヘンに皮膚を通過させることも可能だろうと。彼は実験してみることにした。

機会はすぐにやってきた。激痛に苦しんでいる女性だったが、アヘンを飲むのを拒絶していて、被験者としてはもってこいだった。彼は混じり気のないアヘンを三グレイン（約〇・一九グラム）とカラスの胃液を二スクループル（約二・四ミリリットル）混ぜ合わせた。

なぜカラスなのか。説明はないが、シアレンティ医師はその著書の中でカラスが腐肉を貪《むさぼ》る鳥だと述べている。胃液が強力なものと考えられる、ということを示唆《しさ》しているのだろう。肌に塗りたい代物《しろもの》ではないが。

すぐ鼻を刺すような強烈な臭《にお》いを放ち始めた。

それはそうだろう。賭けてもいいくらいだ。

臭いは徐々に薄くなっていった。三十分ほどでアヘンは溶けたが、臭いが完全に消えるまでには二十四時間かかった。それから単軟膏と混ぜ合わせて、脚の裏側に塗り付けた。一時間もすると痛みは完全に消え去って、再発することもなくなった。治ったわけだった。

モルヒネとカラスの胃液が原料の、悪臭芬々《ふんぷん》たる調合薬はおそらく何の関係もないと思われる。こんなものを二回も塗られてはかなわないと、奇跡的に治ったと患者が嘘《うそ》をついたのではなかろうか。私だったらそうする。

十分な量の胃液を確保するのが難しく彼が望むだけの期間、実験を続けることができなかったので、類似品、つまり唾液で代用することにした。結果は彼の予想通りだった。

そうならないわけがない。カラスの胃液を塗るのも唾液を塗るのも似たようなものだ。五人の医者がこの方法を試してみた。様々な薬をこの方法で投与したのだが、同じ結果だったと述べている。ブレラ教授は自分が探していたものが見つかったと考えた。飲み薬を局所軟膏にする方法が、だ。

これらの観察から、動物性の液体は何であれ医薬品を吸収できるものに変えてくれる性質があると彼は結論付けた。(7)

数多くのイタリアの医者が熱狂的にブレラ医師の方法を使い始めた。一、二の高名なフランス人医師はその後十数年ばかりこの研究を続けたとのことだ。(8) もっとも、どういうわけかこの治療法が流行《はや》ることは決してなかったが。

# 「鳩の尻」療法

子《し》癇痙攣《かんけいれん》発作とは出産前後の女性がかかる深刻な病気だ。英語では〝Eclampsia〟だが、これは「光を放つ」という意味で、発作の暗喩《あんゆ》（もしくは婉曲語《えんきょくご》）になっている。この病気の特徴は、突然に劇的な発作が起こることだ。子癇痙攣発作の前には必ず子癇前症の症状（血圧の上昇や蛋白尿《たんぱくにょう》など）が出るのだが、この病気の原因はいまだにわかっていない。

十九世紀の後半までは「小児性子癇痙攣発作」なる病気があると信じられていた。が、これは名前を変えるべきだろう。子どもが一見、妊婦と同じ発作に悩まされることがあるのは事実だが、おそらく原因は似ても似つかないはずだ。たとえば、熱のある幼児はよく熱性痙攣の発作を起こすし、症状としては深刻に見えるわけだが、これは必ずしも厄介《やっかい》な基礎疾患の存在を示唆《しさ》するものではない。

一八四一年に教科書として刊行された『臨床医療入門（Handbuch der medzinischen Klinik）』という本がある。著者はドイツ人医師のカール・フリードリヒ・コンスタットだが、その中で彼は子どもの「子癇痙攣発作」を治すのに実に奇妙なアプローチを紹介している。

効果のほどは明白で、私自身目《ま》の当たりにしているが、現象自体は説明がつかない。ここで紹介するのはそんな治療法だ。発作の最中鳩の尻を子どもの肛門に押し付けると即座に鳩が死に、速やかに発作が収まるのだ。[9]

一体どんな状況でこの発見が生まれたのか。ともあれ十年後『小児疾患雑報（Journal für Kinderkrankheiten）』が、この治療法に注目している。何人かの医者がこの治療法を実地に試してみる気になったとのことだ。シュヴァーネベックのブリック医師もその一人だった。

**《小児性子癇痙攣発作の風変わりな治療法》**

生後九カ月の子どもが子癇痙攣発作に見舞われた。よく肉がついていて健康、敏感なところもあり乳歯が生える気配はまだなかった。発作は何度も繰り返され、そのたびに激しくなっていった。甘汞《かんこう》（塩化水銀（I）。下剤として用いる）もカノコソウ（鎮痙薬として用いられるハーブ）も麝香《じゃこう》（ジャコウジカの分泌物から作られる臭いの強い物体。こちらも鎮痙薬として用いられる）も沐《もく》浴《よく》もマスタード（口から投与し、催吐剤として用いる。あるいは湿布薬にして刺激剤にする）も浣腸《かんちょう》も無駄に終わった。だが、もう一度発作が起こったときに、若鳩の肛門を子どもの肛門に押し当てて、発作が終わるのを待ってみた。発作は激しかったが子どもは生き延びた。(10)

ほどなくして雑誌は、記事を読んだというJ・F・ヴァイス医師から手紙を受け取ることになる。彼はサンクトペテルブルク（ドイツ生まれだが）で子ども病院の院長をしているのだという。

**《ブリック医師の鳩の臀部《でんぶ》を使った小児性子宮痙攣発作の治療法についての寄稿》**

サンクトペテルブルク在住　医師　**J・F・ヴァイス**

ヴァイス医師は先の論文を興味深く読んだ。後に嘲笑《ちょうしょう》的意味合いで「鳩の臀部法」として（英語文献で）知られることになるものを、すでによく知っていたとのことだ。

コンスタットの入門書が出版されるずっと前に——どこでかは覚えていないが——この奇妙な治療法については読んだことがあった。だが彼がこの治療法を認めているのだからと、私も適当な機会を見つけてこれを試してみる気になったのだ。

ヴァイス医師がこの魔法の尻を使う機会は二回あった。

一八五〇年八月十三日の夜のことだった。私は生後四カ月の子どもの治療に呼ばれた、というのもその子は子癇痙攣発作を起こしていたのだ。二日間通常の治療を施《ほどこ》したが甲斐《かい》はなく、今こそあの治療法を試すべきではないかと思い始めた。そして三日目、母親は資産家の夫人だったが、私は彼女にこの魔法の治療法の説明をした。私自身効果をほとんど信じていないが、害はまったくないと信じられる旨も言い添えておいた。

あまり信用を置いていないというのだから幸先《さいさき》の良いスタートとは言えないが、他の方法がすべて失敗した後で試してみるということなら理解できる。

誤解は生じなかったようだった。というのも提案は受け入れられ、彼らは非常時だと言ってすぐに鳩を二羽手に入れてきたのだった。次の日の早朝、この小さな患者を訪ねたときには鳩のことはほとんど忘れていた。その家の十四歳の男の子がドアを開けてくれたのだが、彼が死んだ鳩を渡しながら崩れたドイツ語で言うには、「鳩は死んだけど赤ちゃんは元気になったよ。来てよ。ママが説明するよ」ということだった。

なるほど興味深い。

母親は喜色を顔に浮かばせて歩み寄り、厳《おごそ》かに私の手を握ると子どものところへと連れて行ってくれた。子どもはすやすやと眠っている。昨日、私が帰った後に立て続けに何度か発作があった。七時に起きた発作はかなり激しく、子どもの命も絶望的かと思われ、鳩を使ってみることにした。母親の妹が私の教えた通りに治療を行った。彼女が言うには、子どもの肛門に尻を押し当てたところ鳩はすぐに何度か苦しそうにあえぎ声を上げ、目を閉じたり開けたりした。そして足を痙攣させたかと思うと、最後には嘔吐《おうと》したとのことだ。同時に子どもの発作は弱まり、三十分が過ぎたころにはすやすやと夢の中だ。子どもは五時間眠り続けた。鳩のほうはといえば、自分の脚で立つこともできず、与えられた餌《えさ》に触れることもない。結局真夜中には死んでいたということだ。

最終結果＝健康な子が一人に死んだ鳩が一羽。幸と不幸は隣りあわせというわけだ。ヴァイス医師はこの経験に励まされはしたが、自分自身で直接奇跡の回復を見届けられなかったのを残念に思っていた。二度目はしかし、立ち会いの幸運に恵まれた。

今回の患者は一歳八カ月の子どもで、歯が悪いことから長らく消化不良に苦しめられており、数週間私が治療を受け持っていた。一八五〇年十月八日、私は大至急子どもを診《み》てほしいとの手紙を受け取った。急な発作に襲われているという。

彼が到着したときには子どもは意識不明の状態で、開口障害の症状が出ており目は半目に閉じていた。顔と手足はひっきりなしに痙攣に襲われ、開口障害のせいで口から薬を投与することもままならなかったので、彼は鳩を使ってみることを提案した。

数分後に二羽の鳩が調達されたので、私は自分自身でこの治療を施すことができた。治療を始めて十分もすると、鳩がまるであえぐように何度か口を開くのに気づいた。子どもの痙攣は頻度《ひんど》も落ち鎮静化しつつあったが、脈拍のほうも弱まってきていた。三十分後には鳩は目を閉じ頭をがっくりと垂れて死んでいた。もう一羽の鳩を持ってこさせると同じように子どもの肛門にそれをあてがったのだが、すぐに子どもの脈拍は感じ取れないくらいになり、その十分後には子どもは死んでしまった。鳩のほうは生きていたが。

両親にとっては何の慰《なぐさ》めにもなるまい。ヴァイス医師はこの奇妙な治療法についてもっと調べてみるべきだと、謎の訴えを残して手紙を締めくくっている。

最後にこの治療法の検証実験は可能な限り繰り返し行うべきだと言っておかなくてはならない。もし実証されたとすれば、これは素晴らしい治療法で、特に下層階級の子どもを治療するのに役に立つはずだ。

サンクトペテルブルクにそれほど鳩があふれているわけではない。それを思えば、世界中どこの地域でもそれほど潤沢《じゅんたく》に鳩がいるわけではないのだと彼も気づいていそうなものだ。が、彼はそれについても抜かりない。

**並行して、他の家禽《かきん》でも実験してみる必要があるだろう。**(11)

読者諸氏は私がヴァイス医師に対して厳しすぎるとお思いかもしれない。つまり、今日の基準で二百年前の医者を裁くのは間違っていると。どれだけ珍妙に見えても、彼らにはその治療法を選ぶだけの理由があったのだから。だが、その当時でさえ多くの医者はヴァイス医師の考えはまったくのナンセンスだと考えていた。『英国内外における内科外科医学研究(British and Foreign Medico-Chirurgical Review)』に古代ローマ時代の詩人ホラティウスを引用してこの治療法について言及しているものがある。すなわち、「Risum Teneatis?(これが笑わずにいられようか?)」。書き手は匿名《とくめい》だが、笑いを隠すのに苦心している様が目に浮かぶ。ともあれ簡にして要を得た評価だ。

古いフランス人医師が送ったというアドバイスを、我々も心の中でそっと送っておくことにしよう。その医師はある病気に非常な効果を発揮するという新しい治療法について意見を求められたところ、厳粛《げんしゅく》な面持《おもも》ちでこう答えたということだ。「Dépêchez vous de vous en servir pendant qu'il guérit!」(12)

翻訳するとだいたいこんなところだろう。

「急げ！　患者が良くなっているうちに、治療するんだ！」

## 水銀タバコを一服どうぞ

十九世紀の医学界ではタバコをめぐって鋭い意見の対立があった。卓越した医者たちは喫煙の習慣は有害だと批判し口内の癌《がん》を引き起こすことまで言い当てていたのに対し、大多数の医者は、喫煙で生じる粘液が咳《せき》などの呼吸器疾患を収めてくれると信じていた。そして、短い間のことではあるが、タバコこそ理想的な薬物送達のメカニズムを備えていると見なす医者も一部にはいた。薬剤はたやすくタバコに混ぜ合わされ、煙と一緒に吸い込まれるという寸法だ。患者の肛門から吹き込んでいた時代から決定的な一歩を踏み出したというわけだ。もっとも、大した一歩ではなかったかもしれない。

一八五一年、『ロンドン医学時報(London Journal of Medicine)』の編集者は、面白いアイディアについて書いた論文に掲載許可を出している。アメリカ発の新しいアイディアで、水銀をタバコと一緒に巻くというものだった。

**《医薬品と調剤――喫煙による水銀の摂取》**

タバコの煙と一緒に様々な薬剤を摂取する治療法については、本誌で一度ならず推奨したことがある。この方法を実行するにあたっては、煙を肺まで吸い込むよう患者に言い含めておかなくてはならない。やり方も正しく説明する必要がある。

その通り。健康に良い発癌物質を肺いっぱいに吸い込むのだ。

フィラデルフィア在住のJ・H・リチャード氏は一八五一年の『医学研究（Medical Examiner）』六月号に次のように書いている。「かなりの期間、中国とマニラに住んだことがあるという、知的な紳士から聞いたことがある。水銀はその地域の重篤《じゅうとく》な肝臓病に効く特効薬だと言われており（ヨーロッパ人からは法外と思われるくらい水銀を使っていた）、次のような珍奇な方法がよくとられていた。黒色酸化物（酸化水銀（Ⅰ）のことを指す）をマニラ式の両切り葉巻に巻き、その煙を吸う。すると、体の中で最もよく物質を吸収する部分に触れることになる」

まったく戦慄《せんりつ》ものの意見だ。「黒色酸化物」は熱で分解され、金属水銀が生じる。その小滴が口腔、気管、肺を覆うのだ。

「これは確実に、素早く唾液《だえき》の分泌を促《うなが》す。これだけでも面白い事実だが、他の例も紹介する。原則としてやり方は同じだ」

もし喫煙が原因で死ぬつもりなら、普通のタバコより水銀入りを吸ったほうが手っ取り早く済むこと請け合いだ。

肺炎にこの方法を用いてもいいものだろうか。おそらくそうすべきではない。

肺炎で死ぬこともあるのだから「おそらくそうすべきではない」などと言ったところで誤魔化《ごまか》しにもならない。

水銀入りタバコは、リチャード氏が考えていたような新奇な治療方法ではない、と言ったほうが正しい。次の製法は何年も前にバーナード氏によって書かれたものだ。「水銀タバコ。塩化水銀(Ⅱ)四十ミリグラム、アヘンのエキス二十ミリグラム、ニコチンを抜いたタバコ二グラム」。喉や口や鼻にできた梅毒《ばいどく》性潰瘍《かいよう》にはこれが良いとのことだ。(13)

水銀にアヘンにタバコ！　だが、まだ可能性の一端を垣間見ただけだ。一八六三年の『カナダ・ランセット（Canada Lancet）』は「薬用」タバコの一覧を載せている。水銀タバコに加え推奨されていたのは……

**砒素《ひそ》タバコ**

何てこった！　砒素入りタバコ、しかも亜ヒ酸に漬かった吸い取り紙が使われているときた。亜ヒ酸は毒性が強く発癌性で、除草剤としても、殺鼠剤《さっそざい》としても使われてきたものだ。色々考え併せたところ、このタバコは吸わないほうが良さそうだ。

鉛筆を使った砒素タバコの作り方

硝酸《しょうさん》タバコ。巻く前に、紙に硝酸カリの飽和溶液を垂らす。

硝酸カリは硝酸カリウムとも言う。火薬の原料だ。吸うときはご用心を。

バスラミコタバコは乾いた硝酸タバコをベンゾインチンキでコーティングしたものだ。

ベンゾインチンキは現在でも気管支炎などの治療で、煙と一緒に吸い込むことがある。だがしかし。これはしかしだ。ともあれ論説は薬用タバコで奇跡的に回復した例を列挙して終わっている。

失声症。ある患者が囁《ささや》く以上の声を出せなくなった。声帯肥厚《ひこう》が原因と思われたが、痛みも全身に及ぶ症状も出ておらず、水銀タバコを一カ月服用すると完璧に治ったのだった。

この患者は鼻孔から液体が流れ出てくる不愉快な症状に悩まされており、前頭洞《ぜんとうどう》に不快な感じがつきまとっていたのだが、水銀タバコの服用によりすっかり治った。口いっぱいに煙を吸い込んだ後は鼻をつまみ、熟達した喫煙者がやるように鼻孔に煙を送り込むのだ。

これで敏感な粘膜が、新鮮な水銀を含んだ煙に覆われるわけだ。

肺結核。だいぶ以前のことだが、肺結核の患者は一日に一、二回砒素タバコを吸ったほうが良いとトルソーは推奨していた。一回に一吸いか二吸いで良いのだ。

結核患者の喫煙とは、これ以上健康に悪いことはないかもしれないくらいだ。特に砒素が絡んでくるならなおさら。

薬用タバコについて十分に専門家が注目するようになれば、きっと新たな効能が次々と発見されるはずだ。(14)

肺癌なんかのことだろうか。なら間違いない。

## チーズで釣ろう、サナダムシ！

一八五六年九月、アメリカの専門誌『内科および外科医学雑報（Medical and Surgical Reporter）』が「ニューヨークからの手紙」なるものを掲載した。だいぶ砕けた感じの手紙だった。差出人はニューヨークの病院に勤める内科医で、「J・ゴッサム・ジュニア医学博士」を自称していた。ほぼ偽名と見て間違いない。ゴッサムといえばバットマンの舞台である架空の都市が有名だが、用例としては一八〇七年にワシントン・アーヴィングの雑誌『サルマガンディー（Salmagundi）』内で使われたのが最初だった。今日ではゴッサムには陰鬱《いんうつ》な響きが伴っているが、十九世紀の読者はこの名前から何か本質的に滑稽《こっけい》なものを連想した。アーヴィングは風刺的な意味で、ニューヨークにあるという設定の都市に、イギリスの村にちなんだ名前をつけたのだったが、そのイギリスの村は住民が馬鹿げた振る舞いをするということで評判だった。完璧なアナロジーだ、とアーヴィングは感じていた。彼の書いた「ゴッサム」も、都市を回しているお偉方が無能だった。

ゴッサム医師の手紙はニューヨーク医療科学の最先端を行く内容だったが、確かに馬鹿馬鹿しさに欠けるところはなかった。

**《サナダムシに寄生されている場合の、新しく独創的な治療法》**

この多産な時代に生み出された治療法を余すところなく知ってほしいというのが私の思いなのだ

から、その中でも最も創意に富んだもの（成功したものではないかもしれないが）を紹介できるのは素晴らしい特権というものだ。最も遠く、深くまで探索した結果生まれた発明で、その功績はあるアメリカ人の才気と技量にある。もっとも、それが有益だとは言っていない。ともかく、その発明を前にしたら膣瘻《ちつろう》［本来あり得ない場所に管が通ってしまい、膀胱などの器官と膣がつながってしまう病気］の新しい手術などその輝きもかすんでしまうだろうし、肺にカテーテルを挿入する方法など「知的情熱の炎が消えなんばかり」になってしまうこと請け合いだ。

「膣瘻の新しい手術」とは一八四〇年にジェームズ・マリオン・シムズが編み出したもので、産後の女性に失禁を起こさせる、不快で羞恥心《しゅうちしん》を催《もよお》させる病気を外科的に治療する方法だ（シムズは現在非常に問題のある人物として知られている。彼は黒人奴隷《どれい》の女性に実験的な手術を施《ほどこ》して技術を確立していったわけだが、おそらく事前に許可を得ることなく手術を行っていた）。「肺にカテーテルを挿入する方法」はバーモント州生まれの専門家、ホレス・グリーンが草分けとなって生み出された技術だ。ゴム製カテーテルを患者の喉から肺まで通し、硝酸銀《しょうさんぎん》を直接流し込むという、物議をかもしそうな治療法だ。二つながらに医学上の大躍進とされた手法で、外科技術の発展を希求する新しい精神の象徴とされた。おわかりだろうが、ゴッサム医師がこんな比較を持ち出してくるのは皮肉だ。

ある特許状の発行により、アメリカ合衆国政府の歴史は不朽のものとなった。それは発明者に「サナダムシ捕り」の独占使用を十四年間保証するものだった。サナダムシ捕りの説明と図案については、一八五四年特許庁レポート第一巻を紐解《ひもと》けば見ることができる[15]。

サナダムシ捕りの原特許(16)はインディアナ州ローガンズポート出身の医者、アルフュース・マイヤーズによって提出されている。マイヤーズ医師は折衷《せっちゅう》医学の、特に従来の医学の、化学薬品による治療と身体を切開するような手法を拒絶する、アメリカの学派の支持者だった。毒性のある下剤や瀉血《しゃけつ》などの代わりに、薬草療法と穏やかな理学療法を好んでいた。彼の発明は、毒性のある虫下《くだ》し薬を使わなくて済むように考案されたものだった。当時は粉末状の錫《すず》、甘汞《かんこう》、石油すら使われていたのだ。奇妙なことに彼は器具だけでなくその手術方法の特許までとっている。その手術ができるのは国内で彼一人になるわけだ。発明品を売りたいならこれは賢いやり方とは言えない。

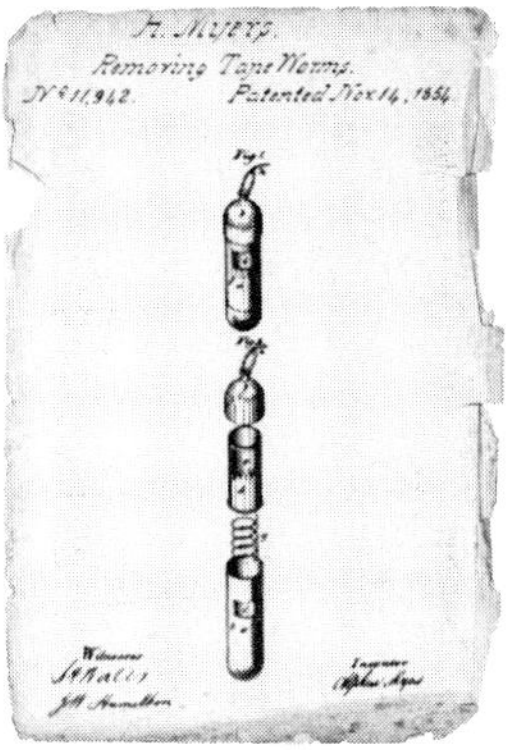

サナダムシ捕りの説明図

『内科および外科医学雑報』に載った論文にこの珍発明の使い道が書いてある。

サナダムシ捕りはとても小さな金の管《くだ》で、中には餌《えさ》としてチーズの小片が入るようになっている。この管にひもをつけておいて、四、五日の断食を経た後の患者に呑《の》み込ませる。開発者によると長期間の断食の後にはサナダムシは胃に上ってくる。そこで管の中のチューブに食らいついて罠《わな》にはまるという寸法だ。後は簡単に引っ張り出すことができる。

胡散臭《うさんくさ》い話だ。サナダムシは腸に寄生する虫で、そこからはめったに動かない。それにその点を差し引いたとしても、胃のような強い酸が降り注ぐ場所ではすぐに死んでしまうはずだ。アルフュース・マイヤーズ氏自身は次のように説明している。

ひもは患者の近くのどこか目立つ場所に括《くく》り付けておく。患者には六時間から十二時間ほど休んでもらっておけば、その間にサナダムシがチーズに食いついて頭か首かが罠にはまるというわけだ。罠にかかったかどうかは、患者が感じ取るか、あるいは糸に目に見える動きがあるはずなのでそれでわかる。その後数時間、患者にはじっとしていてもらう。それからゆっくりと糸を引き上げると、楽々と、しかも安全にサナダムシを引っ張り出すことができる。

ゴッサム氏のコメントは左記の通りだが、かなり風刺が効いている。

自室に座りながら釣りをする男の満足感を想像してみてほしい。彼の周囲には桶も水もない。そこには患者がいて、獲物が餌に引っかかるのを六時間から十二時間も待ち、さらに数時間の作業を経た後になってようやく獲物を釣り上げるという達成感を味わえる。アイザック・ウォルトンの亡霊ならこのような釣りの形態の革新には、怒りと軽蔑《けいべつ》の入り混じった眼差《まなざ》しを向けるところではないだろうか？(17)

胃からサナダムシを釣り上げるとは、何とも食欲のなくなりそうな午後の過ごし方だ。この発明品について『サイエンティフィック・アメリカン（Scientific American）』には「それほど前のこと

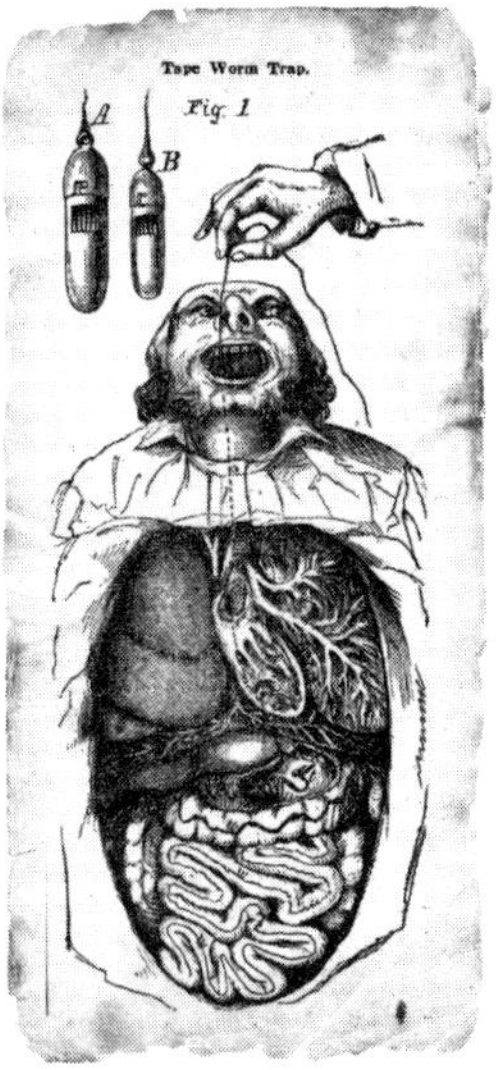

『サイエンティフィック・アメリカン』誌に載った使用法図

ではないがマイヤーズ医師は長さ五十フィート（約十五メートル）のサナダムシを取り除いたとのことだ。その患者は以降すっかり元気を取り戻した」と書かれている。まさかまさかである。

ゴッサム医師の手紙に戻ろう。彼の手紙は続けてアメリカ特許庁に対しても猛烈な批判を展開している。何と馬鹿げたことをしたものだと責め立てたわけだ。

今まで読者諸氏の傾注を願ってきた目的はといえば、アルフュース・マイヤーズ氏ではなく、我らが役人の恥ずべき無知を暴露することだった。彼らはこんな馬鹿げたことで金を稼いでいるのだ。国中に名前が知られているような医者で特許庁とつながりのある人物もいる。彼らが、あるいは役人たちがこれほど馬鹿げた発明品にどうして特許庁の印を押すことができたのか、想像を絶するものがある。

一理も二理もある。一九六五年にブロンスキー夫妻が発明した「遠心力による助産器具（Apparatus for facilitating the birth of child by centrifugal force）」に特許が与えられるまで、不合理さでこれに並ぶものはなかった（次の話に行く前にググってみよう。期待を裏切らない代物《しろもの》だから）。

## ポートワイン浣腸で安産を

驚くほど最近まで、アルコール飲料は医者にとって大事な仕事道具の一つだった。二十世紀はじめころまでは、大手術の後にブランデー（か、アメリカではウィスキー）が刺激剤として使われていた。弱いものではエールから強いもので蒸留酒まで、あらゆる酒が折につけ処方されていた。だが、実は医者たちはただ大酒を飲ませたわけではない。腹腔に注入したり、蒸気にして吸入させたりと、奇妙な使い道を案出していたのだった。だが一八五八年に『英国医学時報（British Medical Journal）』に載った事例は、これらのとんでもない誤りですら太刀打ちができない。

**《分娩後出血《ぶんべん》の処置として、輸血の代わりにポートワイン浣腸《かんちょう》を行うこと》**

決して読み間違いではない。この論文は本気でポートワインによる浣腸が輸血の代わりになると提案しているのだ。著者はサセックスのセント・レオナルズ在住のレウェリン・ウィリアムズ医師だ。

一八五六年九月二十二日、私は診療のため四マイル（約六・四キロメートル）離れた田舎《いなか》に呼ばれた。患者はミセス・C、四十二歳。十番目の子どもがまさに生まれようとしているところだった。

これまでの出産はすべてうまくいっていたのだが、今回、妊娠六カ月目にして一番下の子が死んでしまったのが打撃となり、彼女の健康が冒されていた。彼女は貧血症にかかったような青白い顔をして、全身の脱力感を訴えていた。

医者が到着してすぐ「元気な女の子」が生まれ、それにはさほどの困難はなかったのだが……

「あふれちゃう！」と叫んで、患者は気絶してしまった。私はすぐさま手もとにあった気付け薬を使い、彼女はまもなく目を覚ました。

この哀れな女性の叫び声は文字通り、自らの陥った苦境を言い当てていた。出血がひどく、すぐに何とかしなければ命が助からない状態だったのだ。少し良くなったと思ってもすぐにまた悪くなってしまう。レウェリン・ウィリアムズ医師は深い憂悶《ゆうもん》に囚《とら》われることになった。

治療は実を結ばず、出血は続き、生命の力が明らかに衰えていくのが見て取れた。私はグーチ（ロバート・グーチ。イギリスの医者で産科医の中では主導的な地位を占めていた。分娩（後出血を食い止める方法を一八二一年に最初に発表し、それが広く受け入れられていた）に倣《なら》い、左手を子宮に突っ込み、出血している血管を押さえつけた。そして右手は外側から子宮腫瘍《しゅよう》を押さえるようにした。外側と内側の両方から圧力を加えたわけだが、これも結果は同じだった。小ボードロック（オーギュスト・セザール・ボードロック。叔父にジャン＝ルイ・ボードロックがいるが、こちらは高名な医者でナポレオン二世を取り上げた人物）が推奨するように、腹部大動脈を圧迫してようやくこれ以上の出血を食い止めることができた。

腹部大動脈は下半身にある中では一番大きな血管で、脊柱《せきちゅう》からほんの数インチの場所にある。それを手で押さえつけるのは至難の業《わざ》だったはずだ。

患者の容体は憂慮すべきものだった。過去三十分間にわたり、手首からは脈拍がほとんど感じ取れず、手足は冷たくなり、輾転反側《てんてんはんそく》し、括約筋《かつやくきん》が緩んで体中が冷たい汗に覆われていた。

「輾転反側（Jactitation）」とは「何度も寝返りを打つ」というのを医学用語で言っただけの話だ。〝Jactitation〟という言葉は一八五〇年代においてすら、古めかしい響きを帯びていた。

問題はどんな治療を施《ほどこ》せばいいかだった。危険な状態にある患者をどうすれば救えるのか。口から何か摂取させるなどとてもできない状態だった。私の家も遠く手術をするには障害が多すぎたが、ここで長々と論じ立てることではない。とまれ、輸血はあきらめざるを得なかった。

初めて人間の輸血を成功させたのは、ジェームズ・ブランデルで、一八一八年のことだった。これも分娩後出血の処置として行ったことである。だが、これは寒けが走るほどリスクが高かった。血液型の存在は一九〇一年まで知られていなかったので、ドナーと患者の間で適合するかどうかがわからず、悲劇的な結末に終わることも多かった。だが、レウェリン・ウィリアムズ医師にはそれに代わるアイディアがあった。実に奇妙なアイディアだ。

ポートワイン浣腸は生気の流出を止めるのに輸血と同等の効果のある方法だ。私はこれを患者に施したが、この方法には三つの利点がある。ワインに刺激剤としての効能があり生命維持の効果が見込めるのは周知のことだし、冷えたものを注入すれば子宮が反射運動を起こす。それにポートワインには収縮作用を促《うなが》す効果があるから、血管の破れ目も閉じてくれるかもしれない。

冷たい液体を使って出血を止めようとするのは別段不合理ではない。分娩後出血を止めるのが難しい場合、氷の砕片が腹部に積まれるのはよくあることだ。だがこの状況でポートワインを使うのはお勧めできない。

まずアヘンチンキを二十滴垂らしたものを、四オンス（百二十四グラム）投与した。面白いことにワインの刺激作用がすぐさま現れた。

少しの間は回復したかに見えたが、また脈拍が弱まってきた。そこでまた浣腸を施すことになった。

ここで著《いちじる》しい進展が見られた。手首の脈拍はかろうじて感じ取れるくらいだったが、患者の意識が戻ったのだった。三十分後、私はもう一度ポートワイン浣腸を行い、望ましい結果を得ることができた。しかしまた容体が悪化しないとも限らず、患者から目を離すわけにはいかなかったが、十

**時間後には危険な状態は脱したと喜んでいいくらいになっていた。**

これが果たしてウィリアムズ医師のお手柄なのかどうか、判断に迷うところだ。

**消費したワインの量は通常のボトル一本分を超える。**(18)

どう考えても愉快な使い方とは言えない。

このときは、予想外にもハッピーエンドを迎えたわけだが、後日談がある。この論文が発表されてから六カ月後、『英国医学時報（British Medical Journal）』はウィリアムズ医師に息子《むすこ》が生まれたと報じている。ポートワインかブランデーか、はたまた他のアルコール飲料が出産に際して使われたのかどうか、記録に残っていない。我々としてはウィリアムズ夫人のためにも、出産に立ち会ったのが夫以外の医者であったことを祈るばかりだ。

## 「蛇の糞」健康法

一八六二年、エディンバラで修養を積んだジョン・ヘイスティングス医師が、結核その他の肺病について、小著を出版した。彼が使用を推奨している物体は大方の専門家が横紙破りと断ずるだろうもので、その点は自身も認めていた。

変わった特性があるので、薬剤としての使用には問題があるだろうと言われてきた物質だ。

ヘイスティングス医師は他の異論についても先回りして答えている。その「薬剤」を手に入れるのは難しいのではないかという点だ。案ずるなかれ。彼は仕入れ先を推薦してくれている。

入手を希望する読者の便宜のため、ロンドン、エディンバラ、リーズ、パリなどの大きな街の動物園で主に生産される物質だと付け加えておこう。爬虫類《はちゅうるい》を取り扱っている業者からも手に入れることができる。ラトクリフ街道に二人（ジャムロックとライス）*いるし、リバプールでも二、三は見つかるだろう。

＊カール・ジャムロックはドイツ人移民で、海外の動物の貿易業者として十九世紀イングランドで最も成功した人物。彼の倉庫はロンドン、ドックランズのワッピング地区にあり、何とライオンやトラ、

ワニやクマ、シマウマやもっと小さい動物たちであふれていた。ライス氏は考えなしにも同じ通りに店を構えた同業者で、資料はほとんど何も残っていない。

動物園やペットショップでしか買えない薬剤とは一体何なのか、当然気になる向きもいることだろう。ヘイスティングス医師は数年間、自然物質の中に新しい薬剤になるようなものがないか試行錯誤していたのだが、失敗続きだったのだという。薬局はすでに「植物や鉱物でできた薬であふれて」いたので、動物を使って奇跡の治療法を見つけ出す決心をしたとのことだ。

長きにわたる探求の過程で調べることになった動物や動物から産出される物体の一々をあげつらうのは、目的から外れることになる。ここでは爬虫類の糞《ふん》が、非常に多様な病気に効く薬剤になるとだけ言っておけば十分だろう。まさに助けが必要とされていた分野だ。

そう。ヘイスティングス医師の発見した奇跡の治療法とは爬虫類の糞のことだったのだ。彼の本の表題は次の通り。

**《爬虫類の糞の医学的効用についての探問》**

しかし爬虫類といっても色々ある。

最初に試したのはボアコンストリクター【ボア科ボア属の蛇。大きさは二〜三メートルほどで、中米から南米にかけて広く分布】の糞で、まずは水に溶かしてみたのだが、一ガロン（約三・八リットル）の水では二グレイン（約〇・一三グラム）の糞は溶け切らなかった。しかし、奇妙に響くだろうが、この溶液をティースプーン半分ほど胸にこすりつけると、すぐに肺病患者の呼吸が楽になったのだった。

ボアコンストリクターだけではない。ヘイスティングス医師は自分が糞を調べた爬虫類のリストを出している。九種類の蛇《へび》（アフリカ産のコブラやオーストラリア産の毒蛇、インド産の川蛇など）と五種類のトカゲ、二種類のカメが含まれていた。大発見の後も、この恐れ知らずの医者はこの新しい薬剤を実際の治療に使うことに熱を上げた。彼は自分の患者に爬虫類の糞を処方し始めたわけだ。結核を専門にしていたので、彼のもとにやってくる患者の大半は恐怖と絶望に打ちひしがれていた。一八六〇年代にはまだ結核には治療法がなかった。必ずしも助からない病気でもなかったが、死亡率は半分ほどで、大半は二年以内に命を落としていた。

ヘイスティングス医師は多くの事例報告を上げている。最初は「P氏」の事例だが、彼は二十八歳の音楽家で厄介《やっかい》な咳《せき》に悩まされていた。説明のつかない体重の減量が見られたので、結局、結核と診断されたわけだった。

私はナイルオオトカゲの糞を二百分の一グレイン（約〇・〇〇〇三二グラム）、ティースプーン一杯分の水と混ぜたものを処方した。一日に三回飲み、病気にかかっているほうの胸に塗り付けるように指示を出しておいた。彼は週の終わりにはだいぶ良くなり、さらに一週間後には完治したと判断して治療を終えることにした。

お次は「Q・C師」。咳に血が混じっていたので治療を受けにきたのだが、これは典型的な結核の症状だった。彼の治療には二種類の爬虫類の糞が使われた。

ボアコンストリクターの糞九十六分の一グレイン（約〇・〇〇〇六八グラム）と水半オンス（約十六グラム）で作ったローションを左胸壁に塗った。これにより症状には多大な改善が見られた。五月からは、ナイルオオトカゲの糞二百分の一グレインとティースプーン二杯分の水を混ぜたものを日に三回飲むようにと指示を与え、同時に肌に塗る分も処方した。

牧師の症状は劇的に改善され、数週間後には「安々と」八〜十マイル（約十三〜十六キロメートル）の距離を歩くこともできるようになった。だが、私のお気に入りは「ミス・E」の事例だ。彼女は「人気歌手」とのことで、記述に割かれている分量もかなりのものだ。

これは私がまだ試験できていなかった蛇の糞をすべて投与できた点で面白い事例だったが、例外なく、投与して数日で頭痛や吐き気、下痢を誘発したので、使用はあきらめざるを得なかった。トカゲの糞のほうでは何の不都合も起きなかった。彼女には現在チチュウカイカメレオンの糞を処方してあるが、目覚ましい効果を上げている。彼女の体調はここ三年ほどで最も良好だ。(19)

どれもこれも馬鹿馬鹿しい限りだ。当時の医学雑誌もその点を指摘している。『英国医学時報(British Medical Journal)』に載った論評は、科学的証拠の何たるかについて述べ立てている。要はこの場合「良い」結果が出ても証拠にはならないというわけだ。

不幸なことにこの医者は、これらの事例をもって自分の仮説を実証しようとしたようだ。実際のところは嘆かわしいほどの失敗で、彼の主張を裏付けるものとはならない、と言わなければならないだろう。はっきりと、良心に誓って言えるが、もしヘイスティングス医師がチーズ二百分の一グレインをこすり付けようと、もみがら二百分の一グレインを投与しようと他の手段を使おうと、同様に満足のいく結果が得られたであろうことは間違いない。[20]

『英国医学時報』が礼儀を欠いているというなら、他を引き合いに出してみるが、たとえば『ランセット』もはっきりと酷評している。そこでは、ジョン・ヘイスティングス医師が二十年前にもナフサを用いれば肺病が治療できるという趣旨の本を書いている点を論難していた。その十二年後には「シュウ酸（シュウ酸は色々な食物内にも含まれているが、高濃度だと毒性を発揮する）とフッ化水素酸（多量に摂取すると、かなり体に悪い。皮膚に接触しているだけで死に至ることもある）」、それから、そうそう「二硫化炭素（かぐわしい匂いだが、毒性の高い液体である）」で肺病を治す本も出している。ヘイスティングス医師は何と五つもの治療法を編み出していたのだった。評者はかなり皮肉な調子で次のように言い添えている。

今や苦しみの時は終わったのだ。一般人にとってはどうしようもないような肺病でも、恐れる必要はない。公衆は満腔の確信をもってヘイスティングス医師のもとへ飛んでいくことだろう。彼はついに素晴らしい特効薬をその手にしたのだ。

だが、評者は最後に言いたいことをとっておいたようだ。

我々は尋《たず》ねてみたいのだが、こんな不合理な治療がまかり通っているのを見て公衆は何を思うだろうか。友人たちの体に蛇の糞が塗りたくられるのを、黙って見ている人がまだいるのだろうか？(21)

ヘイスティングス医師はこの論説を読んで相当気分を害したのか、『ランセット』の発行元を名《めい》誉毀損《よきそん》で訴えようとした。この問題は首席裁判官であるアレクサンダー・コックバーン氏の手に預けられたが、彼は訴えを棄却《ききゃく》し、次のように裁定している。

彼が治療法を見つけたのが事実だとすれば、最後には真実が認められるはずである。だが、蛇の糞で結核が治ると聞かされれば、それが嘲弄《ちょうろう》的に扱われるのは驚くにあたらない。(22)

仰せの通りである。

# 第四章

# 痛さ極限、恐ろしい手術

トバイアス・スモレットは十八世紀の小説家だが、もともとは医学の道を志していた。十五歳のときにはグラスゴーで二人の外科医に師事しており、その三年後にはイギリス海軍に志願して兵役についている。船医の第二助手になったわけだが、その前にロンドンのカンパニー・オブ・バーバーサージョン［バーバーサージョン（barber-surgeon）は床屋医者の意味］の本部で試験を受けなければならなかった。この時代で最も偉大な外科医学の革新者、ウィリアム・チェゼルデンも試験官の一人だった。スモレットは後にこのときの経験を『ロデリック・ランダムの冒険』（一七四八）という小説で風刺的に描き、非常に喜劇的な効果を上げている。というのも試験官の一人が若きロデリックに、「海上で交戦中に、万が一誰かが頭を撃ち抜かれて君のところに運ばれてきたら」どうするか、と質問をする場面があるのだ。ランダムはこのふざけた試練にもきっちり対応してみせる。

私はいくらか躊躇《ちゅうちょ》した後、そのような事例はまだ一度も観察したことがないし、これまで読んだどんな外科専門書の中にも、そのような事故の際に施《ほどこ》す治療法を見たことがないことを認めた。[1]

一七四二年からの一年間、スモレットはチチェスター号で負傷者の治療をして過ごすことになる。スペインと戦争中で、船員たちのみすぼらしい姿や苦痛にあえぐ様を目撃することになった。『ロデリック・ランダムの冒険』はかなりの部分、そのときの経験がもとになっている。「容赦のない外科的処置や切断手術」（これはリー・ハントがシェリーに書き送った評）の描写は活字になったものの中でも最も鮮明なものだった。

スモレットと彼の分身が戦いの最中で行うことになった手術はかなり原始的で、大半は外傷の治療に関わっていた。十九世紀の後半になり麻酔と消毒法が登場すると、外科手術の可能性が飛躍的に拡大するが、それまではできることが非常に限られていた。十八世紀にも白内障の手術は何度か試みられていたが、他はと言えばだいたいは手足の切断か結石《けっせき》切除に限られていた。

だが、それがすべてでもない。医学文献には、一般的な範囲どころか可能性の限界と思われる範囲を突き抜けて治療を行おうとした外科医の活躍が大量に記録されている。一八一七年、つまり麻酔発見の三十年前、ロンドンの外科医アストレイ・クーパー卿が腹部大動脈を結紮《けっさつ》［糸で結ぶこと。特に血管を縛ることを言う］して、大きな動脈瘤《どうみゃくりゅう》の治療を成功させかけたことがあったが（P198参照）、これほどの難手術を試みる医者は次の世紀まで現れなかった。いわゆる「英雄」時代というやつで、これに匹敵するような大胆な手術が衆人環視のうちに何度も行われていた。そして恐ろしいことに、患者は手術中ずっと意識を保ったままだった。

軽率のそしりを免れない手術もあったが、何世紀も昔とは思えないほどの洗練と技術が発揮された手術もあった。死に物狂いの医者が、どうにもならないと思われていた問題の解決法を見つけ出す、なんて例もある。よく言うように、必要こそ発明の母なのだ。また、メスを握ったこともない人間が手術を行った例もある。果てには、患者自身が手術を行った事例すらちらほらと見つかるのだ。

だが、血迷うなかれ。手術が成功したとしても、愉快な仕事でないことは間違いがない。ドイツ人外科医であるローレンツ・ハイスターは、十八世紀に最も読まれた外科医療の教科書を書いているが、その中で次のように述べている。

外科医を志す学生は身体の強健さのみならず、精神の強健さをも養うべきである。であればこそ、悪臭、血液、膿汁《のうじゅう》等おぞましいものにもひるまず、たじろがずにいられるのだ。治療を行っていればそういったものに接するのは自然なことである。(2)

それが大丈夫なら、何が来ても大丈夫なはずだ。

## ある酔いどれプロイセン人の胃袋

一六四一年八月二十八日、日記作者のジョン・イーヴリンはオランダのライデン大学を訪れている。それほど印象に残らなかったらしく「特に変わったものはない」と述べているが、ある建物だけは興味を引いたらしい。

希少なものは色々あったが、その中でも解剖学の教室や手術室、倉庫は見ていて興味が尽きなかった。生まれつきの好奇心を大いに刺激するものがあったのだ。収蔵品は多種多様だったが、その中でもプロイセン人の胃から取り出されたばかりだというナイフに目が引かれた。手が滑って胃に落下してしまったものを、脇腹を切り開いて取り出したのだという。(3)

この物体が鮮烈な印象を残したことは疑えない。二十年以上後に、未来のジェームズ二世(スコットランド人ならジェームズ七世のほうが通りがいいだろう)に宛てた手紙で、イーヴリンは次のように書いている。

ヨーク公とは色々と話し合いました。ある女性が、大麦の、実のなっている部分を一房まるまる呑《の》み込んだのですが、それを脇腹から取り出したということです。奇妙な治療法ですが、彼は支持していました。私のほうは彼にナイフやピンを呑み込んだ患者の話をしました。

覚えていたことは別に不思議ではない。この「酔っぱらったプロイセン人の胃袋」の事例は、十七世紀医学における最も法外な事件だったのだ。まったく大胆な試みで、麻酔も無菌手術も可能な二百年後ですら英雄的な手術だった。一七三八年にケーニヒスベルク大学の医学教授ダニエル・ベッカーがこの事例について本を（ラテン語で）書き、ヨーロッパ中でベストセラーになっている。『ナイフを呑んだプロイセン人（De cultrivoro Prussiaco observatio）』という本だが、『ナイフを呑んだプロイセン人、奇跡の回復（A Miraculous Cure of the Prussian Swallow-Knife）』という題で英語に翻訳されている。ジョン・イーヴリンもこの本を持っていた。

ベッカーの記述は詳細にすぎるので、ここではトマス・バーンズが一八二四年『エディンバラ自然哲学雑報（Edinburgh Philosophical Journal）』に寄せた（言うなれば）ダイジェスト版を使用することにしよう。

一六三五年五月二十九日の朝のことだった。アンドリュー・グリュンバイドは若い農夫だったが、常からの不摂生のおかげで胃にむかつきを感じ、ナイフの柄《え》で喉奥を刺激して嘔吐《おうと》を誘発しようと試みていた。

オリジナル版ではグリュンバイド氏が前の晩、痛飲したと書かれている。今も昔も変わりなく、きっと多くの学生がこの吐き方になじみがあることだろうが、あまりお勧めはしない。ナイフを使うほど頭のねじが飛んでいればなおさらだ。

だがなかなかうまくいかない。もっと奥まで突っ込んでみるも、ナイフは手から滑り落ち徐々に胃にまで移動していくという結果になったのだった。彼はまず恐慌を来《きた》し、次に非常に落ち込んだ。が、日々の作業をこなすのにさほどの不都合は生じなかった。

同じ状況なら「恐慌を来」す以外の反応は想像しづらい。

この農夫にはかなりの同情が集まった。深い学識と名声を誇る医師たちが大勢集まって彼のことを話し合うのだった。六月二十五日に開かれた医師会議で、腹部を切り開き胃に開口部を作り、それからナイフを取り出すことに一決した。手術の前準備として患者は、スパニッシュ・バルサムと呼ばれるバルサミコオイルを塗った。これは腹部の痛みを和らげ、傷の治りを早くする効果があると信じられていた。

懸案の手術は七月九日に実施されることになった。オリジナル版の記述は（一六四二年にダニエル・レイキンに訳されたものを読む限り）生々しい。

**《胃の切開とナイフの除去について》**

医学部の学部長、卓越した医師たち、同大学が誇る栄《は》えあるメンバー、それから医学生や医学修士、経験豊富な外科医に加え、石切り職人のダン・シュワビウス氏が集まった。彼は私の尊敬すべき友人で、今は天国にいる。

医学界の実力者たちが集まっていた。彼らは、すべての準備が済むと頭を垂れて「神助《しんじょ》と祝福」を請う祈りを捧げた。これで手術が始められるわけだ。

恐れを知らぬ農夫は自分の体にメスが入れられるのを待ち受けていた。彼は木製のテーブルに括《くく》り付けられ、木炭で印がつけられた。それから左脇腹の下肋部《かろくぶ》のあたりを切開する。仮肋《かろく》の下、指幅二本分のあたりだ。

つまり、切開されたのは左脇腹の上腹部だったわけだ。

最初は皮膚、次いで肉質の膜（脂肪は見当たらなかった）と筋肉を、さらには腹膜を切り開いた。(4)

腹膜というのは腹腔に張られた薄膜のことだ。トマス・バーンズはこの手順のクライマックスをなす場面を次のように描写している。

胃は指の間から滑り落ちて、なかなかつかむことができなかった。だが最後には湾曲《わんきょく》した縫合針《ほうごうしん》を使ってつかまえ、傷口から取り出すことができた。ナイフは、胃を小さく切り開くと簡単に取り出すことができた。

疑問にお思いの読者もおられるかもしれないのでお答えしておこう。その通り。患者には意識があるのだ。一六三五年だと、激痛のあまり気絶するくらいしか手術中の選択肢はなかった。だが彼は苦悩するどころか、食い入るように手術を見ていた。

**それはその場にいた全員が目撃している。それを見ていた人は患者を称賛したし、患者も自分を褒《ほ》めていた。取り出されたものを見て患者は、それは自分が数日前に呑み込んだナイフだと明言した。そのときにできた傷はすぐに治った。**

英語版の題扉（次ページ図版）を見れば、取り出されたナイフがいかに大きかったのかわかる。感染症の仕組みが解明される二百年前にこれほどの大手術が行われたのだから、何か大きな合併症が引き起こされたのでは、と予想するほうが合理的かもしれない。が、この患者は奇跡的な回復を遂げる。傷を清めた後は、五針縫《ぬ》うことになった。「温《ぬる》めのバルサム」を注ぎ、その後に粘土と卵白、ミョウバンを混ぜ合わせたものをあてがい、包帯を巻いた。

翌日には彼は「苦くて収斂《しゅうれん》補給作用のあるハーブと一緒に煮た」チキンのスープを飲めるくらいに回復していた。私なら胃の手術の後に飲みたいメニューではない。一週間後には医者たちから危険を脱した旨を言い渡され、消化を助けるというダイオウを処方された。

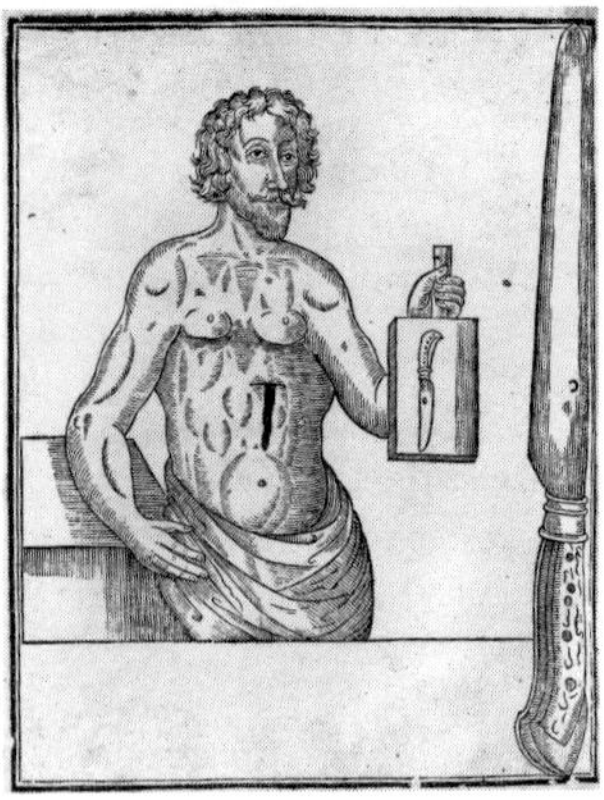

患者と摘出されたナイフ

その治療は七月二十三日まで続いたが、手術から十四日かかった計算になる。傷は癒《い》え、その後特に注目すべきことは起こっていない。健康状態はベストの状態まで回復し、食事も日々の仕事も徐々に平常に戻っていった。そして二度と胃の不調を訴えることはなかった。[5]

ナイフはどうかって? これが恐ろしい代物《しろもの》で、後に『自然哲学研究(Philosophical Transaction)』に載った論文によると長さは十七センチほどもあったそうだ。その論文の著者であるオリバー医師は、ケーニヒスベルクに住むスコットランド人商人に次のような話を聞いたのだという。

アンドリュー・グリュンバイドとは知り合いで、特に親しい間柄だということだった。医者に包帯を巻かれているところも数回見たことがあるし、手術の後に生まれた彼の子どもには一人か二人、名前をつけたのだと言っていた。[6]

驚くべき話だ。それに歴史的な手術でもある。二十世紀になるまで、胃の手術は危険で事例も数少なかった。「プロイセン人の胃袋」から取り出されたナイフは長年の間、ビロードのバッグに入れられプロイセン王のコレクションとして保管されることになった。だが惜しいかな、現在は行方がわからなくなっている。

## 外科医がいなければ肉屋を雇え

「外科医がいなければ肉屋を雇え」――これは、少なくとも十八世紀の、アイルランドの片田舎《かたいなか》では実践されたことのあるアドバイスだ。北部アイルランドのティロン州のクローガーは少し変わった村だ。ほぼ小部落と言っていいほどの村で、今日でも住人はかろうじて五百人を超す程度なのだが、大聖堂がある。そして大聖堂のある共同体としては、イギリス諸島で一番小さい。一七三七年から一七四三年にかけて、クローガーの主席司祭はジョン・コッピングが務めていた。彼は在野の自然科学者で、王立協会の会員に選出されるほど明敏な頭脳を持っていた。一七三九年、王立協会誌『自然哲学研究（Philosophical Transaction）』に、二通の書簡が載った。この司祭からのものだ。一通目には、同じ教区の若い聖職者から聞いたという話が書かれていた。その男は医学について学び、少々の知識を蓄《たくわ》えていた由だ。

**《無学な肉屋により行われた帝王切開について。**
**また、先行の事例報告に記述のある異常な骸骨《がいこつ》について》**

王立協会会員コッピング主席司祭から王立協会会長への手紙二通からの抜粋

サラ・マッキナはティロン州のクローガーから二マイル（約三・二キロメートル）離れた場所に

ある、ブレントラムに住んでいる。結婚は十六歳のときだった。結婚前はあまり女性らしい外見ではなかったが、結婚後一カ月にもなると、きちんと女性らしくなった。

言い方に気を遣《つか》っているが、要は第二次性徴がかなり遅れていたということだ。

結婚して十カ月が経つと、妊娠の兆候が現れ、通常の期間通りで出産を終える。その十カ月後もう一人子どもを出産する。二回とも安産で出産は手早く終わった。二回目の出産を終えて、二カ月後、またしても妊娠の兆候が現れた。時が経つにつれ、兆候はどんどん大きなものになっていく。だが、九カ月が経つころだったが、兆候が収束し始めたのだった。しばらくすると、月経が止まっていること以外、妊娠を示す兆候はまったくなくなっていた。

彼女は生理が止まっていた。そしてこの症状は六年間続くことになる。同時に謎の腹痛も併発していた。それから「お腹が膨らんだ」ので、また妊娠したのだろうと思うのだった。

はっきりしない話だが、この七カ月後、へそより一インチ（約二・五センチ）ほど上の部分におでき（と彼女は考えていた）が現れた。おできは激痛を伴った。彼女はトゥーロッホ・オーニール氏を呼びにやった。ジョージ・グレッドヘームズ大尉と同居している肉屋で、クローガーからおよそ一マイル（約一・六キロメートル）の場所に住んでいた。

どうして医者ではなく肉屋を呼んだのかは説明されていない。だがとにかくオーニール氏は数日後にはちゃんと来た。そのときには彼女は「息も絶えなんばかりの状態」だった。

そのころには腫《は》れ物が割れ、そこから赤ん坊の肘《ひじ》が突き出てくるのだった。彼女自身と友人の求めに応えて、彼は赤ん坊の摘出を試みることになった。へその周りを大きく切り開き、胎児の顎《あご》をつかんで引っ張り出すのだった。手術は別段の差し支えもなく終わった。

あまり詳しく書かれているわけではないが、胎児はすでに死んでいたのだろう。これだけで十分悲劇だが、さらにそれ以上の悲劇が続く。覚悟して読み進めてほしい。

その後、彼女の腹部を覗《のぞ》き込むと何か黒いものが見えた。手を入れて引っ張り出してみると骸骨だった。ばらばらではあったが子ども一人分の骨がそろっており、黒く腐敗した肉片もいくつか出てきた。手術が終わり、彼女に包帯を巻く。六週間後には彼女は家事にいそしんでいた。この事件以降、彼女は健康に過ごしているが、ただへそヘルニアには苦しむことになった。処置をした男に知識がなく、適切な包帯を使わなかったせいだ。

「へそヘルニア」は腹部を切開したために筋肉と腹壁がゆるくなり、腸の一部がへそに貫入してくる病気だ。ともあれ奇妙な話だし、多くの疑問が残されたままになっている。コッピング主席司祭はこの話が信じられず、機会を捉えてこの女性と夫のもとを訪ね、自分なりにインタビューを試みている。もっとも、それですべてがわかったわけではなかったらしい。ここからが二通目の手紙の内容になる。

彼らには知識がなく、訛《なま》りもひどかったので、何を言っているのか呑《の》みこめないことが多かった。だが、彼らが事実を話しているのだとすれば、先の報告が述べているより一層驚くべき事態になっていることはわかった。

元の話ではコミュニケーション上の問題があったらしい。コッピング主席司祭の記述を読めばすぐに明らかになる。まず時系列がだいぶ食い違っている。女性から聞いてみると彼女は結婚して十カ月ではなく、十年目で妊娠したとのことで、予想通りの時期に陣痛が始まるも、赤ん坊は出てこずに収まってしまう。腹部の膨らみも萎《しぼ》んだので、産婆は「幽霊」を身ごもったのだと言うのだった。胎児はいなかったのだ。七年後、またしてもサラ・マッキナは妊娠する。今回は健康な子どもが何事もなく生まれてくるようにと祈るが、コッピング主席司祭が聞いたところでは無残な結果に終わったとのことだ。

彼女のへそのあたりがガチョウの卵ほどの大きさに膨らみ、それが割れる。小さな穴がひとりでに開いたわけだが、そこからは水っぽい液体が出てきていた。その場には産婆と、三、四人の医者がいたわけだが、彼らは匙《さじ》を投げ、彼女が死に行くのに任せていたという。穴からは子どもの肘が覗き、数日間そのまま皮膚から突き出ていた。しまいには彼女は自分自身でそれを切り落としている。

自分がそんな状況に追い込まれたら、と想像してみてほしい。

オーニールが来ると、彼女は自分を助けてほしいと懇願するのだった。彼は恐れをなして、ベッドに潜り込んでしまった。だがひとたび目を覚ますと、大樽からなみなみとサック酒を注ぎ、それを彼女に飲ませた。思うに自分も飲んだのだろう。

サック酒というのはスペイン産の白ワインだ（イギリスの桂冠詩人の俸給には伝統的にサックが一樽入っていたという。現在ですら、ボトル六百本のシェリー酒が俸給になっている）。この酒はアルコール度数が高い。一七三〇年代のアイルランドの片田舎では、これが精一杯の麻酔代わりだったし、痛み止めになるものといえばこれだけだった。サック酒を飲ませながら肉屋は、

例の場所を切り開く。この男によると開口部は帽子ほどの大きさだったらしい。

帽子とは、わかりやすい比較対象だ。が、まさか医学文献でお目にかかろうとは。

彼は手を突っ込み、二番目の骨をつかむと、それを前後に動かして引っかかりを緩める。しばらくすると子どもを引っ張り出すことができた。そうしてから穴の中を覗くと何か黒いものが見えた。

彼は手を入れて、残りの骨を取り出すのだった。いくつかの骨は残ったが、これは数回に分けて取り出された。へそから引っ張り出されたものもあれば、自然と子宮から排出されたものもある。

コッピング主席司祭は、七月からクリスマスまでの六カ月もの間、赤ん坊のパーツが排出され続けたと説明している。

そのたびに彼女は多大な苦痛を味わうことになった。先の報告では彼女は家事にいそしんでいたと書かれている。確かに彼女は家にいたかもしれないが、実際は十五カ月もの間、家から出ることができなかったのだ。私はヘルニアを調べてみることにし、体の奥まで指を入れて触診もした。著名な外科医であるドッブズ氏によれば、まだ希望はあるかもしれないということだ。ヘルニアはだいぶ改善されるだろうし、腸も元の位置に戻るだろうと。だが、実際に彼女を見てどう思うかはわからない。

簡潔な言い回しだが、容体が非常に悪いことはわかる。コッピング主席司祭は心優しい人間で、彼女の助けになろうと決心するのだった。

主教のもとを訪れる紳士たちからだいたい四ポンド集めることができた。服を買い与え、十日後にダブリンの病院に彼女を送り届けるための資金だ。彼女は乗り気になったが、無教養な司祭と近所の人々は、ここで静かに死ぬのを待つべきだと言うのだった。

心の支えとは言いがたいようだ。結局、例の女性とその夫も意見を翻《ひるがえ》すことになる。

**だが、私がこうした困難にも負けていないのを見て、彼女はダブリン行きに同意した。夫が彼女を連れていくのだ。彼らは私の助力に感謝し、私が言うならばロンドンでもどこへでも行く、と言うのだった(7)。**

残念ながらダブリン行きの後、この女性がどうなったのかについては何も書かれていない。当時の技術では、これ以上の外科的治療はたやすく彼女の命を奪ったはずだ。地方では外科医の数が不足していたし、治療費を払える人は少なかった。肉屋が代役に立つこともまれにはあったに違いない。牛や豚の解体をした経験は、急に切断手術をする羽目になったときには役に立ったことだろう。だがありがたいことに、医学文献を紐解《ひもと》いてみても肉屋が代役を務めた事例はほとんど載ってない。

# 尿道にヤスリ、結石を削る男

一九六一年、南極基地に勤務していたロシア人科学者レオニード・ロゴゾフは、虫垂《ちゅうすい》に深刻な感染症を発症する。天気は不安定で避難は不可能だ。彼にはもう、隊付きの医務官が手術をする以外道は残されていないとわかっていた。そして不幸なことに隊付きの医務官とはロゴゾフのことだった。この手術ができる人間は半径千マイル（約千六百九キロメートル）内に自分だけ。同僚たちとその場にあった少量の麻酔薬の助けを借りながら、彼は手術を行った。ロゴゾフは、自分自身で虫垂を切った初めての人間になったわけだ(8)。

ロゴゾフが自分で虫垂切除に踏み切った事例は、自身で手術をした事例中で最も有名なものだ。だが、最もユニークとは言いかねる。十八世紀には、それほど血なまぐさくないが、もっと長時間の手術がインドで行われた事例がある。患者（にして外科医）はクロード・マルタン。イギリス東インド会社で大佐を務めていた、フランス生まれの男だ。軍人として成功していたのみならず、彼は地図製作者としても、建築家としても、また行政官としても活躍して、インド内のヨーロッパ人としては最も財を成した男となった。インドで初めて熱気球を組み立て、飛ばした人間でもあり、博識で飽くことを知らない読書家でもあった。遺産は善行に役立ててくれるところに寄付している。たとえば、その資金で学校が三つ創設されたが、それは今日でも続いている(9)。

一七八二年、マルタンの体に膀胱結石《ぼうこうけっせき》の症状が現れた。自分でどうにかしなければ手術を受ける羽目になる。結石摘出術《リソトミー》だが、これは外科医療の著作に載っている中では最も古い部類に属している手術だ。結石とは尿に含まれているミネラルが固まってできたもので、この手術は膀胱を切り開きそれを摘出する。古代インドとギリシャの医者はその手順を事細かに記述しており、百五十年前まではそれが実行されていた。もちろん麻酔はなしだ。危険な上に激痛を伴うことで悪名高い手術だったので、大佐がためらうのもわかろうというものだ。結局彼は自分自身で問題を解決しようと決める。一七九九年に彼はいかにして問題を解決したのかを書き綴《つづ》った手紙を送り、これは後に医学雑誌に掲載されている。

**《膀胱結石の破壊について》**

**マルタン大佐**

私は幸いにも自分自身で結石を取り除くことができた。私がどのように治療を成し遂げたか、何の知識もない向きには、その方法は実に奇妙に思えるに違いない。

マルタン大佐の方法は、ペニスの先端から器具を挿《さ》し込んで、それを膀胱まで押し込み、結石をヤスリで少しずつ削っていくというものだった。作業に使ったヤスリは自作品で、クジラの骨を柄《え》にしてその先に編み針をつけたものだ(10)。

結石を削り始めたのは一七八二年の四月のことだ。連隊付き外科医レネット・マーチソン医師から受け取ったメモに書いてあるように、すぐに効果が出た。多くの破片を取り出すことに成功したのだ。

この勇気ある大佐は破片の一つをマーチソン医師に送り、調査を依頼している。医師の返事は次のようだった。

「親愛なるマルタンへ。例の結石を顕微鏡で調べてみたところ、外側には硬い殻が形成されているものの、内側の組織は脆《もろ》いことがわかりました。これを見るにあなたの企図は一定の効果を上げているようです。しかし友よ、その器具を過信されませんように。あまり頻繁《ひんぱん》にヤスリをかけて膀胱に炎症を起こしでもしたらたまったものではありません。これは今では命に関わることがあると、わかっています。内側が脆く、外部の殻が割れているところからして、結石はその相当量が削りとられている点は間違いがありませんが、器具の使用には慎重になったほうがよろしいかと存じます」

一体何を始めたのか。マーチソン医師は断固反対の立場をとっていたが、恐れ知らずのマルタン大佐が思いとどまることはなかった。

善良なるマーチソン医師は、どうにかして私を説き伏せようとしたがそれも無駄だった。私は毎日この器具を使い、効果を実感していた。特に痛みを感じることもなかった。十月の中ほどまで続けたが、二十四時間に平均して三回は結石を削っていたように思う。

そうなのだ。彼は一日に三回、自分の意思で編み針を尿道に突っ込んで結石を削りとっていた。この男に怖いものなどあるのだろうか。

最初、どうやって膀胱の入り口にまで結石を持っていけばいいかわからなかったが、温水を膀胱に注入し、それを排出しようと息むと、結石は入り口に突き出てくるのだった。そこでヤスリを挿し入れるのだが、それからずっと体を壁にもたせかけて作業を続ける。ヤスリをかける作業は、いずれ手元が狂って結石が元の位置に戻ってしまうまで続くのだ。

いくら痛いといっても、これが本当にほんの少しの時間の手術に耐えるよりマシな選択なのだろうか。

炎症が起きる恐れは感じたことがない。痙攣《けいれん》が起きて、ヤスリが尿道にがっしりと固定されてしまい、動かせなくなったことはある。痙攣は十分ほど続き、やむとかなりの量の血が大量の破片と一緒に出てきた。数日後にはまた作業を再開したが、痛みは感じなかった。というわけで私は炎症については心配していない。痙攣が起きても大抵は大した問題にはならないのだ。

そういうことにしておこう。

私としては結石の治療は、誰でも自分でできると確信している。別にそれほど器用でなくてもできる作業なのだ。が、他人にやらせるのは不可能だと思う。というのもどこが痛むのかは患者自身にしかわからない。それに、いつ、どのようにヤスリを挿し入れればいいのかも患者には自然にわかるのだ。つまり、結石が膀胱の入り口の近くに来ているとき以外は作業をするべきではない。ヤスリはとても小さい（厚みは麦わら一本以下だ）ので、結石と膀胱の壁の間に簡単に挿し入れることができる。ヤスリをかけるときは、半インチ（約一・三センチ）以上は動かさないように注意したほうがいい。

自分の編み出した治療法にかなりの自信があるようだが、私としてはまったく納得できないと言わなければならない。大佐は以前、マーチソン医師から伝統的な治療（催吐《さいと》剤《ざい》と下剤を主に使ったもの）を受けたのだが、気分が悪くなっただけだったという。あまりに痛みが激しかったので、塩とスパイスが使われた料理は食べられなかったとか。

食べ物といえば煮た肉かローストされた肉、飲み物といえば水だけだった。それから、それほど強くない便秘薬を使って便通を良くしていた。だが、尿が透明になると、腹の調子もだいぶ良くなり、気分も楽になった。そしてますます結石のヤスリがけに励んだ。昼夜を分かたずいそしみ、ときには一日に十回、十二回とやったこともあった。そしてほぼ毎日小さな破片が排出され、最後には完全に取り除くことに成功した。先に述べたことだが、それ以来私は非常に調子が良い。痛みもないし、今現在、膀胱結石の再発もない。

論文はワレン・ヘイスティングス氏の手紙で結ばれている。マルタン氏の友人で、行政官の先輩でもあった（彼には汚職疑惑が降りかかったことがある。かなり有名になった話で、裁判にまで持ち込まれたが、議会から無罪を宣言された）。彼はこう書いている。

この不思議な手紙を熟読していただいたことに大いなる感謝を贈ろうと思う。不思議でかつ面白い手紙だ。彼の病状やそれを語る言葉遣《づか》いまでも事細かに覚えている私にとってすらそうなのだ。私はかつてこの事例をポット氏に話したことがある。彼は黙り込み、疑わしげな顔をした。明らかに信じていない表情だ。(11)

パーシヴァル・ポットは一流の外科医だった人物で、煙突掃除をすると特に陰嚢癌《いんのうがん》にかかりやすくなることを発見したので有名だった。初めて発見された職業癌だ。彼の不信も理解できる。というのもマルタン大佐は外科医療の分野において、まだ誰も見たことのない地平を切り開いてみせていたのだから。一八二〇年代まで、膀胱結石に有効な治療法といえば結石摘出術《リソトミー》だけだったが、これは膀胱を切り開き結石を取り出すもので、かなりのリスクが伴った。だが、十九世紀前半には、尿道から器具を挿し込んで結石を削ったり、すりつぶしたり、砕いたりする方法を編み出した専門家が何人かいる。これなら体にメスを入れる必要はない。この種の手術で最初に行われたのは、後に砕石術《リソトリプシー》と呼ばれることになったもので、一八四二年にフランス人外科医ジャン・シビエールによって実施されている。マルタン大佐は四十年前にこれを予見し、外科医としてその先駆となったわけだが、それだけでは飽き足らず患者の役も兼ねてしまったのだった。

## 患者兼助手

一八七〇年代後半、バーミンガム出身の元外科医ディッキンソン・ウェブスター・クロンプトンは短い回想録を書くよう勧めを受け、それに応えている。提案したのはロンドンのガイズ病院で講師をしていた友人だ。彼は半世紀前に行われた手術の数々を話に聞き、魅了され、その話を後世に遺《のこ》すべきだと考えていた。クロンプトンはロンドン、ボン、パリで勉学を修めたが、そこで習った教師の中にはフランスの外科医学の第一人者、ギヨーム・デュピュイトランもいた。だが、教育課程を終えた後、クロンプトンは生まれ故郷であるバーミンガムに戻って仕事を開始し、引退するまでそこで外科医を営んでいた。悪くない仕事だったし成功も収めていた。七十三歳にほぼ失明状態になり、友人に次のように語っている。

**白内障にかかってしまって今はもうペンを持つ手すら見えないが、心に浮かんだ言葉を書きたい気持ちがある。**

一八七八年、クロンプトンの「地方外科医の回想（Reminiscences of provincial surgery）」が『ガイズ病院雑報（Guy's Hospital Reports）』に掲載された。同病院の院内誌である。十九世紀前半のウエスト・ミッドランドで、どのような医者がどのような活動をしていたのか活き活きと描写されている。

## 《異例の事態に出くわした田舎《いなか》医者の回想》――「あるガイズ病院の老人」の手になる

バーミンガムにて　王立外科医師会会員　**ディッキンソン・クロンプトン**

クロンプトンが四十代のときにクロロホルムとエーテルは生み出された。そして彼は意識がなく、痛みも感じない患者に手術を施《ほどこ》すことがいかに斬新《ざんしん》かについて記録を残してもいる。だが、彼のキャリアの初期にそんな贅沢《ぜいたく》なものは存在しなかった。彼が語っている手術の大半は麻酔の恩恵なしに行われたものだ。今回紹介する両脚切断の手術もその例に漏れないわけだが、仰天《ぎょうてん》するような事例だ。

タムワースに暴飲を常とする男が住んでいた。彼は酔っぱらった挙句、線路脇の水たまりに足を浸したまま眠りこけてしまった。寒い夜だった。朝になってみると両足は凍りついており、結局くるぶしから下がすっぽ抜けた。そのおかげで脚は円錐《えんすい》形になり、脛骨《けいこつ》と腓骨《ひこつ》の端がカリエスにかかって剝《む》き出しになっていた。

ここで言う「カリエス」は「腐食」というほどの意味だ。それにしても「くるぶしから下がすっぽ抜けた」とは驚くほど軽い物言いだ。まるで蛇《へび》が脱皮したとでもいうような調子ではないか。

私は事情を聴いた上で、バーミンガム総合病院に行くことを勧めた。傷の状態を見ると、自然治《ち》癒《ゆ》の偉大さに驚かされる。ステッキのように石突きがつけられたら、木製の義足と同じくらいかそれ以上巧みに歩くことも可能だったのではないだろうか。

それなら一見の価値があったのではないだろうか。

しかしながら、そういうわけにもいかない。患者と私は通例通りの場所を切るということで合意した。膝《ひざ》は残るので、そこに一般的な木製の義足をつけることになる。まず片方の脚を切るのだが、その間彼は腿《もも》を押さえつけて手術をじっと見つめていた。声が漏れるようなことはなかったが、作業が終わると「あばよ！　俺の脚」と鋭い声で言うのだった。

痛みにうめくどころか、ノコギリの切れ味に感嘆していたわけだ。

三週間後にもう片方の脚を同じように切り落とした。もっとも患者はノコギリの切れ味が以前より悪いと思ったようだが。

これぞ本物の目利《めき》き！

もうそろそろ寝たままの生活から抜け出せるという段になって、普通の義足だと長さの点で不便があるので、九インチ（約二十三センチ）の義足を造ってくれないかと男が相談に来た。「また飲んだくれて」倒れたとき地面が遠くないように、ということだった。

とても実用的な感性をお持ちのようだ。

彼は何年か後には、どしどし歩くので有名になっていたと思う。

クロンプトンは続けて、これ以上にストイックだった患者の逸話を披露している。

何年か前に、事故が起きたので切断手術の用意を整えて来てくれと、夜中にメリダンまで呼ばれたことがある。小さな家のベッドに哀れな労働者が横たわっていたが、左腕がベッドの縁からぶら下がり、尿瓶《しびん》に血をしたたらせていた。止血帯が肩関節のすぐ下にきつく巻かれていた。腕は黒くなっており、すでに壊死《えし》しているかに見えた。聞くところによると腕を農機具の歯車に巻き込まれて、肩のあたりまで引き込まれたということだ。

これでは切るしかない。肩関節になるべく近いところを切断するのだ。

止血帯はもう邪魔だった。私は村で外科医を務めていたクラーク氏に、動脈を骨に押し付けるようにして押さえておいてほしいと頼んだ。

この動脈とは腋窩《えきか》動脈で、腕に血を送り出す主要血管だ。切断手術の際は、大出血を防ぐため止血帯が使われるのが普通だ。だが今回は、止血帯を巻く場所がない。それで代わりに、動脈を指で押さえようというわけだ。腕が切断されれば動脈は、縛って塞《ふさ》がれることになる。

部屋には徒弟の少年が一人いるということだったが、彼は患者の腕を手で持って、伸ばしておいてくれというのを拒んだ。それでその役はクラーク氏が担当することになり、私は左手で動脈を押さえていなくてはならなかった。だが、クラーク氏は「血を見るといつも失神してしまう」と言い、それでなるべく顔も体も背けているということになった。彼は、私がなるべく高い位置で腕の肉を切り開き、骨を断ち切るまで持ちこたえてくれた。

血を見たら失神するというのは、十九世紀前半の外科医としては相当なハンディキャップではないかとお思いかもしれないが、そうでもなかったらしい。

室内にある灯りといえば蠟燭《ろうそく》だけで、私は動脈がよく見えるようにそれをクラーク氏に持っているように頼んだ。が、彼はもう限界だった。哀れな患者は一言の不満も言わず椅子に座っていた。腕の状態からして、実のところさほどの痛みは感じていないはずだと、私は思っていた。それが証拠に彼は、「よろしければ私が蠟燭を持ちましょうか」と申し出たくらいだ。実際にそうすることになった。彼が右手で蠟燭を持っていてくれたおかげで、私は腕の切断面がよく見えたわけだ。

外科医が腕をうまく切断し終えられるように、もう片方の手で蠟燭を持つのだ。勇気が要るに違いない。

男は回復したのだが、六カ月後には結核で死亡したと聞いている。実は手術をしたときにすでに結核だったのだ。(12)

……まったくツイてない。

胸に開いた〝窓〟

際立った功業を成し遂げたおかげで、手術にその外科医の名前がつく、ということが時折ある。一八一七年、イギリスの外科医であるアストレイ・クーパー卿は腹部大動脈を結紮糸《けっさつし》で結ぶ手術をして同僚たちを驚かせた。腹部大動脈とは、腹部に通っている中で一番大きな血管だ。患者は（鼠径《そけい》部にあった大きな動脈瘤《どうみゃくりゅう》を治療していたのだが）死んでしまった、が、大胆な手術だとして、試み自体はその後何年も広範に評価され続け、「アストレイ・クーパー卿手術」と名前がつくことになった。

アストレイ卿の名を高めた失敗の一年後、またしても大胆な手術が編み出され、ヨーロッパの医学界が震撼《しんかん》させられるのだった。事例報告は主だった雑誌にはみんな載った。表題は「リチュラン手術」とシンプルだった。今回の主役はアンテルム・バルタザール・リチュラン男爵。パリ在住の優れた外科医で、ナポレオン戦争のとき疲れを知らぬ勢いで負傷者の治療にあたり、ルイ十八世から叙爵を受けている。彼もまたアストレイ・クーパー卿の賛美者の一人で、その失敗すら称賛した。リチュラン氏は大胆にも自国の外科医がイギリスに劣っていると主張して、後にフランスでの支持を減らしている。彼の成し遂げた手術の画期性は、アストレイ卿にもおさおさ劣るものではなかった。言うまでもなく患者は助かっている。『内科外科医学時報（Medicho-Chirurgical Journal）』は次のように報じている。

## 《肋骨《ろっこつ》と肋膜の一部摘出手術》

医学教授・サンルイ病院外科医長　**リチュラン卿**

ミシュロー氏はヌメールの衛生管理士で、年来、胸部に癌《がん》性腫瘍《しゅよう》を患《わずら》っていた。一八一八年一月に摘出手術が行われた。だが、焼灼法《しょうしゃくほう》（熱した器具で焼くこと）や焼灼剤を用いるも、何度でも出血菌が再生してしまうのだった。

現在我々が言う意味での菌ではなく、ここでは望ましくない腫瘍くらいの意味だ。腫瘍の再発を防ぐために採られた最初の手段は焼灼法と焼灼剤だった。焼灼剤とは病気に冒された部分を焼くために使われる、腐食性の化学物質だ。

彼はパリに治療に来たが、傷口からはおびただしい腫瘍がせりあがり、赤くてひどい悪臭のする希薄腐敗膿（潰瘍や膿んだ傷から漏れ出てくる、薄く血に染まった液体）が漏出《ろうしゅつ》していた。患者はそれでもさほどの痛みは感じていなかった。

ミシュロー氏は慢性的な咳《せき》に悩まされていたが、それ以外はかなり健康だったと言ってよい。手術は意気阻喪《そそう》させるようなものだったが、患者はそれに耐えるだけの強さを備えているように見えた。

そこで、もし必要なら肋骨《ろっこつ》の一部を切除することにした。そこが病巣になっていると思われたからだ。デュピュイトラン教授やその他著名な外科医のお歴々がその場にはいて、彼らはこの恐ろしい手術に賛成してくれた。

ギヨーム・デュピュイトランは、これまでにも書いたとおり、パリ第一の外科医と言ってよい人物で、その名声はヨーロッパ中に響いていた。デュピュイトランとリチュランは数年後、後者がフランスの外科医学を軽んじる発言をしたことをめぐって仲たがいするのだが、少なくともこの時点では良好な協力関係を築いていた。動いてしまうと手術の妨《さまた》げになるので、患者は手術台に固定された。何といっても一八一八年にはまだ、麻酔は存在していなかった。

十字切開（十字の形に切開する方法）の要領で傷口を拡大していくことから始めた（とリチュラン氏は言う）。第六肋骨が肥大化し、長さにして四インチ（約十センチ）ほどが赤くなっていた。その上下の内肋間《ないろっかん》筋《きん》を、柳葉刀で切り、それからノコギリで肋骨を切る。二カ所に切れ目を入れていき、病気にかかった部分を取り除くようにしたが、へらを使って慎重に肋骨胸膜をのけながら作業は行われた。肋骨胸膜とは胸郭の内側を覆っている膜だ。

難易度が高い手術だ。癌にかかっている肋骨を取り除かなければならないことはわかっていたが、それには胸膜など肋骨に付着しているものを何とかしなくてはならない。ちなみに胸膜とは肺を覆う保護膜のことだ。リチュランが骨を断つのに使ったのは、数年前にイギリスの外科医であるウィリアム・ヘイが発明した器具で、長い柄《え》についた刃はほんの数インチというものだった。頭蓋骨《ずがいこつ》を開くために造られた道具だが、刃先が小さいので今回の手術にはうってつけだったのだ。

第七肋骨も同程度に冒されているのがわかったので同じように切除したが、こちらは先ほど以上に困難で、胸膜に裂け目を入れてそこから器具を挿《さ》し入れるしかなかった。胸膜も病にかかって厚みを帯びているのがこのときわかった。しかも、手短に言ってしまうが腫瘍はここから発生していた。病気にかかっている部分の面積は八平方インチ（約五十二平方センチ）にもなった。これをどうにかしないことには手術は終わらない。これは鋏《はさみ》でまるごと切り取ることになった。

手術はさらに危険な段階に入っていた。胸膜を裂けば胸腔に空気が入り込み、肺を取り囲んで圧迫する。そうなると肺が無空気状態になることがあり、この症状を気胸《ききょう》という。現代ならそれほどの危険はない、というのも人工呼吸器を使うからで、これがあれば気管に通された管から空気が送られて肺が自動的に膨張と縮小を繰り返すからだ。もっとも、リチュラン氏の時代にはそんな便利なものはない。肺が二つとも無空気状態になってしまえば、患者の生還はほぼ不可能となる。

血は一滴も出なかった。空気が流れ込み、左肺が無空気状態になり、心嚢《しんのう》に包まれた心臓が脈打っているのが傷口からあらわになった。

劇的な情景だ。（意識のある）患者の心臓が脈打っているのが開口部から見えていたのだ。さらに肺が無空気状態になったということは、命の危険が迫っているということでもあった。

傷口は窒息を防ぐためすぐに絆創膏《ばんそうこう》で塞《ふさ》がれた。不安は極度に達した。というのも呼吸がきわめて困難な状態だったからで、しかもこの状態は術後十二時間にわたって続いた。患者は夜通し直立していなければならず、一睡もままならなかった。

これは驚くことでもない。仮に快適に眠れる状況が整っていたとしても、恐ろしくてそれどころではなかったはずだ。

朝方、足の裏と大腿《だいたい》の内側にからし軟膏《なんこう》*を塗ると呼吸が楽になり、脈拍も上がってその力強さも増した。患者の食事は流動食に限定されており、その状態で三日が過ぎた。熱はひいたが、呼吸は困難なままで眠りは妨げられた。手術から九十六時間が経ち、絆創膏をとることになった。心嚢と肺が癒着《ゆちゃく》していた。胸の開口部は言ってみれば窓で、そこから心臓の活動と、それを取り囲む透明な膜がはっきりと視認できる。

＊ペースト状のからしが練り込まれた軟膏で、火傷《やけど》に似た刺激を与えるためのもの。当時主流の「逆刺激」理論によると、体のある部分にできた病気は他の部分に人工的な「刺激」を与えることで治療できるということだった。

パーティーなら盛り上がること請け合いである。心臓が見える客を紹介されるなんて面白くないはずがない。

幸いにして、心臓と肺の癒着は完全ではなく、おびただしい漿液《しょうえき》［薄い黄色透明の体液。自然に分泌されているが、炎症の際にも滲出する］が漏れ出てくるのに十分な隙間が残されていた。この液の漏出は十から十二日ほど続き、量は毎日半パイント（約〇・二四リットル）ほどだった。十三日目に漏出はやみ、十八日目には心臓と肺の癒着が完全なものになった。それ以降外から空気が流れ込むこともなくなったわけだ。患者は寝転がることも眠ることもできるようになり、食欲も戻り、傷口も癒《い》えた。完治である[13]。

「癒着」はここでは専門的な意味合いで使われている。手術の後、傷のできた器官が隣り合った器官とつながることがある。今回の事例ではそれが良い方向に働いた。肺と心嚢が癒着したおかげで、密閉空間が出来上がり空気の流入がなくなった。それで患者はまた問題なく呼吸ができるようになったのだ。

驚くべき結果だ、が、話はもう少し続く。手術とその結果について、さらに詳細な報告が後に翻訳され『エディンバラ内科外科医学雑報（Edinburgh Medical and Surgical Journal）』に載っている。リチュラン氏の手術の成果は次の通り。

患者は数日の間、庭で体力を試していたが、馬車で都市の街道を走るという誘惑に勝てなくなった。医学学校《レコール・ド・メディシン》の博物館を訪れ、そこに展示されている自分の肋骨と胸膜を見に行ったのだ。五時間の小旅行になったが、疲れは残らなかったようだ。

胸郭のかなりの部分を麻酔もなしに切除し、それが博物館に展示されているのなら、私だって見に行くに違いない。

帰宅をしても問題はないということになった。ここまで無事に漕《こ》ぎつけたのは手術から二十七日後のことだった。彼は傷跡を隠すために革で胸を覆っていた。

この処置は理解できる。ところで、リチュラン氏が興味をひかれたことについて、最後に述べておこう。十九世紀のはじめには、心臓の表面には痛みを感じる機能は備わっていないというのが常識的な見解だった。つまり、触ってみても特に不快感はないということだ。生きている人間の心臓を触る機会などめったにない。リチュラン氏はその機会を逃さなかった。

私はこの機会を逃さなかった。心臓と心嚢にはまったく感覚が備わっていないと改めて証明できた。(14)

この外科医学上の偉大な達成を汚してしまうほどのものではないが、一つ奇妙な疑問が残っている。匿名《とくめい》の投書が『エディンバラ内科外科医学雑報』にあったのだ。それは、手術のすべての手順をこなすのは相当な困難が伴うことを指摘していた。リチュランは患者の肋骨を切断したということだが、彼の報告はその周囲に無数の重要な血管があった点に言及していない。しかもそのいくつかは肋骨下側の溝を走っているのだ。部分的にでも肋骨を切断するのならば、これらの血管を切った後、また結ばなくてはならなかったはずだ。でなければ致命的な大出血は免れない。また、患者の意識は完全だった。これもリチュラン氏の報告にないが、患者自身も外科医だった。この点が試練を乗り越えるのに力になったと思いたいところだが、実際どうだったかは疑わしい。

# 哀しきフー・ルー

近年、健康管理の分野で最も発展著《いちじる》しいものの一つに医療観光がある。毎年およそ千五百万もの人々が海外に治療を受けに行くのである。民間医療が主流の国に住んでいる人は、治療費をもっと安く済ませたいと思っている。また、自国で手に入らない薬や、受けられない手術を受けようという人々もいる。命のために世界を半周する旅行ができるようになったのは、ジェット旅客機が発明されてからだと思われるかもしれないが、実は一八三一年に中国人の青年が同じことをしている。

彼の名前はフー・ルーで、今回の事例はかなりのセンセーションを巻き起こした。その数カ月前、彼は故郷の村から歩いて眼科病院まで来ていた。この病院は初めて中国人のために建設された西洋式の病院だった。彼は相当人目をひいたのに違いない。というのも陰囊《いんのう》がグロテスクなまでに膨れ上がって、象皮病《ぞうひびょう》にかかっていることが明らかだったからだ（「象皮病」はリンパ系フィラリア症とも言う。原因はバンクロフト糸状虫という回虫だ。だがこの診断が正しいかはわからない。ただ単に巨大な腫瘍《しゅよう》という可能性もあるからだ）。病院の創設者であり外科医でもあるトマス・リチャードソン・カレッジ医師はこの不自然な肥大化は切除できるものだと考えたが、同時に自分にはその準備がないとも思っていた。そこで彼はフー・ルーにロンドンまでの旅費と、ガイズ病院にいる恩師、アストレイ・クーパー卿宛ての推薦状を持たせるのだった。(15)

彼の到着は新聞で大きく報じられたし、その途方もない姿に刺激された風刺漫画さえ生まれた。

改革法案を通そうとする首相チャールズ・グレイ伯に対する風刺だった。が、医者たちのほうは一時も無駄にせず彼の治療にとりかかるのだった。『ランセット（The Lancet）』は一八三一年の四月に次のように報じている。

**《ガイズ病院にて　へそから肛門の前まで膨れ上がり、重さ五十六ポンドにもなった腫瘍の切除》**

フー・ルーは中国人労働者で、三月の三週目にガイズ病院のリューク病棟に収容された。病状は下腹部の途方もなく大きい腫瘍で、これほどのものはこの国でも例がない。

フー・ルーの腫瘍はただただ巨大だった。十年前、彼が二十二歳の時分にペニスにできたもので、そのころはまだ小さかった。だが手術をするころになるとそれは周囲の長さは四フィート（約一・二メートル）にもなり、へそと肛門の間にぶら下がっていた。男性器はほとんど腫瘍に呑《の》み込まれてしまっていた。後に腫瘍は五十六ポンド（約二十五キログラム）の重さがあることがわかった。こんなものをつけているために非常にバランスが悪くなり、フー・ルーは歩くとき胸を不自然に突き出す格好になった。

土地を移ったせいで、腫瘍が大きくなったと聞いている。到着以後の彼は、食欲も健康も非常に良好で、気力も充実していた。中国の病院では彼に何の治療も施《ほどこ》していなかったらしい。食事は主に粥《かゆ》だが、分量の制限などはなかったので相当食べていた。この点についてはっきりした判断を下すのは難しいが、入院したことで彼の体調は改善しているというのがおおむねの見解だった。彼は

手術前のフー・ルーを描いた当時の図版

手術を待つ間、満足げにしていた。

フー・ルーは彼に好意的な人物に、「年老いた母の重荷になるのではなく、支えになりたいのだ」と語っている。胸を打つ話だ。手術は火曜日の予定だったが、物見高い群衆が押し寄せてくると予想されたので、土曜日にずらした。これで人数が減れば良いと思ってのことだった。

だが、手を打ったにもかかわらず、公開手術としては前代未聞の人数が集まり、どこもかしこも人でいっぱいになってしまった。といっても、来ていたのは医者の教え子だけで、それも「ホスピタル・チケット」を持っていた人しか受け入れられなかったが。

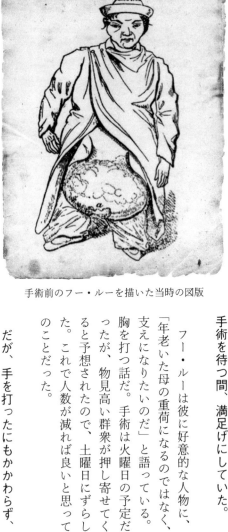

「ホスピタル・チケット」とは手術の見学に必要な券で、教育的意図で医学生たちに配られていた。

何百人もの紳士たちが締め出された。手術を他の部屋でやらなければならないというのは、病院の職員たちには明白だった。アストレイ・クーパー卿が入室してきた。彼が言うには、あまりにも人が多いので患者は別室での手術を受け入れてくれた。大解剖室で手術は行われることになった。六百八十人が収容可能な部屋だったが、一気に人が押し寄せてきた。そしてすぐに手術の準備が整えられた。

細菌学者にしてみれば悪夢だ。数百人の人々が傷口の近くで細菌混じりの呼気を吐き出しているのだから。しかし外科医たちが、手術室を無菌状態にしようと心掛けるようになったのは、一八六〇年のことだった。フー・ルーが入室し、手術台に固定された。

アストレイ・クーパー卿、キー氏、キャラウェイ氏の間でざっと協議したところ、もし可能ならば生殖器は残すことにすると決まった。患者の顔が覆われ、キー氏が腫瘍の前に陣取る。手術が始まった。

チャールズ・アストン・キーが執刀医を務めた。アストレイ・クーパー卿の教え子だった人物で、卿の姪《めい》と結婚している。背が高く、貴族的な空気をまとった男で、短気なことでも有名だった。この手術は彼の忍耐力の限界を試すものとなった。簡単に言えば、腫瘍を摘出すると同時にペニスと睾丸《こうがん》を肉の檻《おり》から解放する計画だった。キーはまず大きな切れ目を三つ入れて、筋肉と皮膚の蓋《ふた》を作った。これは腫瘍をとった後に、残った穴を塞《ふさ》ぐためのものだ。麻酔がないので、手術は激痛を伴ったに違いない。

それから精索《せいさく》とペニスを剝《む》き出しにしたが、これは非常に手際よく処理された。かなりの時間が経過し、抑圧効果が現れ始めた。ペニスも睾丸も切除されていなかった。何度かの射精が確認され、生殖能力が失われていないと確認されたからこそ、そういう判断になったのだった。しかしながら、手術の手順があまりに複雑なため遅延が生じており、アストレイ・クーパー卿が生殖器は犠牲にするしかないと提案する運びとなった。提案は即座に承認された。

残忍と感じられるかもしれないが、手術は時間との戦いだ。患者は想像を絶する痛みに耐えていたし、あまりに手間取るようなことがあれば出血多量かショックで死んでもおかしくなかった。恐ろしいやり方ではあったが、とにかくこれで手術の本命、腫瘍の切除が始められるようになった。だが、これ自体骨の折れる作業だったし、その後には大量の血管を結ばなくてはならない。

手術は途中だったが、すでに予定の時間をはるかに過ぎていた。それも最も時間がかかった場合の想定をだ。腫瘍を切除して、切った部分を閉じたころには一時間四十五分が経過していた。すさまじい時間延長だが、これは主に患者の休憩時間が予定以上に長引いたためだ。

もっともなことだ。外科医が、ほんの数分で切断手術が済ませられることを誇りにしていた時代に、一時間四十五分の手術とは尋常《じんじょう》なことではない。フー・ルーは何度か気絶することになったし、手術も終盤になるとほとんど意識がなくなっていた。彼は相当量の血液を失っていた。その場に居合わせた者によればわずか一パイント（約〇・四七リットル）ということだったが。

腫瘍を取り除いた直後にまたしても失神の発作が起こった（最後の三十分に関しては失神という言葉はまったく不適当だと言われるかもしれないが）。そして哀れな患者は二度と目を覚ますことがなかったのである。どんな治療法を施してみてもまったく効果は認められなかった。手足は温めた上でマッサージを施したし、みぞおちも温め、胃にはブランデーと水を注入した。そして最後には出血が多すぎたのではないかとの疑いから、医学生の腕から六オンス（約百八十七グラム）の血を輸血した。数人の中から提供者を募ったわけだ。フー・ルーの意識を取り戻すために採られた手段は以上である。

これは本当に最後の手段だった。当時、輸血はほんの数件の成功例しかなかった。担当したのは内科医のジェームズ・ブランデル。彼もまたガイズ病院に勤めていた。輸血に失敗が多いのは、ドナーの血液が患者に適合しないからだった［血液型が発見される一九〇一年まで、輸血において型の適合はなされていなかった］。

心臓の鼓動は徐々にはあるが、目に見えて弱まっていった。患者は手術後も息をしていたが、それはかろうじてそう言えるにすぎなかった。人工呼吸が施されたが、これも効果はなかった。

フー・ルーのことは悲劇的だが、彼は勇敢でもあった。この報告の書き手は匿名《とくめい》だが、患者に対して賛辞を送っている。

この大手術の始まりを待つ間も、手術の進行中も、フー・ルーは不屈の精神を持ち続けた。類例がないわけではないにしても、外科手術の記録中に彼以上の忍耐を発揮した者はない。時々、彼からうめき声が、そして小さな叫びが上がった。我々はその声を聞き、哀れにも彼がもう望みはないと悟っていることがわかった。苦しみを抱えて生きることになっても、手術になど踏み切るべきではなかったのだ。後悔の念が静かに、だが速やかに彼の口もとを震わせた。彼は目を閉じ、きっちり歯を噛《か》み合わせて、全神経を集中させ、従容《しょうよう》と自分の決断の結果を受け入れるのだった。(16)

『ランセット』はアストン・キーの技量は称賛しつつも、手術に時間がかかったことと、部屋に六百人以上もの人が押し寄せたことで「不快な空気」が生じていた点についてはかなり批判的だった。もっともこれは、ある外科医が翌週寄稿した原稿に比べれば何でもなかった。その書き手、シンプソン氏は「現代の医者は患者の血を吸う吸血鬼《ヴァンパイア》だ」（十九世紀初頭における反体制派の内科医、ジョン・アームストロングからの引用）という一文から始め、鋭い批判の刃を同業者に対して向ける。

私は、自然は人間より慈悲深いと信じている。激甚《げきじん》の苦痛は忘却のベールに覆われ、不幸な人間たちは、少なくとも部分的には彼の受難に無感覚になるだろう。この手術は外科医療の発展にも、人類の利益にも貢献していない。理性によって是認《ぜにん》されたものですらなく、経験に裏付けられたものでもない。(17)

シンプソン氏も指摘しているが、患者の命は差し迫った危険にさらされているわけではなかった。手術を決行したのは、治療上の必要ではなく外科医の傲慢《ごうまん》からではなかったか。フー・ルーの死は、イギリスの医療専門家たちに徹底した自己省察を促《うなが》し、それは時代の潮流となった。これにより外科医療の「英雄」時代も終焉《しゅうえん》が早まることになる。その時代はともすれば患者を治すことよりも、治療を劇的な効果で彩ることに傾く弊《へい》があった。惜しいかな。儚《はかな》い希望を求め数千マイルも旅をしてきたこの中国人農夫にはすべてが遅すぎた。

# 航海士の見事なメスさばき

今回の話は刺激的だ。海上で即興の手術をする話なのだが、私はこの記事を見つけたとき信じていいのかどうかまったく判断がつかなかった。一八五三年にマイナー雑誌『スカルペル（The Scalpel）』に載った論文。雑誌自体は一八四九年から一八六四年までニューヨークで発行されていた。雑誌の編集はエドワード・H・ディクソン医師が担当していたし、論文の寄稿もほとんどは彼である。根気強い人物で、性感染する病気の専門家としては高く評価されていた。またマスターベーションが病気や死の原因になると考えていた当時の多くの医者の中でも、ディクソンの歯に衣着《きぬ》せぬマスターベーション批判は際立っていた。

『スカルペル』が他の医学雑誌とひと味違うのは、専門家はもちろんだが、それ以外の読者にも向けて書かれている点だ。文章はくだけているし、不必要な専門用語は使われていない。それに風刺が効いていることもしばしばだ。今回の記事も一見するとディクソン氏一流のユーモアが発揮された話といったところだが、当時の新聞や航海記録とも細部が一致している。

**《途方もない手術》**……船の乗員の手による鎖骨《さこつ》下静脈の手術と回復

マサチューセッツ州ウェラアムのエドワード・T・ヒンクリーは当時、バーク船アンドリュー号の船員をしていた。船を率いていたのはマサチューセッツ州サンドイッチのジェームズ・L・ナイで、彼はマサチューセッツ州のニュー・ベドフォードを拠点に二年半ほど航海を続けていた（日付は我々の覚書から省かれていた）。

ニュー・ベドフォードはおそらく当時としては最も盛んに捕鯨が行われていた港で、一八五〇年だけをとってみても八十七隻の船が捕鯨のための遠征に出ている。アン・アレクサンダー号もその中の一隻で、翌年マッコウクジラに衝突して沈んだので話題になっている。まさに白鯨！（これは必ずしも突飛《とっぴ》な連想ではない。当時メルヴィルの傑作小説は書き上げられていたが、出版はまだだった。作家の手紙には「船が沈没したのは実に実に驚くべき偶然だ。……禍々《まがまが》しい小説のせいで怪物が目覚めてしまったのだろうか」と書かれている）クジラにぶつかって沈没する船はほとんどない。が、アンドリュー号も、不幸な接触事故を起こしている。この船が錨《いかり》を上げたのはアン・アレクサンダー号の二日後だった。[18] 多事多難な航海だったわけだが、最初に騒動を起こしたのは船員だった。

ガラパゴス諸島を出発したところで、ナイ船長に襲いかかった男がいた。反抗的な気質の男で、規則違反を譴責《けんせき》されて暴行に及んだのだった。取っ組み合いになり、船長はナイフで傷を負う結果となる。ナイフは顎角《がくかく》から始まって、首の左側の皮膚と表面組織を切り裂いた。さらに鎖骨の真ん中あたりを通ったナイフの先端は、その下あたりまで達していた。

おだやかならざる負傷だ。ナイフによって船長の首は、顎《あご》の蝶番《ちょうつがい》のあたりから鎖骨まで切り裂かれてしまったわけだ。

白昼堂々、事件は起こった。そして、そこにはかなりの船員が居合わせていた。航海士のヒンクリー氏はかなり近い位置にいたので、船長の助けに入ったという。すぐに暴れていた船員を取り押さえて、船員に引き渡した。ナイフはどこかに落ちたのか、あるいは、その場にいた誰かが回収したのだろうとのこと。船長は甲板に倒れ、恐ろしいことに傷口からは黒々した血が湧《わ》き出ていた。

「黒々した血」なのは出血しているのが静脈だという証《あかし》だ。深刻な状況なのは変わらないが、動脈が切り裂かれた場合よりは命の猶予《ゆうよ》がある。

ヒンクリー氏はすぐさま傷口に指を突っ込んで、出血している血管をつかまえようとした。親指を押し当てた部分に力がかかるようにして、鎖骨を握りしめた。彼が言うには「握りしめた部分」を見てみると、血はほとんど止まっていたということだ。激しい出血だったので、数秒のうちに甲板は樽の底板くらいの部分が血だまりになり、船長は気絶してしまった。そのことからして明らかだが、指をどかせば船長はすぐさま死んでしまっただろう。

随分と危険な格好である。あふれ出ようとする血潮を押しとどめているのはヒンクリー氏の指のみ。まるで『ハンス・ブリンカー』［メアリー・メイプス・ドッジの小説。オランダ人の少年ハンスが堤防に開いた穴に腕で栓をして国を救った物語として有名］だが、それよりもっと血なまぐさい。これからどうすべきかと迷って、彼は少しの間動きを止めていた。今のところ出血は止まっているが、指をどけても血が噴き出さないように、なんとかしなければならない。

「私は骨にそって管のようなものが通っているのに気づいた。指が当たっているのだ。私は、もしかしたら血管ではないかと思い、ゆっくりとそれを傷口から取り出してみた。少したわんでいた。指でつまむようにしてゆっくりと引き上げていく、と、船長がひどいうなり声を上げた。だが、他に選択肢はないとわかっていたので私は続けた。見えるようになったところで、血を落とす。思った通り血管だったので、私は嬉《うれ》しかった。血管は二本あり、一本がもう一本の後ろに隠れている。切れているのは前側の一本だった」

明晰《めいせき》な描写で、読めば、血管というのが鎖骨下静脈と鎖骨下動脈だとわかる。両方とも鎖骨のすぐ下にあり、静脈が動脈の前にある。鎖骨下動脈は大動脈の主要分枝の一つで、もしこちらのほうが裂けていたら船長の命は数分で終わっていただろう。さて、こんな絶望的な状況下でどうすればいいのだろうか。私なら声を限りに助けを呼ぶ。が、ヒンクリー氏はもっとタフだった。

「傷を縫《ぬ》うことは何度もあったが、血管の縫合《ほうごう》はやったことがない。そんなことをするのは手足が切断されるなどして、血管が切断されたときくらいではないだろうか。が、ともかく私は試してみることにした。五針縫った。縫い目は小さく、互いにかなり近い位置にあったが、傷口は幅半インチ（約一・三センチ）もなかったのだ」

この上なく難しい手術だったはずだ。針と糸の扱いにかけて言えば、ヒンクリー氏は明らかに達人の腕前を誇っていた。彼が航海中の船の甲板にいて、ならず者を取り押さえたばかりだったことを思い出してほしい。この状態でこれほど見事な縫合手術をするとは、簡単なことではなかったはずだ。

一針縫うたびに糸を切り、針に糸を通しなおしたのかと訊《き》かれて、ヒンクリー氏は「はい。ですが切ったのは片端だけでもう片方はそのままにしておきました」と答えている。これは彼がかつてある本から学んだテクニックだった。外科医が乗船していないときに船長や他の乗員が怪我《けが》をした場合にそなえておいたのだった。

ヒンクリー氏は飲み込みが早い人物だったらしい。彼は「結節」縫合のテクニックを使っていた。これは一針ずつ縫合結紮《けっさつ》するやり方だ。傷口から糸をぶら下げておくのは当時としては普通だった。こうしておけば必要に応じてきつくすることも、切り取ることもできる。

ヒンクリー氏は続ける。「糸の端と端を緩くより合わせて、傷口から鎖骨にかかるように垂れ下げておきました。そうしてから針と膏薬《こうやく》で傷口を閉じます。十四日目には傷の中の糸はほどけていて、たやすく引き抜くことができました。傷は治っていました」

つまり完治したわけだ。だが一度は死を欺《あざむ》くことができたが、二度目はそうはいかなかった。

哀れなナイ船長は最後には悲劇に直面することになる。猛《たけ》り狂ったクジラに襲われて船が破損、船長も溺死《できし》することになったのだった。

とはいえ厳密に何が起こったのか証明することは難しい。一八五二年十二月二十九日にナイ船長と彼の部下二人が死んだことは確かだが、船は翌年の五月三日に港に流れ着いている。船長の姿はなく、マッコウクジラ油が樽九百九個積まれていた。アンドリュー号はその後しばらくすると、再び航海に出て、その年のうちに「ガラパゴス諸島で消息不明」になっている。ヒンクリー氏のその後については何もわかっていないが、私としては一八五三年の五月に船を降りているのではないかと思う。というのも『スカルペル』に事例報告が載ったのがその数カ月後だからだ。

論説は大仰《おおぎょう》な調子で終わっている。

**我々はこの手術の重要性について間違えているかもしれない。だが外科手術の歴史においても、この状況は最も途方もない部類に入る。これについては専門家の読者も同意してくれるものと思う。**(19)

ディクソン医師の言うことは的を射ている。血管の縫合はその難しさで悪名高い。さらに、二十世紀のはじめまでは、完璧に断ち切られた血管の縫合は成功例がない。ロンドン、ニューヨーク、パリなどの大病院に勤める外科医なら誰でも、訓練も受けていない船乗りが太平洋上の捕鯨船で成し遂げたことを評価するだろう。

心臓を鷲づかみ

サンフランシスコの外科医エリアス・サミュエル・クーパーは自分のベッドにラテン語の標語を刻んでいた。〝Nulla dies sine linea〟（描かぬ日は一日もない）――これは古代ギリシャの画家アペレスが、自分がどれだけ画業に専念しているか述べた言葉だ。クーパーもまた一日たりとも無駄にすべきでないという信念を持っていた。独学だが、飽くことを知らぬ探求心を持ち、日に四時間しか眠らなかった。四十歳のころにはその二倍生きている人より多くの知識を詰め込んでいた。もっとも手放しで褒《ほ》められる人物ではない。常に訴訟を起こされていたし、多くの同僚からは避けられ、死体を墓から盗んでいるという噂が広まっていた。解剖学の講義に使っているとの話だった。が、アメリカの西海岸に初めて医学校を設立した人物で、クロロホルムの使用と帝王切開においては先駆者だった。また画期的な手術をいくつも手がけている。

功績は数多いが、その中でも彼が自慢に思っている手術がある。かなり不安要素の多い手術だったので、彼も今までで一番難しい手術だったと迷わず書いているくらいだ。一八五八年の『内科および外科医学雑報（Medical and Surgical Reporter）』に報告が載っている。表題は次の通り。

**《法外な手術》**

サンフランシスコ外科医師会委員会の求めに応じて、E・S・クーパー医師が心臓の下から異物を取り出したという手術について詳細な報告を提出している。

一八五七年において、胸の中を手術するというのはほとんど考えられないくらい恐ろしいことだった。マスケット銃の弾など、何らかの物体が肺を貫いたときに実行されることはあったが、あくまでこれは最後の手段で、実に危険な手術だ。というのも胸を切り開けば胸腔に空気が入り込み、肺が無空気状態になる可能性があったからだ。こうなってしまえば患者は即座に呼吸困難に陥り、窒息死してしまう。異物の位置が問題で、心臓の下にあるとなると一層手術は難しくなる。触っただけで心臓は停止しかねないと信じている外科医も多かった時代だ。初めて心臓の傷を治療する手術が行われたのは一八九六年。多くの専門家が心臓に触れるのは実質的に不可能だと信じていたからだ。

クーパー医師はこの法外な手術にどれほどの時間を費やしたのかはっきりさせていないのだが、ゾンデ（探り針のこと）で胸腔を探り異物の位置を特定するまでに「少なくとも四十五分」はかかっているとのことだから、全体でいかほどだったのかだいたいはわかるのではないだろうか。

控えめに見積もっても二時間は下るまい。現代の基準からすれば例外的な数字ではないが、これはまだまだ事の半面にすぎない。

カリフォルニア州トゥオロミ郡スプリングフィールド在住のB・T・ビール氏は二十五歳だった。

若者何人かで連れ立ち、浮かれた気分で古い大砲を撃ってみようと思い立った。十八インチ（約四十六センチ）もの火薬を詰め、そこに火縄をつないだ。安全のため一目散に駆け出していく。「とてもいい気分なんだ。ちょっと古い大砲をぶっ放してみようじゃないか？」というわけだ。

不幸なことに、強い風が吹いたおかげで火薬はすぐに爆発し、遠くに逃げる前に大砲が発射されてしまったのだった。銃尾に間に合わせの栓をするつもりで鉄の弾を大砲に入れておいたのだが、それが爆発とともに発射され、ビール氏の左脇腹の、腋窩《えきか》より下の部分に命中してしまう。弾は第六肋骨《ろっこつ》を折り、胸の中に侵入。後に心臓の裏にあるのが見つかるが、場所は脊椎《せきつい》のあるあたりで下行大動脈のすぐ右にあった。怪我《けが》を負った一八五七年一月二十五日から、四月九日に摘出されるまでの七十四日間、弾が体内に残っていたことになる。

これはかなり異様な状況だ。「鉄の弾」が胸の中に侵入したのに即座に死ななかったのも驚きだ。一歩間違えば主要血管や心臓など重要な器官が破壊されていた可能性が高いからだ。どうしてその後二カ月も生き延びられたかは、神のみぞ知る、である。

街に運び込まれたとき彼は極度の衰弱状態にあった。何オンスもの膿《うみ》が胸の傷口から一気にあふれ出す。それも頻繁《ひんぱん》にそういうことが起こった。左肺は機能していなかったが、原因は何だろうか。何日かは血痰《けったん》が出ていたが、おそらく肺が傷ついたことよりも胸に膿汁《のうじゅう》が溜まったことのほうが大きい。彼は四月八日に、ミッションストリートにある私の医院にやってきた。その夜、彼はかなり危険な窒息状態に陥っており、次の朝まではもたないだろうと覚悟せざるを得なかったくらいだ。

できれば「旅の疲れを癒《い》やすために休養を」とらせてやりたかったが、あまりにも危険な容体だったので次の日にすぐ手術をすることに決めた。クーパー医師は迷信深い人間ではなかったが、手術の準備中に少しおかしな体験をする。後になって彼は、あれは予感だったのかもしれないと言っている。手術器具を並べ、どれを使うか選んでいたのだが、「不格好で見苦しい」姿の鉗子《かんし》に惹《ひ》きつけられるのだった。膀胱結石《ぼうこうけっせき》を取り除くためのもので、これから行う手術に適当な道具ではなかった。特に深い考えはなかったが、彼はそれをポケットにそっと忍ばせて手術室に向かった。

手術が始まった。体の右側を下にするように寝てもらい、三インチ（約七・六センチ）ほど柔らかい部分を切り開いた。

筋肉を切り開いていくと、肋骨が一つ折れてすでに腐敗しているのが見つかった。何らかの感染症に違いない。クーパー医師は元の傷がその中に入ってしまうくらい切開部を広げ、出血を始めていた動脈を二、三本縛るのだった。

傷口をきれいに拭《ふ》き清め、探り針で鉄の弾を探す。これは失敗した。またしても切開部が延ばされ、肋骨がさらに剝《む》き出しになった。

ここまでは現代の基準からしてもあながち的外《まとはず》れとは言えない処置だ。だが、一点だけ例外がある。患者には、完全に意識があったのだ。一八五七年には麻酔は普及していたはずだが、外科医はそれなしでやることに決めていた。これは窒息の危険があったためだと思われる。クロロホルムもエーテルも呼吸器の働きを抑圧する効果があるので、急死の危険性が増してしまうのだ。

第六肋骨の一部はカリエスにかかっていたので切除した。するとその拍子に嚢胞《のうほう》が破れ、静脈血に似た液体が十オンス（約三百十一グラム）ほど流れ出てくるのだった。異物を見つけるため、探り針で徹底した調査が行われたが、またしても発見できなかった。胸に空気が流れ込んできていたが、私はためらうことなく第五、第七肋骨を取り除き、第六肋骨をさらに切除した。これで十分な空間ができ、探索がかなりやりやすくなった。

少しばかり患者の立場になって考えてみてほしい。外科医が肋骨のかなりの部分を切り取って胸の中をじろじろ探るのを、まんじりともせずに見ているのだ。

しっかり癒着《ゆちゃく》していた部分（傷のため、隣り合っている器官がくっついていた）がいくつかあったが、今や指で破られ、そこから大量の膿が出てくるのだった。最低でも二クォート（約一・九リットル）はあったが、これは最初に胸から出てきた液体とは完全に分離されていた。

おそらく優に二リットルを超していただろう。ぞっとする量だ。

胸膜にはいくつか大きな穴が開いていて、通常の四倍から六倍の厚みになっている部分があった。心臓が鼓動を打っているのがこの穴からはっきりと見えた。患者が弱ってきているようだったので、ブランデーをふんだんに投与した。

この哀れな男に何が起きているのか考慮するならば、これは驚くような処置ではない。ブランデーは刺激剤として使われているのだ。私だったら、もっと強いのがほしいと頼んだだろうが。

膿汁が排出されると左肺は完全に無空気状態になってしまった。ブランデーを投与するとすぐに患者は意識を取り戻したので、異物の探索を再開した。今回は心臓のあちこちを指で探ったので、鼓動がはっきりと感じられた。が、異物の場所に関しては何もわからなかった。

痛みはないにしても、心臓に触れられているのが愉快なはずはない。

患者の疲労は限界に達しているようだった。また大量のブランデーを投与する。

ここにきてようやく（！）麻酔が投与された。

胸に空気が流入し左肺が無空気状態になることが予想されたので、最初クロロホルムの投与は差し控えていた。だが、かなりの反応が起きたので、限られた量を投与し、触診を続けることにした。しかも、探り針を胸腔に挿《さ》し入れて、金属的な感触に行き当たるまで少なくとも四十五分が経過した。しかも、金属らしい物体に行き当たりはしたが、感触がだいぶ曖昧《あいまい》で、これが本当に探していた異物なのかどうかはっきりしなかった。

この記述を読むと完全麻酔は必要なかったようで、クロロホルムを一回投与するだけで軽い鎮静作用があったらしい。外科医は勇ましく探索を続ける。無法にも体内に侵入した金属片を探し出すのだ。

金属片は隔膜のすぐ上の空間にある可能性が最も高いと思われた。おびただしい量の膿が発生したために金属片は移動し、重力にしたがって胸の底に落ちていると考えられたからだ。ここにないとすればもうどこにあるのかわからないくらいで、それに引き続く探索は不可能ではないにしても困難になるはずだった。

私が昔の年鑑を探してみた限りでは、これに匹敵する難易度と危険性を伴う外科手術は実質見つからないと言ってよい。エックス線の登場以前の時代に、胸腔内のどこにあるかわからない小さな異物を探すのは、きわめて困難だったはずだ。もちろん、患者を死なせてもいけなかった。

この手術を行うのにどれほどの忍耐が必要とされたのか、本人以外誰も想像すらつくまい。別段鼻にかけるわけではなく、単なる事実として言うのだ。まず全体を見て、それから部分を見ることにした。時には胸膜に開いた穴から針を通した。胸膜は周りの器官と癒着して、その器官と触れている部分が全部くっついていた。最後には心臓の裏に金属があるのが突き止められたが、鼓動が強いのではっきりした場所を特定するのは非常に難しかった。

驚くべきことだ。クーパー医師は繊細《せんさい》に探り針を操ってみせた。心臓の周囲はその後数十年が経つまで、普通は外科医が手を出す部位ではないと考えられていた。

だが最後には場所も特定できたので、私は探り針の先端を使って、鉗子《かんし》で取り出しやすい位置に異物を移動させようと試みた。これには失敗し、また、そもそもどうやって探り針を心臓の裏側に通すことができたのか、操作しているうち、その経路を見失ってしまった。膜組織が落ちてきたのもあって再び経路を発見するのは困難だったが、下行大動脈と心尖《しんせん》の間を通ったのだと特定できた。

ぞっとしない話だ。クーパー医師は、そうとは知らないままに一番大きな血管と心臓の間の、コメ粒ほどの隙間に針を通していたのだ。ちょっとでも手もとが狂えば一巻の終わり。クーパー医師は金属片の摘出にとりかかるが、何度やってもつかみ取ることができない。助手が渡してくる道具はどれもこれも役に立たない。が、閃光《せんこう》のようなひらめきがあった。ポケットの中の鉗子を思い出したのだ。これこそ求めていたものだった。

金属片を再び発見した。探り針はしっかりと金属片に触れていたが、それも結石切除用の鉗子を導き入れたときにどかすことにした。それで金属片は無事に取り出すことができた。数分の作業ではあったが、異物をつかみ取るのは非常に難しい作業だった。鉗子が金属片に触れるところまでは行っても、そこからつかみ取るまでには結構な距離があったのだ。

とうとうである。読んでいるだけでも息が詰まるのだから、患者の苦労たるや、いかほどだったろうか。長い試練が終わり、傷口には包帯が巻かれ、彼は休息のため病棟に戻される。回復までの道のりは長く困難だったが、八月のはじめには次のような状態だったとのこと。

外傷は完治して瘢痕《はんこん》を生じていた。咳《せき》はなく左脇腹に痛みが発生することもなかった。食欲も良好で、その他の機能にも問題は見当たらない。左胸はやや弱くなったが、肺上葉はかなり回復し、以前の状態に近い働きができるようになっていた。

左肺は、傷とその後に引き起こされた感染症のせいでほぼ駄目になっていた。それだけにこの回復ぶりは印象深い。クーパー医師はカリフォルニア州民のライフスタイルを勧奨して報告を終えている。その言葉には相当の熱がこもっており、サンフランシスコの観光局が宣伝に使ってもおかしくないくらいのものだった。

術後、患者が驚くべき回復を遂げたのは、前向きな性格で体質も良く、我らがサンフランシスコの風土が比類なく素晴らしかったことによる。それなりの手当てが受けられるのなら、並の外傷で死ぬなどほとんど不可能なくらいだ[20]。

彼の回復ぶりは確かに驚嘆に値する。五年後の報告では次のようになっている。

**彼は牛の群れと一緒に平原を歩いていた。結婚して家族もいるとのことだ[21]。**

彼も手術台の上に横たわり、外科医に心臓をつかまれているときには、ここまで回復できるとは夢にも思わなかったはずだ。

第五章

# 想像を絶する奇跡の生還

王立外科医師会の有するハンテリアン博物館は、医学分野においては世界でも有数のコレクションを誇っている。臓器の詰められたガラス瓶や珍奇な物体がずらりと並び、まるで大聖堂の観をなしている。設立は一七九九年にまでさかのぼる。当時の政府は一万五千以上もの解剖標本を買い取っていた。高名な外科医であるジョン・ハンターの収集品で、彼は博物館設立の六年前に亡くなっていた。以来この博物館は、医学関係の珍品や図版、外科器具の収集を続けている。一九四一年五月にドイツ軍に焼夷弾《しょういだん》を落とされ、ハンターのコレクションは大部分が焼失し、博物館で最も価値あるとされていた標本のいくつかも失われた。

ある人物の骨格もその中の一つで、これは完全なものではなかったが、十九世紀には古代の象と同じ台座に載せられていた。ある人物とはトマス・ティップルのことで、生前はかなり名の知れた医者だった。

一八一二年六月十三日の夕《ゆうべ》、ティップルは友人に会いにストラトフォードに赴《おもむ》く。ロンドンからやや東に行ったところにある地区だ。乗り物は馬車を使っていたが、これは一頭立て軽装二輪馬車《ギグ》のこと。到着したときには手すきの馬丁がおらず、ティップルは自分で馬車から馬を外す羽目になった。轡《くつわ》を外しているときに急に馬が走り出したため、馬車と馬をつなぐ轅《ながえ》が彼の左脇腹にまっすぐぶつかってきた。轅は、相当な勢いで突き刺さった。右の腋窩から飛び出て壁に食い込むくらいだ。ティップルはといえば壁に貼り付けられて、さながらヴィクトリア朝の昆虫標本のよう。発見されたとき彼にはまだ意識があり、自分を串刺しにしている轅をどかす手伝いもできた。

その場にいた誰もが驚いたのだが、彼は誰の助けも借りずに階段を上って、ベストを脱ぎ、それからベッドに入ったのだった。[1] 彼はこの後十一年生きた。腕から三パイント（約一・四リットル）の血を瀉血《しゃけつ》するくらいしか、治療を受けなかったにもかかわらずである（内出血していただろうことを考えると、これはまったくあべこべの治療である）。彼が死んだのは一八二三年で、検死をしたところ肋骨《ろっこつ》の何本かには骨折の跡があり、その際に肺に穴が開いたのもほぼ間違いないということだ。

このトマス・ティップルの奇跡的な生還は、人間の骨格の驚くべき回復力を示す事例として十九世紀においては盛んに引用された。

命は脆《もろ》いものかもしれないが、時に最も恐ろしい傷でさえ乗り越えられるのだと示す事例が医学史にはたくさんある。多くは良心的な医者の献身や創意に負うところが大きいが、自分自身の力で回復した患者もいる。治療のおかげというより、治療を受けたにもかかわらず、と言うべき事例もあるのだ。

医学というのは原因と結果について意味のあるつながりを見つけ出すのが非常に難しい分野だ。そのおかげで、にせ医者が怪しげな医薬品を作り、途方もない効果を宣伝しやすくなる、という事情もあった。十九世紀のある医者は、乗船中の船が雷に打たれて麻痺《まひ》が治ったと主張していたし、列車の衝突事故のおかげでリウマチ熱が治ったと言う医者もいた。これらは奇跡の治療法を宣伝するにしては、立案者が思っているほどの説得力はないが、しばしば、人間の生命力を力説するものではあった。

## さまよえる銃弾

グロスタシャーの聖職者を父に持つ、ロバート・フィールディングはオックスフォード大学を卒業したばかりで、一六四二年にイングランド内戦［清教徒革命における議会派と王党派の軍事衝突］が始まったときは二十二歳だった。熱烈な王党派で、王国軍に入隊、一六四三年の九月二十日には第一次ニューベリーの戦いにも参加している。この戦いで、チャールズ一世は議会派に敗北したのだった。フィールディングは敗者側にいたわけだが、それだけでなく、生還は絶望的と思われるほどの傷を負うことになった。分の悪い賭けではあったが、彼は生き延びてオックスフォードで学問を再開することになる。三年後には、戦争で勝利を収めた円頂党［議会派の別称］に大学を追い出されてしまうのだが、後に医学生として再入学を許され、壮年のころには優れた医者となり、グロスタシャーでも大変愛されていた。一六七〇年には市長に選出されているくらいだ。

彼のこうした経歴は、どれ一つとってもかなり印象深い。というのも彼の頭の中には鉄の弾丸が入っていたのだから。『自然哲学研究（Philosophical transaction）』は一七〇八年に、その戦傷の事例報告を載せている。報告はフィールディング医師自らが書いたものだ。

**《マスケット弾に撃ち抜かれたロバート・フィールディング医師について。また、三十年近く頭の中にあったその弾丸が出てきたときの奇妙な状況について》**

医師本人の手による報告書

市民戦争末期の第一次ニューベリーの戦いで、私は右目付近（頭蓋骨の中のos petrosumと呼ばれる部分だったという）を撃ち抜かれた。弾丸が当たった部分の骨は砕け、その傷口、口、鼻孔からおびただしい量の血が迸《ほとばし》った。外科医は弾丸を見つけようと、探り針で慎重に傷口を探ってみたが目的は果たせなかった。三日目には太陽光線に水平になるように私を横たえることにした。そうしてから探り針で頭蓋骨を押す。患者たる私は頭の中で何かが揺れているのを感じたが、結局弾丸は見つからなかった。

脳外科手術と言っても過言ではないくらいの作業だが、戦場でやらねばならないというのは愉快ならざる状況だ。しばらく経ってから、骨の破片が色々な場所から出てくるようになったが、いつも奇妙な前兆があるのだった。顎《あご》が開かなくなるのだ。

寒けがしたかと思うと口が開かなくなるのだった。半年ほどの間は症状が続き、傷口、口、鼻孔からは大量の骨片が出てきた。

骨の欠片《かけら》が出てくるときは、必ずこの法則に従っており、それが不気味だった。敢えてプラスの面を挙げるなら、隠し芸になるくらいだろうか。

それからも、骨の破片が出てくるときは決まって口が閉じてしまうので、数年後には友人たちに骨が出てくると予言する一幕が発生した。このときは六、七週間ほど症状が続いたが、傷口にかゆみがあったので指をやってみると骨の感触があった。その場にいた友人に、もうすぐ口が開けられるようになるはずだ、と伝えると、マチ針の頭ほどの大きさもない骨片を取り出し、実際に口はすぐ開けられるようになった。

なぜ口が開けられなくなり、なぜ骨を取り除くとその症状が消えたのか。おそらく下顎《かがく》神経に近い位置に傷があったのだろう。何かを噛《か》むときに使う四つの筋肉を司《つかさど》る神経だ。骨の破片がこの神経を圧迫していたとするなら、一時的な麻痺《まひ》状態にも説明がつく。そしてもしこの仮説が正しければ、この麻痺状態は神経に対する圧迫が取り除かれないと消えないわけだ。負傷の一年後には傷は治っていた。だが、マスケット弾はどこにあるのか、相変わらず影もつかめない有様で、フィールディング医師はそのことに歯噛みする思いだった。

このことがあって十年かそれ以上の月日が流れたある日のこと。右の鼻孔から希薄な膿《うみ》のような液体が流れ出てくるのだった。それがやむと今度は左の鼻孔から液体が流れ出てくる。これは数年間続いた。

「希薄な膿のような液体」とあるが、とにかく薄くて水っぽい液体が出てきたということだ。おそらくこの液体は脳脊髄液《せきずい》（CSF）で、外傷の衝撃から脳を守っていたものだ。CSFが漏れ出てくるというのは、硬膜《こうまく》の損傷が原因になっていることが多い。硬膜とは脳を包み込んでいる膜だ。

二年ほども経過したころになると、乗馬の後、左側の〝耳の中のアーモンド〟に痛みを感じるようになっていたが、それは寒さのせいだと思っていた。特に寒い夜に乗馬をすると痛み、時に難聴のような症状が出ることもあった。

「耳の中のアーモンド」とは十七世紀、医学の専門家以外が扁桃腺《へんとうせん》を指すときに使っていた言葉だ。

聴力を回復させるために耳に羊毛の詰め物をしておいたのだが、ある日、書き物や読書をしていると急に風が耳に流れ込んでくる音がして、非常に驚いた。どれほど驚いたかは他人にはわからない。真空状態を想像するようなものだ。この症状が出たのは一六七〇年の三月か四月ごろだったと思われる。風鳴りが聴こえたほうの頬《ほお》が麻痺したようにだらりと垂れ下がり、耳の下に硬い瘤《こぶ》がある感じがした。

顔面の麻痺というとやや脳卒中《のうそっちゅう》の症状に似ているようだが、この場合はもう少し害の少ないものだった可能性が高い。また別の神経（第七脳神経の可能性が高い。顔面神経と呼ばれることもある神経だ）が骨片（か、行方不明のマスケット弾）に圧迫されたことで症状が出たものと考えられるのだ。

この後、顎骨《がっこつ》の下のあたりで、腫《は》れが現れては消えまた現れるようになった。これもまた風鳴りが聴こえたほうで症状が出るのだった。私は内科医に相談しに行くことにした。二人に診《み》てもらったところ、一人はこれは弾丸ではないかと怪しむのだったが、結局両者とも弾丸の移動経路を考えてみてそれは可能性が低いという意見に達した。最後には腫れは喉にまで移動していた。顔を少し上げれば、顎《あご》からぶら下がっているように見えたはずだ。喉に触られるのは痛くて、まるで手にいっぱいの針で突き刺されるようだった。それでも最後には薬を塗るように説き伏せられたが、そうすると今度は小さなくぼみが現れた。一つ目が消え二つ目ができ、これもまた消えた。そして三つ目は喉頭隆起（喉仏のこと。アダムのリンゴ（Adam's apple）とも呼ばれる(2)）の近くに現れた。こういうわけで弾丸が見つかり、一六七二年の八月に摘出される運びとなった。

驚くべきことだ。フィールディング医師が撃たれたのは三十年近くも前のことである。それだけの時間をかけて、どういうわけか頭の上部から喉へと弾丸が移動し、最後には摘出されたのだった。奇跡的なことだが、彼は頭の中に鉛弾があったというのにその影響は少しもなく、そして負傷から六十年以上経った後にこの事例報告を書けるくらい健康だったのだ。

## 風車にもぎ取られた肩と腕

ロンドンのテムズ川北側の岸にドッグ島と呼ばれる場所がある。川に大きく突き出て半島のような形になっている部分で、一般にはあまり田園的魅力のある場所だとは思われていない。ヨーロッパ最大の金融センターであるカナリー・ワーフには超高層ビルが立ち並び、かつて地域の経済を支えていた重工業のなごりの工場が、高級アパートの合間からいまだに覗《のぞ》いている。だが十八世紀の後期まではここは人家もまばらな農地で、重要な建造物といえば西側の堤防（風車ができて以来ここは「風車の壁《ミルウォール》」という名前で知られている）に立ち並ぶ風車くらいだった。これは川から吹く強風を利用する目的で建てられたものだ。

一七三七年にこの風車で仕事をしている男の身に事件が降りかかる。度肝《どぎも》を抜くような事件だったので、彼は地元の有名人になっている。この事故の被害者サミュエル・ウッドの版画が酒場や本屋に出回ったくらいで、しかも優に一世紀を過ぎても、彼の事例は科学雑誌に引用されていた。治療を担当したのは外科医のジョン・ベルチャー。

医師は治療の数カ月後に開かれた王立協会の会議で、この有名な患者に何が起こったのか報告している。

**《一七三五年八月十五日、腕と肩甲骨《けんこうこつ》を製粉機に断ち切られた男についての事例報告》**

ガイズ病院勤務外科医・王立協会会員　ジョン・ベルチャー

サミュエル・ウッドは二十六歳で、ドッグ島にほど近い位置にある風車小屋で仕事をしていた。ドッグ島はデトフォードと向かい合った場所にある。彼は風車の奥にある小麦袋を取りに行くところだった。漏斗《ろうと》に中身を移そうと思っていたのだ。だが、不用心にもロープを一緒に持ち運んでいた。端が引き結びになっているロープで、手首を輪の部分に突っ込んでいた。大きな歯車の脇を通過するとき、ロープがこの歯車の歯に引っかかってしまう。彼は即座にロープを手放すことができず、歯車のほうに引っ張り上げられて足が床から離れ、歯車の軸を支える梁《はり》に引っかかるのだった。そしてついに腕と肩甲骨は体から切り離されてしまった。

とんでもなく痛そうだ。普通はそう考える。

彼が言うには事故のとき、痛みはなく、ただ傷口にちくちくする感じがあったということだ。また、腕が歯車の間にあるのを見て彼ははじめて、腕が切断されていることに気づく。非常に驚いたとのことだ。

ほんの一分だけサミュエル・ウッドの立場になってみてほしい。機械の中に腕があるのを見て、それが自分のものだと気づいたときの人間の立場に。

少し休むと、彼は梯子《はしご》を使って風車の一階に下りた。そこには弟がいて、彼の状態を見るや否《いな》や階段を駆け下りて外に飛び出ていった。隣の、風車の脇にある家に向かったのだ。事故現場から百ヤード（約九十一メートル）ほどの距離にある家で、弟はそこの住人に何が起こったのか知らせたのだった。だが、彼が助けを連れて家を出るころには、哀れな被害者は自分自身の足で家から十ヤード（約九・一メートル）くらいのところまで来ており、その過程で相当量の血が地面に流れ落ちていた。すぐに彼を家に運び込むと、砂糖の塊を砕いて粉状にしたものを傷口に振りかける。ライムハウスに呼びにやった外科医が来てくれるまではそのように処置をしていたのだった。

十八世紀には砂糖は円錐《えんすい》形の塊で売られるのが一般的で、使う時には砕いて粉にされる。傷口に振りかけるのは奇妙だ、と思われるだろうが当時としては一般的で、多くの発展途上国では現在も同じ使われ方をしている。また、砂糖には抗菌作用があるかもしれず、だとすれば傷の治療にも有効かもしれない。そういうことで現在砂糖に対する関心は高まっている。

使いに出た人間は恐慌状態だったので、事故について正しい情報が伝わらず、外科医は患者のもとに到着しても、傷に適した包帯の持ち合わせがなかった。腕が折れたとき用の器具しか持っていなかったのも、聞いた話からはそのような状態にしか思えなかったからだ。

治療を施《ほどこ》すのに十分な道具がない。腕は単に折れていただけではなく、切れてしまっていた。

すぐに道具を取りに人をやったが、止血のため傷口を調べたところ、大血管は見当たらず、それどころか出血もないようだった。というわけでまず、針と糸を使って、できる限り傷口を塞《ふさ》ぎ、軟膏《ウォーム・ダイジェスティブ》を塗り、それから適切な包帯を巻くのだった。

翌朝、傷を調べてみると、驚いたことに出血はなかった。包帯を取り換えると、サミュエル・ウッドは聖トマス病院に入院することになった。詳しい経過観察が必要だと思われたからで、担当は外科医のジェームズ・フェルネだった。

いつ鎖骨《さこつ》下動脈から出血を起こすかわからなかったので、医者は何度も様子を見に来るのだったが、出血した様子はなかった。四日間は包帯を取るべきではないとの判断だったが、フェルネ氏が包帯を取り換えたときにも血管の姿は見えず、それで彼はそのまま包帯を巻くことになった。治療は二カ月ほどで完了した。

思いがけない事故だったが、うまいこと切断されていた。皮膚と筋肉がしっかり残っていたので、治りが良かったのだ。切断された腕を調べてみたところ、肩甲骨と前腕の二つの骨が骨折していた。

だが、腕が切断される前に骨が折れていたのかどうか、確かめることは不可能だ。

この哀れな男は、仕事用の機械に腕を切断されてしまったわけだ。骨折に関しては、偶然折れていたというのは奇妙だし考えにくい。事故のせいと考えるほうが無難だろう。

だが、彼が出血で死なずに済んだのはなぜなのか。鎖骨下動脈は切断されていた。普通なら大出血になるところで、一時間足らずで死んでしまうかもしれないくらいだ。が、どういうわけかそうはならなかった。外科医は周囲の組織が血管を圧迫して、止血帯の役割を果たしたのだと結論付けている。

ベルチャー氏にしてみれば到底信じがたい話だ。出所が怪しくて信用できない話が、裏付けもないまま報告されることはよくあった。それで彼は疑いを晴らすために骨を折ることになった。

あまりにも特異で例外的な事例で、医学史を紐解《ひもと》いてもこれに似た事例は見つからない。本事例について詳しい報告をするために、最初に入院をしたときから何度も患者を訪ね、彼自身から聞けることはすべて聞いた。また二日前には事故のあった風車に行き、事故に関係あるものをすべて調査した。

しかもこれで終わりではない。ベルチャー氏は芝居じみた身振りで、お歴々にスペシャルゲストを紹介するのだった。珍しい証人を連れてきたものである。

報告にさらに説得力を持たせるため、私はご本人にご登場を願った。事故で切り落とされた腕はアルコール漬けで保存されていたが、そちらも一緒である。(3)

まったく素晴らしい演出だ。ウィリアム・チェゼルデンは『人体の解剖（Anatomy of Human Body）』の新しいほうの版に、サミュエル・ウッドの版画を載せている。顔はハンサムに描かれ、物思わしげに田園風景を見つめ、木々の上方には風車が覗いている。ロマンティックな画面である――前景に鎮座する物体を無視すれば、の話だが。痛ましい事故で切断された腕が剝《む》き出しのまま置かれているのだ。絵には神経や腱まで描き込まれている。

サミュエル・ウッドの版画。ウィリアム・チェゼルデンの『人間の解剖（Anatomy of the Human Body）』より

# 砕けた頭蓋骨の数奇な旅

一七九五年、ヘンリー・イェーツ・カーター医師は『医学的事実と観察（Medical Facts and Observations）』に三編の論文を寄稿しているが、そのとき自分のことを「シュロップシャー州ケトレーの外科医」と書いている――と書くと、つつましい田舎《いなか》医者のようだが、実際は世界を股にかける冒険家と言ったほうが正確かもしれない。ロンドンに生まれ、両親の死後、フィラデルフィアの叔父《おじ》に師事するため大西洋を渡っている。独立戦争の際は戦場で負傷者の治療に当たり、それからイギリス海軍に加わって、大西洋の両端で戦闘を経験することになる。一七八二年当時の彼は軍艦フォーミダブル付きの外科医だったが、これはセインツの海戦［アメリカ独立戦争中の海戦。西インド諸島のドミニカ近くで勃発した］においてロドニー提督の旗艦となった船だった。イギリスが、カリブ海諸島の侵略を企てたフランス、スペイン両軍を破った有名な海戦だ。彼は船を降り、その後数年はイングランドで外科医を営むが、最後にはペンシルベニアに移住して一八四九年にそこで亡くなる。誕生日の数カ月前のことだった。

彼が送った事例報告は素朴さと画期性が入り混じった奇妙なものだった。一つは水車の事故についてで、もう一つは馬と、馬が牽《ひ》いていた馬車に足を轢《ひ》かれた男について。だが中でも目をひくのは、彼がアメリカの戦場で治療を受け持った事例だ。ロンドンの雑誌に論文が載る、ほぼ二十年前のことになる。

## 《頭部への銃創》

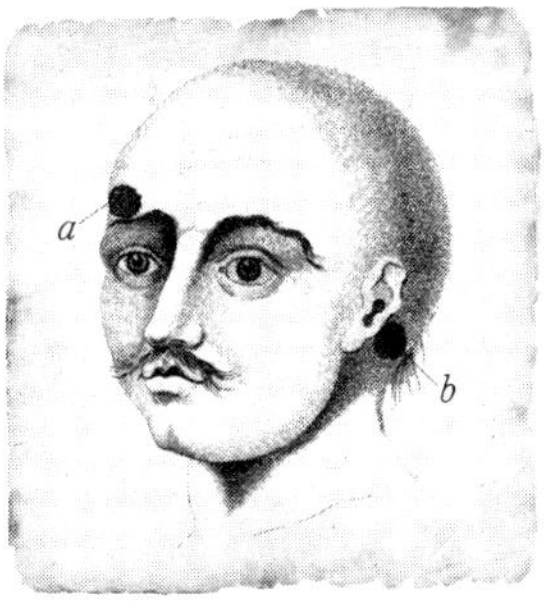


ヘシャン氏の傷

### ヘンリー・イェーツ・カーター

擲弾《てきだん》兵だったヘシャンは、年のころは三十から四十といったところで、デラウェアの岸に位置する要塞《ようさい》奪取のために送られた部隊の一員だった。彼は、マスケット銃を撃とうと砲身を上げたところで、前頭骨の外眼角のあたりに銃弾（ぶどう弾）を受けてしまう。銃弾は頭の中に入り、反対側の耳の後ろから出ていった。これに関しては上図の通りだ。

ヘシャンはドイツ人で、独立戦争の際イギリス側について戦った兵士だ。アメリカの愛国者からすれば憤激ものだ。イェーツ医師の記述を見ると、彼が負傷したのは一七七六年の十二月、トレントンの戦いにおいてだとわかる。ヘシャンはそこで重要な役割を果たしている。銃弾が通った経路（「a」から「b」とする）は図版を見ればはっきりする。

撃たれてすぐにどのような症状が出たのか、その場に居合わせなかった私にはわからない。だが、連隊病院に運び込まれた彼は、記憶がしっかりしていて、自分に何が起こったのかも、撃たれた直後のことを除けば完全に思い出すことができるようだった。彼は少々の痛みがあると訴えたが、予想されたほどの血を失っているわけではなさそうだった。問題の銃弾は頭蓋骨《ずがいこつ》の、入り口と出口の周辺をひどく砕いたが、コートの襟元《えり》から見つかった。

外で発見されたのだから、頭の中に入りっぱなしよりはだいぶマシだろう。

傷口を清め、外側から取り除ける限りの骨片を取り除き、包帯を巻いた。脈拍が非常に激しくなったので瀉血《しゃけつ》を施《ほどこ》し、その後アヘンチンキを二十五滴ほど投与した。翌日彼は目のあたりが重くなったように感じ、物の輪郭がいつものようにはっきりと見えなくなった。夕方ごろになると吐き気と喉の渇きが症状に付け加わった。

頭を撃ち抜かれたことを考えれば、「物の輪郭がいつものようにはっきりと見えない」くらいは軽い症状だろう。それから数日間は、腸の治療が集中的になされた。つまり浣腸《かんちょう》などだ。奇妙だと思われるだろうが、これは当時としてはごく一般的な処置だった。

三日目になると彼は頭痛とだるさを訴えた。それから時々、手足に力が入らなくなる。浣腸をしても十分な量の排泄《はいせつ》物は出ず、彼は、甘汞《かんこう》三グレイン（約〇・一九グラム）と粉末状のヤラッパ【ヒルガオ科の多年草】を十五グレイン（約〇・九七グラム）飲むようにと指示を受けることになる。これは効果があった。症状の緩和が見られたのだった。目の炎症は些細《ささい》なものだったし、傷を負ったほうの目は痛んだがそれも大したものではなかった。

六日目には「傷口からかなりの量の膿《うみ》が出て」きて（多分肛門からも何か出たに違いない）、患者の容体はかなり改善された。

数日の間、銃弾と一緒に入り込んだ骨片が、包帯交換（一日に二回）をするときはほぼ毎回、弾の入り口から出てくるという状態が続いた。

額《ひたい》と眼窩《がんか》の骨が、耳の後ろから出てきたのだ！　ますます興味深い。

吐き気、頭痛、手足の脱力、喉の渇きに熱があるときに出る症状すべてがあったわけだが、徐々に消えていった。銃弾が入ったほうの傷はしっかりと新しい肉芽《にくが》組織に塞《ふさ》がれた。耳の後ろの傷は、大体十週間ほどで表面を被覆《ひふく》する以上のことは必要なくなっていた。

二カ月と少しで傷は治った。驚くべきことに、完全に回復したらしいのだ。

治療が終わって以降、彼の姿は見ていない。だが、傷の状態や患者の健康状態、その活力を見るに、心配の必要はないように思われた。彼と最後に会ってから数日後、彼は職務に戻ったという。(4)

ぶどう弾が頭蓋骨の右側から左に抜けていったことを思えば、病床から出られたどころか前線にまで戻ることができた、というのは驚嘆すべきことだ。

## 銃剣の突き刺さった顔

アレクサンドル・デュマですら、ユルバン＝ジャン・ファルドゥほど勇敢で雄々しく、才能があるヒーローを描くことはできなかった。教師、司祭、兵士、それから外科医とかわるがわる仕事をこなしていき、しかもそのどれをとっても優れていた。フランス革命軍の軍人として活躍しながら医業もこなし、しかも剣に優れていたので一八〇二年にはレジオンドヌール勲章を受勲している。ブルゴーニュで行われた式典は素晴らしく、ナポレオン・ボナパルトが手ずから叙勲を行ったのだが、その一時間後には（皇帝自らチュニックに留めた勲章にキスをしてから）、荒れ狂う海に飛び込み、転覆しかかった帆船のところまで救助活動に向かっている。彼のおかげで百五十人以上の命が救われたのだった。(5)

第四次対仏同盟ができた際、ファルドゥは東欧へ行軍するナポレオンに付き従い、一八〇六年十二月二十六日のプウトゥスクの戦いに参戦している。厳寒のポーランドでの戦いである。そこで彼は尋常《じんじょう》ならざる事件を目撃し、後年それをパリ医師会の会議で物語っている。

**《砲弾に弾き飛ばされた銃剣による頭部の負傷について》**

一八〇九年六月二十日パリ医師会にて　元軍医、レジオンドヌール勲章受章者等々の**ファルドゥ氏による**

兵士の名前はマルヴァといい、私の連隊の選抜歩兵《ヴォルティジュール》でした。砲弾によって弾き飛ばされた銃剣の刃に当たり、頭部に負傷を負います。

選抜歩兵《ヴォルティジュール》とは軽装歩兵のスペシャリストだ。名前は跳び越える人《ヴォルター》という意味の単語から来ており、これは元々走っている騎馬の尻に飛び乗り、戦場ではそこから軽やかに飛び降りるという部隊だった（この方法はすぐに廃止になっている。やってみた人間の誰もが、救いようのないくらい馬鹿げたアイディアだと気づいたのだ）。ともあれ、マルヴァなる兵士はかなり運が悪い。最初は銃剣の刃はライフルに装着されていたらしいが、砲弾にぶつかった衝撃で外れ、ミサイルさながらに飛んで行ったのだった。身震いするほどの速度が出ていたに違いなく、ぶつかった相手のダメージも甚大《じんだい》だったと思われる。

銃剣は彼の右こめかみに当たりました。眼窩《がんか》から指幅二本分ほどの場所で、目より少し上の位置でした。銃剣の刃（刃渡り十二～十四インチでした）は柄元《えもと》まで突き刺さっていました。刃はやや下向きに刺さり、上顎洞《じょうがくどう》の左部分を通過して五インチ（約十三センチ）ほど外に突き出る形になりました。

上顎洞というのは頭蓋骨《ずがいこつ》の内部にある空洞の一つで、頬骨《ほお》の下の部分だ。それよりも詩的な「ハイモア腔《アントラム・オブ・ハイモア》」という名前もある。スコットランドの貴族みたいな名前だ。ともあれ、銃剣は頭蓋骨を貫通したわけだ。右のこめかみから左の頬へと出て、刃が五インチ以上突き出ていた。最高とは言いがたい状態だろう。

彼は倒れてしまいましたが、意識まで失ったわけではありません。何度か銃剣を引き抜こうと試みましたが意味はなく、今度は二人の同僚が試すことになりました。一人が頭を押さえ、もう一人が剣を引き抜くのですが、これも失敗でした。

私などは二羽の空腹な鳥が同じ虫を引っ張り合っている情景を連想する。心打つ場面だが、結局銃剣を引き抜くのはあきらめて、軍医のところへ連れて行ってもらうことになった。

この哀れな負傷者は同僚の兵士たちに腕を借りながら私のもとへやってきました。私は、兵士の助けを借りながらも、銃剣を引き抜こうと必死の努力をしましたが、刃はまるで壁に埋まっているかのようで、びくともしませんでした。力を貸してくれた兵士が、患者に横になるようにと言います。そうしてから、患者の頭を足で踏み、両手にあらん限りの力を込めて銃剣を引っ張ります。すぐにおびただしい出血が始まりました。大量の血が噴き出してきます。

患者の頭を踏んでいるのだ。繊細《せんさい》な処置には到底なるまい。そして今回の事例に関して言えば賢明でもなかった。現代の医者なら銃剣を引き抜く前に、どの組織が損傷しているか、また、血管についてはどうかを調べるはずだ。しかしこれに関しては、医療現場が戦場で余裕など持ちようがなかった点を斟酌《しんしゃく》しなければならない。

このとき初めてマルヴァは意識を失いました。彼はもう助からないと思い、私は他の負傷者に包帯を巻きに行きました。二十分後、彼は意識を取り戻して、だいぶ気分が良くなったと言います。私は彼にも包帯を巻きました。厳しい寒さで、雪が降っていました。彼の頭部全体にシャーピーと包帯を巻きつけました。

「シャーピー」とは包帯を巻くときに使われるもので、薄い亜麻布《あまぬの》をほどいて糸にしたもの。

彼はもう一人の負傷兵と一緒にワルシャワへと出発しました。移動手段は徒歩、馬、馬車で、小屋に泊まり、時には木の間に野宿してワルシャワに着いたのは六日後でした。二十リーグ（約百十三キロメートル）旅をした計算になります。三カ月後に病院で再会したときには、彼は完全に治っていました。右目の視力は失われていましたが、眼球も瞼《まぶた》も元の形のままで、動かすこともできました。しかし虹彩《こうさい》は膨張したままになり、伸縮機能が失われていました。(6)

銃剣に頭を貫かれたばかりでこれなら、そう悪い状態ではない。これ以降のマルヴァ氏の記録は残っていないが、逆にファルドゥ氏に関しては資料が豊富に残っている。軍を除隊した後、故郷のソミュールに戻って、貧しい人たちの治療にあたった。潔白で博愛精神に彩られた生活を送っていたようだ。彼について悪く言う人間はいなかったようだ。デュマがユルバン゠ジャン・ファルドゥについての本を書かなかったのは、ちょっとこの人物ができすぎだったせいかもしれない。

## ぺっしゃんこになった水夫

マクシミリアン・ヨーゼフ・フォン・チェリウスは十九世紀において高名なドイツ人外科医で、ヨーロッパ全域で相当な影響力を誇っていた。彼の講義はロンドンやエディンバラの雑誌に頻繁《ひんぱん》に引用されていたし、彼の編んだ教科書『外科医学入門（Handbuch der Chirurgie）』は『外科医学体系（A System of Surgery）』という題で英語に翻訳され、広く活用されていた。

胸の傷に充《あ》てられた章で、チェリウスは奇怪な事例を取り上げている。ロンドンにいる友人、王立外科医師会会員のジョン・ゴールドワイヤー・アンドリューから送られてきたものだった（一八四九年にアンドリュー氏が死んだとき『ランセット（The Lancet）』は死亡記事を出している。「医学には何らの貢献をしてないが、美術においては素晴らしい後援者だった」となかなか辛辣《しんらつ》）。

**《胸の傷》**

十九歳のプロイセン人であるJ・Tは水夫をしていた。トライスルマストを降ろす作業をしていたが、マストを支えるロープが切れてしまい、マストのボルトに突き刺されて甲板に磔《はりつけ》にされてしまう。

トライスルとは、十九世紀の船舶に取り付けられた小さな帆で、メインマストの根元に取り付けられた斜檣《しゃしょう》に張り出すようにして使う。脚注の中でチェリウスは「トライスルマスト」は長さ三十五フィート（約十一メートル）で周りの長さは二フィート（約〇・六メートル）、一方の端には五インチ（約十三センチ）の金属製のボルトがついていると説明している。

事故のときマストは甲板から六フィート（約一・八メートル）以内の高さにまで降ろされていた。水夫はボルトをつかみ、所定の位置にしまおうと腕を伸ばしていたのだが、支えていたロープが外れたか切れたかしたのだろう、マストは真っ逆さまに落ちて彼の胸に衝突した。

オーク材かマツ材だろうが、三十五フィートのマストといえば相当の重量だったはずだ。おっと、それから先端には金属製のボルトがついている。

彼は仰向《あおむ》けに倒れたが、ボルトが胸を貫通していたおかげで、甲板にピンで留められたような状態になった。ボルトは甲板の深さ一インチ（約二・五センチ）まで埋まっていた。こんな状態だったので、胸部には相当の圧力がかかっていたに違いなく、厚み四インチに満たないくらいまで押しつぶされていた。

四インチといえば大体十センチだ。思い浮かべてみてほしい。水夫の胸が押しつぶされ、その中身が普通ならあり得ないくらいの厚みの中に詰め込まれているのだ。

しばらくしてボルトが引き抜かれ、彼は病院に運び込まれた。

どうやってボルトが抜かれたのかは書かれていない。が、ボルト自体は保存され、後にハンテリアン博物館に展示されることになる。王立外科医師会有する解剖学コレクションに収められたわけだ。

一八三一年二月二十五日午前十時に入院することになった。顔は青黒く、極度の呼吸困難に陥っている。少量の血が時折吐き出されるが、泡立っていた。また、脈拍はリズムが乱れていた。しばらくすると症状が激しくなり、すぐにでも窒息状態に陥る危険性があった。

血が「泡立っていた」のは、肺の中が出血していたからだ。鉄のボルトで穴を開けられたに違いない。言うまでもなく、生きるか死ぬかの重傷である。

ボルトは第四肋骨《ろっこつ》と第五肋骨の間から入り込んでいた。胸骨の真ん中から一・五インチ（約三・八センチ）ほどの場所だ。外側下方を向いており、第十一肋骨と第十二肋骨の間から突き出ていた。背骨から四インチのところである。

外科医が述べているところでは、胸部は片側が「圧縮」されており、胸郭が損傷したせいで心臓が剝《む》き出しになっている。危険な状態だ。しかもこれで終わりではない。

これに付け加えて、右側の頭皮が激しく引き裂かれていた。傷は前頭骨から後頭骨にまで達していた。側頭筋の大部分が露出し、下顎《かがく》の骨折も深刻だった。

頭部の損傷も相当なものだが、こちらは命の危険につながるものではなかった。清められ、包帯が巻かれた。だが、胸の傷に関しては一八三〇年代の時点では、外科医にできることは実質何もなく、祈ることくらいしかできなかった。

リント布の綿撒糸《めんざんし》（リント布を丸めたもの）を傷口にあてがい、粘着性のテープで留めることにした。しかしそれ以上の治療は施《ほどこ》されなかった。入院してから二時間後、窒息の症状はやわらいで、容体も少し回復した(7)。

水夫は眠れぬ夜を過ごしたが、翌朝も息があったので医者は安心していた。治療方針は当時としてはオーソドックスなもので、ヒルによる瀉血《しゃけつ》を頻繁に行い、下剤を処方して、食事を淡泊なものにした。牛乳にクズウコン、それから薄く焼いたパンを粉々にしたものだ。痛み止めとしてアヘンもよく処方されていた。回復の歩みはゆっくりとしたものだったが、事故の一カ月後の報告によると、容体は良く、食事もブラマンジュとコーヒーになったとのこと。四月の終わりには「テーブル・ビールと、鶏肉を一日に一羽の半分食べることを許され」ている。なかなか食欲をそそる記述だ。事故から三カ月目の五月二十五日には回復期に入り、もう十分に容体も良くなったということで退院している。

この事例は、イギリスの外科医であるジョージ・ガスリーの本でも紹介されている。彼はヨーロッパを牽引《けんいん》する、胸部損傷の専門家だった。『胸部の損傷について（On Wounds and Injuries of the Chest）』という専門書の中で、患者の症状がこれほど軽かったことへの驚きを語っている。

吐血量は、一般的に肋骨が折れたときに吐き出される量を上回っていない。傷が治るまでに出てきた膿《うみ》についても些細《ささい》な量だった。心臓の鼓動は非常に激しく、はっきりと毛布を押し上げるくらいだった。腕からは八十オンス（約二・五キログラム）もの血が瀉血され、使われたヒルは三百にもなる。

三カ月で血管から瀉血された血の量は四パイントと少し（約一・九リットル）、と別段特筆すべきほどではないが、さらにヒルに血を吸わせること三百回となると相当な量になるに違いない。だが、それほどの血が失われているにもかかわらず顔艶《かおつや》には影響がなかった。

事故の十年後、ガスリー氏は診察のため患者本人から呼ばれている。

健康状態は良かった。傷ついたほうの肺も呼吸は問題なく、心臓の鼓動は激しかったが、こちらも異常はなかった。ボルトが入った位置には大血管が複数あったはずだし、傷跡からもそれがわかる。にもかかわらず無事でいるのは、ボルトが血管を押しのける形でその間を通ったのに違いない。記録上最も驚くべき事例である。

まさに驚嘆すべき事例だ。大血管とは肺動脈のことだが、これは心臓のすぐ上のほうに絡みついていて、その隙間はといえば巻きタバコ用の薄い紙がかろうじて通るくらいの狭さだ。金属のボルトなど言うまでもない。

肺が軽傷で済んだのは、もしかしたらボルトの先端が丸くなっていて、かつ、相当な力でマストが胸を通過したからかもしれない。

ガスリー氏の仮説はかなり示唆《しさ》に富んでいる。要は、人体が突き刺された場合、先の丸まったもののほうが、内臓を貫通せずに押しのけて進むので、ダメージが少なくなることがあるということだ。ガスリー氏は自らの経験に徴してそう書いている。そして彼は、同じような傷でこの仮説を証明してくれるかに見えるものについて入念に研究している。

それにしても患者はその後何をしていたのだろう。甲板に磔にされる経験を経ているのだから、もっと安全な職業についたのだろう。そう思われるかもしれないが、全然そうではない。

彼は完全に健康を取り戻した。それからまず従僕の職につくが、また水夫に戻っている。彼の乗った船は二度難破しているが、かなりの長距離を泳ぎ切り、事なきを得ている。一八四一年。彼は健康で、西インド諸島への航海に出ている[8]。

少なくともリスクを避けたと言って彼を責める人間はいまい。

## 胸を貫く鎌、奇跡の軌跡

一八三七年のことだ。カナダ東部のガスペ出身の少年が空き地で躓《つまづ》き、自分の持っていた道具の上に倒れ込んでしまう。特に劇的なことはない。出血もそれほどではなかったし、基本的な応急処置を弟がやってくれたので、夕食までに歩いて家まで帰って来られたくらいだ。

全体的に大した話ではない。ただし、倒れ込んでしまった道具が鎌で、それが胸の片側に突き刺さり、もう片側から出てきた点は別だ。十二年後、この事故の詳細が『ブリティッシュ・アメリカン・ジャーナル・オブ・メディカル・アンド・フィジカル・サイエンス（British American Journal of Medical and Physical Science）』*に発表されると、大西洋の両側で非常なセンセーションが巻き起こることになった。あまりに突拍子《とっぴょうし》もない話だったので、編集者は信頼できる証言を三人分受け取るまではこの話を雑誌に載せようとしなかった。ちなみに証言者のうち二人は医者である。

＊この雑誌の創刊者アーチボルド・ホールはネーミングセンスが壊滅的である。雑誌は後に『ブリティッシュ・アメリカン・ジャーナル・ディヴォーテット・トゥー・アドヴァンスメント・オブ・メディカル・アンド・フィジカル・サイエンス・イン・ザ・ブリティッシュ＝アメリカン・プロヴィンス（British American Journal Devoted to Advancement of Medical and Physical Science in the British-American Province）』と改名されている。

## 《胸を貫いた鎌とその傷から完治した少年》

王立外科医師会資格保有者、エディンバラ人、王立医学会会員等々　医学博士　E・Q・シーウェル

しかし、最初に治療を行ったのは医者ではなく、治安判事のJ・D・マコーネルだった。

一八三七年。十八歳のマスター・ジェームズ・ボイルは、弟と一緒に家の付近の芝を刈っていた。夕食の時間になると、持ち運びしやすいようにと、いつも通り柄《え》から刃を外した。こうしなければ刃を研《と》げないという事情もあった。そのまま家のほうへ歩いていたが、あと数百ヤードというところで丸太を踏んでしまい、足を滑らせて鎌の刃の上に倒れ込んでしまった次第。刃は右腋窩《えきか》の下から刺さり、左から突き出ていた。この不運な青年は、弟が来るまで鎌が刺さりっぱなしのまま倒れ込んでいた。弟のほうはやたらと冷静で、注意深く観察しながらこの湾曲《わんきょく》する刃をゆっくりと兄の胸から引き抜いた。引き抜いた後は出血があったが、予想されたほどの量ではなく、弟の手を借りながら彼は歩いて家に帰った。

家族としては医者を呼びたかったところだろうが、それは無理な相談だった。ガスペは、ケベック州最東端にある海岸沿いの小さな村で、僻地《へきち》と言ってよい場所にあった。脚注では次のように説明されている。

事故が起きた当時、その近郊に住んでいるような医者はいなかった。「ドクター・コフィン」の名で呼ばれている男がいたが、本名はフレデリック・コフィンで、職業は捕鯨船員だった。

あまり安心できるような名前ではない［コフィン（coffin）は英語で棺桶の意味］。

彼のする治療といえば主に瀉血《しゃけつ》や抜歯《ばっし》といったところだったが、かなり多くの患者を助けている。彼の治療のおかげで、この青年も徐々に回復していった。

偶然にもこの事故の数日後、イギリス海軍艦サッフォーがガスペ湾に錨《いかり》を降ろしている。これは思いがけない幸運で、というのもこの艦には少なくとも三人以上の船医が乗船していたからだ。

私はすぐさま船の外科医であるトムソン氏に事の次第を報《しら》せた。彼は助手のスプロウル氏に、患者を診察し必要な治療を与えるように指示を出した。スプロウル氏はただちに指示に従った。彼は血痰《けったん》が出ていないのは良い兆候だと言っていた。

血を吐くのは肺に傷がついている証拠だが、どうやらその事態は避けられたようだ。

事故の結果は予想外で、私には計り知れない神意のように感じられた。私はスプロウル医師がこの事例についての意見を手紙で知らせてくれればありがたいと思った。

この船医が確認したところ、鎌は腋窩から突き刺さって、右脇腹の第三肋骨《ろっこつ》と第四肋骨の間に三インチ（約七・六センチ）ほどの傷を残していた。鎌はそのまま水平に入っていき、左脇腹の第三肋骨と第四肋骨の間から出てきた。

スプロウル医師にとってもこれはかなり印象的な事例だった。

**傷の状態とその原因となった道具を併せ見るに、患者が生還できたのは奇跡と思われる。これに関しては刃の背が大血管に向いていたおかげで傷がつかずに済んだ、としか説明できない。もし逆向きになっていたら、彼はすぐに命を落とすことになっていたに違いない。**

「奇跡」は決して言いすぎではない。

こんなにも軽傷で済んだのは、どういうわけか鎌が重要な臓器を避けて通ったからに違いなかった。とはいえ、鎌は肺を押し包む胸膜には当たっていたらしい。この報告書の著者シーウェル医師は、傷口から胸腔に空気が流れ込んできたおかげで、青年の肺は一時的に無空気状態になったのではないかと述べている。裂け目が小さかったので、鎌を引き抜いた後、自然に治り、肺もまた空気を充塡《じゅうてん》できたというわけだ。実際にこれが事の経過だったのかどうかはさておき、青年がかなりツイていたことは確かだ。

**マスター・ジェームズ・ボイルは現在、特に病気もなく、とても強健で潑剌《はつらつ》としている。彼は父**

親と同じ仕事を選んだ。つまり捕鯨船員だ。住居はガスペ湾の南西部にある。ローワー・カナダのガスペ地区である。(9)

棺桶《コフィン》が若い命を救うとは数奇な話である。

## ぶら下がる頭蓋骨、揺れる脳みそ

十九世紀において脳の損傷は医学的に特に興味深いトピックだった。一八二〇年代のパリでは、二人の高名な生理学者の間で、脳の機能について大きな論争が起こっている。フランツ・ヨーゼフ・ガルは、部位によって脳はかなり違う機能を担っているものと考えていた。つまり、別々の部位が感覚や運動機能、感情を司《つかさど》っているというわけだ（この仮説は骨相学《こっそうがく》という疑似科学の元となった。骨相学の信奉者たちは、人間の特徴は、頭蓋骨《ずがいこつ》の形からかなり正確に予測できると信じていた）。論争相手は若きマリー＝ジャン＝ピエール・フローレンスで、彼はこの仮説に異議を唱え、動物実験の結果から脳は「個の全体性」を産み出すものだと論じた。面白い結果の出た実験だったが、しばしば残酷で、有益かどうかにも疑問符がついた。というのも、実験結果が人間に当てはまるのかどうか、誰にもわからなかったからだ。

脳の外傷から回復した事例は、だから実証的観点から言うと計り知れない価値があったし、かなりの耳目《じもく》を集めた。損傷部位と、患者の精神的、身体的障害を関連付けることで、脳の機能についてさらなる知識が得られると思われたのだ。一八五二年の夏、『ニュージャージー医学雑報（New Jersy Medical Reporter）』に衝撃的な事例報告が載った。著者によると「分離した脳の一部を元の位置に戻すと再結合したらしく、患者は回復した」とのこと。

## 《深刻かつ広範囲にわたる脳の損傷からの回復》

W・モーティマー・ブラウン

傷は鋭い斧《おの》によってできたものだ。筋骨たくましい男が怒りのままに振り下ろし、頭蓋骨と脳の一部を切断してしまったのだという。脳のほうは切断された頭蓋骨の中。その頭蓋骨は首の皮にくっついていて、肩のあたりでぶら下がっていた由だ。

モーティマー・ブラウン医師は事件が起こるまでの経過については何も書いていない。だが、「筋骨たくましい男が怒りのままに」との記述から、激しい怒りが犯人を駆り立てたものと類推できる。怒り狂った男が斧で被害者の後頭部の相当部分を切断。頭蓋骨はかろうじて首の柔らかい皮にぶらさがってくっついている状態だった。切断された脳の一部とは、おそらく後頭頂葉《こうとうちょうよう》のことで、これは主に運動と空間把握能力を司る部位だ。

そんな負傷をしているにもかかわらず、助けを借りれば歩くこともできたし、筋道立てて話をすることもできた。切断されていた後頭動脈（後頭部の頭皮にある大血管）を塞《ふさ》ぎ、小さな骨片を取り除いて、傷周りの毛髪を剃《そ》ってから清める。切断された部分につながっていた首の皮は元の位置に戻した上で縫合し、絆創膏《ばんそうこう》を貼り、包帯を一巻きしておいた。

それほどの処置には思えないだろうが、当時としてはおそらくこれが精一杯の治療だったのだ。

傷の状態からして感染症の危険も大きかった。

頭部は持ち上げた状態に保ち、冷やしておく。それから軽い食事が与えられ、硫酸《りゅうさん》マグネシウム溶液と酒石酸《しゅせきさん》アンチモンカリウムが投与された。これは便通を起こさせるためでもあったし、血液の循環を抑制し、食欲を減退させる意味合いもあった。

十九世紀中葉くらいの医者は、便秘薬を処方する機会となればめったに逃すことはない。症状が腸に関係あるかどうかは二の次だ。しかし、患者の目覚ましい回復ぶりを見る限り、そんなに悪いアイディアでもなかったのかもしれない。

二日目に短時間だけ症状が出たことを除けば、知的能力に問題はなかった。傷の治りも早く、一週間後には完全に塞《ふさ》がっていた。その後も悪い症状は出ていない。検査をしたところでは、切断された部分もしっかりとくっついており、力を込めてみてもまったく動いた様子はない。馬に乗ってギャロップで駆けたときも不都合を感じなかったという。

私としては最後の部分が気に入っている。患者はどうやら、激しい運動の最中など頭の中で脳が揺れる音が聴こえてくるのではないかと思っていたらしい。

包帯を見る限り、脳の一部が漏出《ろうしゅつ》してきた様子などはない。ほぼ間違いなく、切断された部分は少しの欠損もなく元の位置に戻ったのだ。精神に何らかの異常を来《きた》す可能性もあり、観察が続けられたが、特筆すべきことは何も起こっていない[10]。

だが著者が言うように、本当に脳は「切断され、元の位置に戻され、くっついた」のだろうか。これは疑わしい。皮膚や筋肉、骨の傷に関して言えば、途方もない回復力が発揮される事例もあるが、損傷したり欠損した脳組織が再生することはあり得ない。よしんば再生するにせよ、今回の場合は規模が大きすぎる。問題の部分は死滅して、吸収されたと考えるほうが自然だろう。それでも、患者が何ら神経学的障害を患《わずら》わなかったというのは驚異的なことだ。脳が元の場所にくっついたわけではないとしても、斧で頭を割られたことを考えれば目覚ましい回復ぶりと言う他ない。しかし「筋骨たくましい男」に何があったのか、私としてはこれが非常に気になるのだが……。

## 勲章ものの「不死身の男」

フランスの脱走兵ジャック・ローランジェは一八六二年にアメリカ合衆国に移住する（というか逃げてきた）が、すぐに兵隊に志願して南北戦争に赴《おもむ》くことになった。彼は北軍のニューヨーク連隊に加わる。軍服が不ぞろいでEnfants Perdus（「迷子」）と呼ばれていた連隊だ。内訳としてはフランス人が多く、イタリア人、スペイン人、ポルトガル人の姿もちらほらと見かけられた。手に負えない人員を集めた混成部隊で、一度など司令官が全員を命令不服従の廉《かど》で逮捕すると脅したことがある。規律の悪い「迷子」たちはアメリカ人の同僚たちからは大抵軽蔑《けいべつ》を買っていたが、この戦争においては十分な役割を果たしていた。ジャック・ローランジェに関して言えば、まさに十分以上に働いたと言ってよい。一八七五年に『メディカルレコード（Medical Record）』に載った論文を読めば明らかだ。

### 《銃弾、サーベル、銃剣、榴弾《りゅうだん》を受けながら目覚ましい回復を遂げた男》

一八六五年六月二十九日、ローランジェは除隊願を提出した。負傷した分の恩給を受けるために軍事管理委員会《アーミー・ボード》に出頭したわけだ。彼が事務官に語ったところによると、入隊後すぐにヨークタウンの撤退戦に参加したらしい。小隊が待ち伏せにかかり、彼は負傷する。軍医官に求められ、傷跡も披露している。医師が言うには、彼の負傷の内訳は次の通りだ。

（一）サーベルによる長い切り傷の跡が残っている。左脚の大腿《だいたい》四頭筋伸筋の真ん中の三分の一に傷があった。腱と筋肉が分かたれてしまっていたようだった。

（二）サーベルによる刺し傷。右上腕の中央三分の一部分を刺し貫かれている。刃は骨と骨の間を通っている。

ローランジェは、これらの傷はかなり治りが早かったので、数カ月後のウィリアムズバーグでの作戦には参加できたのだと言っている。だがここでも彼はツイてなかった。

（三）右大腿の真ん中に銃弾を受ける。弾が通過したのは大腿骨のすぐ外側だった。

（四）一八六三年七月十日のワグナー攻撃の際には、チャールストン港で、脊椎《せきつい》の後ろ側を覆っている棘筋《きょくきん》に剣を受けている。

さて、色々とありはしたがこれらの傷からも回復し、彼は兄弟を訪ねにミズーリに旅行に行っている。この「休暇」でもロクな目には合わない。彼はゲリラに囚《とら》われて「インディアン式」の拷問《ごうもん》を受ける羽目になる。次に挙げてあるのはそのときに受けた傷だ。

（五）大きな瘢痕《はんこん》が二つあった。傷は閉じていたが、これは燃えた木切れを押し付けられたときにできたものだと彼は言っている。瘢痕は胸部右側にあった。

明らかに拷問好きな連中だ。彼は勇を鼓して逃げ出し、友軍との合流に成功する。一八六四年二月二十日には、フロリダのオラスティで戦闘に参加することになった。彼は相変わらず運がなかった。

（六）榴弾の破片が右大腿を貫通してハムストリング筋を損傷する。破片は、内側顆《ないそくか》（骨の端っこの瘤になっている部分。関節の一部）付近の靭帯《じんたい》組織に埋まったままになっていた。

関節部分を触ってみると、破片が埋まったままになっているのが軍医官にもわかった。ローランジェは戦場で倒れたが、敵に置き去りにされたということだ。いずれまた攻撃があると思い、つるを伝って何とか木のところまで体を引っ張っていった。そして予想通り攻撃が来た。彼は銃弾の標的にされる。

（七）左脇腹の第六肋骨《ろっこつ》と第七肋骨の間を銃弾が突き抜けていった。心尖《しんせん》のすぐ下だ。銃弾は背中の右側、第九肋骨の肋骨角のすぐ近くのあたりから出てきており、両方の肺の端を通過してきている。口からも傷口からもおびただしい血があふれ出した。このままでは気絶して倒れてしまう、と思いながら彼は地面を滑り降りていった。

幸運にも軍隊に入る以前は軽業師《かるわざし》をしていたので、そんなことをしても（これ以上）傷を負わずに済んだということだ。敵が撤退していくのを見て、何発かやり返してやったのだが、これはあまりにも軽率な行動だった。駆け戻ってきた敵に胴体を銃剣で突かれてしまったのだ。武器は、

（八）肝臓の左葉を貫通し、横隔膜《おうかくまく》の後ろ側の縁を引き裂いていった。

しっかり止《とど》めを刺しておくつもりだったのだろう。敵はさらに銃弾をお見舞いしていくのだった。こちらは、

（九）左の下顎角《かがくかく》のあたりから水平に入り、胸鎖乳突筋《きょうさにゅうとつきん》を貫いて、首の右側から出てきた。入院中、飲んだ酒を首の両側の穴から噴き出させる芸を仲間たちに披露して、場を沸かせたという話だ。首の筋肉にちょっと力を入れればそういうことができる状態だったらしい。

軍医官は覚書の中で次のように述べている。こんな酷《ひど》い経験をした後も、この兵士は「救いようのない」生活を送り、

順番はわからないがまたしても武勇伝に新たなページを付け加えていた。次の通りだ。

（十）左肘《ひじ》のすぐ下の橈骨《とうこつ》と尺骨《しゃっこつ》の間をサーベルが貫いた跡があった。

（十一）左胸の大胸筋と三角筋を銃弾が貫いた跡もあり、それから、

## （十二）親指と人差し指の股から手根骨《しゅこんこつ》にかけて深い切り傷の跡がついていた。

ここまで長大なリストになるほど負傷を繰り返してきたわけだが、驚いたことに膝関節拘縮症《ひざかんせつこうしゅくしょう》を除けば悪い症状は残っていない。この兵士の要請は受理されて、名誉除隊の手続きが取られることになった。しかし除隊後の生活では何をするつもりなのか。釣りでもして暮らすのか。それともバーでも開くのだろうか。どちらでもなかった。

説明が終わると、この負傷博物館とでも言うべき男は、性急で申し訳ないが、と丁寧に断った上で、これから汽船に乗らなければならないと言うのだった。当時ヴァルテッリーナ地方で軍事行動をしていたガリバルディの軍に参加するのだという[11]。

勇敢なるローランジェは無事に恩給を得ることができた。これだけでも大した話だが、実はこの後にも意外な展開が待ち受けていた。フランスの脱走兵がガリバルディ軍に加わりにわざわざ北イタリアの、それも山地にまで出向くのかと不審に思われなかっただろうか。実際にこの後すぐ、彼がフランス人ではなく、名前もローランジェではないことが判明した。恩給を申請しに行ったまさにその日、ローランジェを名乗っていたこの男は別の役所に行き、また恩給の申請書を提出している。今度はフレデリック・ガセッティと名乗っていた。偶然、彼の対応を担当したことのある係員が二人居合わせていたのだが、そうでもなければ詐欺《さぎ》は成功して彼はまんまと逃げおおせていたことだろう。ガセッティは七年の禁固刑を宣告され、悪名高いシンシン刑務所に収監されたそうだ[12]。

ちなみに彼はガセッティでもなかった。南北戦争に参加した連隊のいくつかでは、さらなる恩給にありつこうと、死んだ戦友を騙《かた》るのはありふれた行為になっていた。本物のフレデリック・ガセッティは、捕虜収容所から逃げ出そうと死んだふりをしたことがあったが（失敗したが）、立派に生きていて土木技師として働いていた。この連続詐欺犯は結局、ジュゼットなるイタリア人だと判明した。頭の出来具合からすると分不相応な欲をかいたものである[13]。

ところで本物のジャック・ローランジェはどうなったのか。こちらも生きており、オハイオで暮らしていた。彼は入隊して数日後、ニューヨーク連隊から脱走している。

ローランジェことガセッティことジュゼットなる男の話には、ただ一つ本当のことがある。ちょっとありそうもないくらい、負傷を繰り返してきたことだ。

## 頭にナイフ、奇妙な自殺

突き刺さった物体は決して傷から引き抜いてはいけない。これは救急救命士が何よりもまず知っておくべき事柄である。それは適切な条件下で医療専門家がすべきことだ。というのもその物体が血止めの役割を果たしているのかもしれず、引き抜けば大出血を引き起こす可能性があるからだ。

このように救急医療について心得がある人なら、一八八一年のフランスで施《ほどこ》された治療にはおそらく目を覆いたくなるはずだ。何とか患者は助かったとはいえ。

**《奇妙な自殺》**——短刀が頭蓋《ずがい》に突き刺さり脳に傷をつけたが何の症状も出なかった事例の顚末《てんまつ》

四月八日。男は妻と口論になってしまう。原因は家賃のことで、男は妻に金を渡すことができなかったのだ。彼女の侮辱《ぶじょく》に打ちひしがれ、男は命を絶とうと思い立つ。長さ十センチの小さな短剣を手に取ると、先端を頭のてっぺんに垂直になるように当てて、ハンマーを短剣の柄《え》に打ちおろした。

珍妙なだけでなく、相当にやりにくい方法だ。

しかし目的は達成できなかった。金がないばかりでなく、自殺にも失敗してしまったのだ。彼は何も感じなかった。思考力はしっかりしていたし、感覚も運動機能も正常だった。短剣がこんなにも頭に突き刺さってしまっていることに深く恥じ入りながらも、医者を呼ぶのだった。医者は短剣を抜こうとあらゆる手を尽くしたが、結果が実ることはなかった。

十センチもの短刀が頭の奥深くにまで刺さっているというのに、この患者は歩くし、しゃべる。これを見た田舎《いなか》医者の気持ちはどんなものだったのだろうか。この田舎医者は賢明にも、腕利《うでき》きの医者を病院から呼んでくることにした。ドュブリゼー医師だ。二人の医師は異様な綱引きに巻き込まれる羽目になったわけだ。一人が患者の足を引っ張り、もう一人が短剣を引っ張る。埒《らち》が明かず、彼らは違うアプローチを試してみることになる。柄の部分を上に引っ張り上げたのだ。が、これは患者が空中にぶら下がっただけだった。万策尽き果てて、患者を（いまだに意識があり、特に不快感もないようだった）蒸気機関を保有している工場に連れて行くことになった。

患者は地面に固定された。左右には棒が立ち、それに挟まれるような形で頭上には機械がある。この機械はがっしりしたやっとこを操っている。短剣はこのやっとこにつかまれて引き抜かれた。急に引っ張られるような感じではなかったが、引き抜く過程で患者は少しばかり浮き上がり、短剣が抜けると落ちた。患者はすぐに立ち上がった。ドュブリゼー氏に付き添われて馬車まで行くと、礼を述べるのだった。

短剣は、刃がやや湾曲《わんきょく》気味だった。つまり、刃は脳を貫通して頭蓋骨《ずがいこつ》の側面にまで達していたのだ。この異物が原因で感染症が引き起こされるのではないかと、医者は懸念《けねん》していた。髄膜炎《ずいまくえん》の症状が現れる恐れがあったので、患者はサンルイ病院に入院することになった。担当はペアン氏だ。そのまま八日が経過したが、炎症や麻痺《まひ》の兆候は出ないままだった(14)。

願わくば彼が貴重な教訓を得られましたように。

第六章

# 信頼できない話

英語圏初の医療雑誌『医学の試みと観察（Medical Essays and Observations）』が一七三三年に創刊された際、その雑誌の編集者である〝第一の〟アレクサンダー・モンロー（息子（第二の）および孫（第三の）アレクサンダー・モンローと区別してこう呼ばれていた。三人全員が医者で、相次いで教授の職に任命されている）は、専門的テーマについて適切に書くには、欠くことのできない資質が四つあると述べている。思慮と知識（「物の名前や性質を間違えないように」）、正確さ（不必要な細部を省けるように）、それから誠実さ（「事実を覆い隠さないように」）だ。[1] 雑誌に載る論文に関しては厳正を期すためにまず専門家による評価が下された。今日の科学雑誌と同じように査読があったわけだ。

大半の編集者は気高い志操の持ち主で、ありのままの真実だけを載せようとしていたが、それでも時折はフィクションの領域に迷い込んでしまうことがあった。十九世紀後半までは厳密なデータというよりも逸話風の記述に重点が置かれており、自分の目で確認したわけでもないのに、患者の話を額面通りに受け止めてしまう医者もいた。不可能な出来事と可能性の低い出来事の区別がつかず、両者が混同されてしまうこともあった。

こんな状況だったから、民話や法螺《ほら》話がしばしば活字になったのも驚くには当たらない。一例として一八二四年、ダブリンの雑誌に載せられたメアリー・リオーダンの話を見てみよう。メアリーはアイルランドの片田舎《かたいなか》に住む若い女性だったが、母親の死後は深い憂鬱《ゆううつ》に落ち込んでいた。毎日、長いこと墓参りに行くようになり、凍《い》てつくような冬の土砂降りの夜に意識不明の状態で発見されたこともあった。すぐに健康を損《そこ》ねることになった。ひどい腹痛に悩まされることになり、彼女の言によれば、両手いっぱいのチョークを食べたときだけ痛みがやわらいだ。症状は深刻で、臨終の秘跡のため一度ならず司祭が呼ばれた。一八二二年のある春の夕《ゆうべ》のこと、彼女はある物体を嘔吐《おうと》する。医者のウィリアム・ピッケルズに語ったところでは「指一本分くらいの大きさの、緑色の物体が飛んで行った。羽があり、おびただしい足がついていて、尾は上を向いていた」そうだ。

これでは一日が台無しになってしまったと感じるはずだ。

その後数カ月にわたり虫を吐く症状は治まらず、あらゆる成長段階にある虫が彼女の口と肛門から吐き出されるのだった。ピッケルズ医師は次のように見ている。

> 幼虫について言えば、私が治療を始めてから何度も出てきており、肛門から出てきたのだけでも百は超え、合計では七百以上が出てきている。しかしこれでも少なく見積もっているに違いないのだ。(2)

メアリーは厄介《やっかい》な精神疾患にかかっていたに違いない。おそらくはミュンヒハウゼン症候群（虚偽性障害として知られる）で、これにかかった患者は深刻な奇病を装うようになる。ピッケルズ医師はメアリーの言う一言一句を信じ込み、これら甲虫とその幼虫は、およそ八年前の晩に彼女が墓地で呑《の》み込んでしまった卵から孵《かえ》ったものだと結論を出してしまった。しかしながら、彼が白状して言うには、自分の目でその虫を見たのは数回にすぎないらしい。大半は「人目に触れるのを恐れた」患者によって殺されており、残りは吐き出されてすぐに「床穴に逃げ込んだ」とのこと。

あまりにも荒唐無稽《こうとうむけい》な話なので、ピッケルズ医師がこれを信じたことが信じられないくらいだ。だが十九世紀の医療雑誌に関して言えば、これはまだ頂点と言うには程遠い。もっと桁外《けたはず》れな話が科学の名のもとに語り伝えられている。間違いなく本当だと信じ込んで伝えられたものもあれば、明らかな虚偽もある。だが、実に皮肉めいていて面白いのが、その中のほんの一握りは本当に真実だということだ。

# 水中睡眠コンテスト

蘇生《そせい》法の改良は、十八世紀医療における最優先事項だった。溺死《できし》は死因の大きな割合を占めており、医師たちは川に落ちた人間を助ける、もっと有効な応急処置の必要性を感じていた。新しい技法を確立するためにヨーロッパのいくつかの国で慈善団体が作られており、一七七四年に結成された「溺死患者蘇生協会（Society for the Recovery of Persons Apparently Drowned）」（これは Royal Humane Society（王立愛護協会）として現在も存続している）もその中の一つだった。このテーマについてはかなりの量の文献がすでに存在していたが、これらの団体は蘇生法について新しく研究を始めたのだった。厳密な研究だ。一例が『身体学的溺死論（A Physical Dissertation on Drowning）』で、これは一七四六年に匿名《とくめい》で出版されている。当時著者は「ある内科医」としかわかっていなかったが、現在ではロンドンのロウランド・ジャクソン医師だと判明している。*

＊アイルランドで生まれ、フランスで勉学を修めてロンドンで開業医となり、カルカッタで没している。ジャクソン医師の存在は、十八世紀の医者たちが現在と同じくらいコスモポリタンだったことを思い出させてくれる。

ジャクソンの狙いは、長時間水の中にいたとしても必ずしも死に至るわけではないと論証することだった。一見死んでいるような人も川から引っ張り上げ、適切な処置を施《ほどこ》せば蘇生する可能性があるのだと。彼は論を補強するために医学文献を読みあさり、長時間水中にいた人間の事例を集めた。興味をひくものではあるが、現代の目からするといささか、というよりまったく信じがたい。

**《身体学的溺死論》**

およそ十八年前のことだが、フローニングホルムで庭師をしている男がいた。六十五歳で、年齢の割に体はがっしりしていた。心ある人物で、水に溺《おぼ》れた不幸な隣人を助けようとしたことがあった。だが、無謀にも川の氷の上に乗り出してしまう。氷は割れ、川に落ちていく。水深十八エルの場所だった。

エルとは長さの単位のことで一エルは四十五インチ（百十四センチ）だ。これは六十七・五フィート（約二十一メートル）で、二十メートルよりわずかに長いことになる。つまり相当な深さだ。

彼は垂直に川底まで落ちていき、発見されるまでの十六時間もの間、そこに足がはまったままになっていた。本人が言うには、川に落ちるとすぐに体が硬直してしまい、動く力がないばかりか、感覚すらなくなっていた。ただし聴覚だけは別で、ストックホルムの鐘の音が響いていたとのことだ。

川床にはまった状態でストックホルムの鐘の音を聞いていたとは、何とも奇妙な状況である。

彼は最初、口の前のあたりに袋のようなものがあるのを感じていて、それで水を呑《の》まずに済んだのだったが、耳のほうにはあふれんばかりに水が流れ込み、暫《しばら》くすると聞こえ方が鈍くなるのだった。この不運な男の捜索は十六時間もの間続き、最後には頭に引っかかったフックで引っ張り上げられたのだった。彼はそのときの感覚を覚えていると、完治したときに述べている。

自分の頭がフックに引っ張られるなんて、私なら意識を失ったまま気づかずにいたいものだ。まあしかし、溺れ死ぬよりはマシだろう。

この地方の風習なのか、それとも特定の人物が確信を持ってしたことなのか、男の息を吹き返させるためある試みがなされた。彼はあまり急激に空気を吸い込まないように毛布でくるまれた。もしそうなっていたら、患者は助からなかったはずだ。そのまま彼は、シーツをかぶり皮膚を摩擦されて徐々に温められていった。何時間も止まっていた血液の流れが戻った。最後には、強心作用があり卒中《そっちゅう》にも効くという酒を飲ませたところ、彼は完全に生き返ったのだった。

最後のはルーアンのドミニコ会修道士が始めた治療で、中世には行われていたと考えられている。ヨーロッパ中の医者は卒中に効くというこの霊薬に絶大なる信を置いていて、その製法はそれぞれに違い、アルコールを多量に含んでいること以外、門外不出の秘密とされていた。

患者の話によると、フックの跡が残り、頭が酷《ひど》く痛んだそうだ。特異な事件だが、目撃者たちはこれが真実だと宣誓している。事件がきっかけで、女王はこの患者に年金を与えることに決定し、事の顚末《てんまつ》を話させるため王子にも引き合わせた。

どうやら女王陛下までペテンにかけられたらしい。それにしてもスウェーデン人というのはこういった事例には目がないのか、ジャクソン医師はまたしても異常な事例を引用してきている。事実証明のため、有名な学者でありスウェーデン国王に仕える司書でもあったティラシウスが、宣誓書にサインをしているくらいだ。

最近までダリア（一般的にはウォームズランドと呼ばれる）にはマーガレット・ラーズドッタという女性が住んでいた。不運なことに彼女は三回も溺れている。最初は（彼女が若いころの出来事だが）三日間まるまる水の中にいたということだ。他二回はもっと早く救出されている。彼女は一六七二年に七十五歳で亡くなっている。

三日間は少し無理があるとお思いかもしれないが、まだまだ序の口である。

少し前のことだが、ファールングの町からおよそ四リーグ（約二十キロメートル）ほど離れた場所で、ある画家がボートから落ちた。彼は底に直立した状態で、水の中にいることになった。八日経つまで捜索は実を結ばなかったが、最後には水中から引っ張り上げられた。彼はまだ生きていた。

ということは八日間ずっと水中にいたということになる。その土地の治安判事と司祭はいささか納得しがたいものを感じて、彼に取り調べを行うことにした。まずは水の中で呼吸ができたかどうか。

彼の返答は、何もわからなかった、というもの。

なるほど。で、お次は?

神に祈り、すべてを委《ゆだ》ねたか。これについては、何度も、という答え。

そりゃ、そうだ。

目は見えたか、また、耳は聴こえたか、という質問には、はい、と答えている。もし腕が動かせたなら、彼の捜索に使われたフックを何度もつかむチャンスがあったのに、とのことだ。また、魚が非常に攻撃的で、目をつついてくるため厄介《やっかい》だったとも言っている。どうやってそれを防いだのかと言えば、まばたきで、との答え。

睫毛《まつげ》をはためかせて撃退できるのだから、それほど恐ろしい魚ではなかったに違いない。

空腹は感じたか、また、排泄《はいせつ》に関してはどうしたか、と問われた際には、それはなかった、と彼は答えている。眠ったかとの問いには、わからないが、感覚や思考がなくなっていた時間があるので多分眠ったと思う、と答えている。神のことと、どうやったら助かるのか。この二つを考えていたことしか覚えていない、ということだ。

素晴らしい敬神の念だ、と言いたいところだが、実際はその八日間に何をしていたのか。水の中で祈りを捧げるよりは、だいぶ罰当《ばち》たりなことをしていたと思われる。

しかしながら、今まで紹介してきた水中生活愛好家たちの事例は最長記録には遠く及ばない。ロウランド・ジャクソンは、オランダ人医師ヨハン・ニコラウス・ペッヒリンの『空気および食物を欠いた水中生活についての試論（De aeris et alimenti defectu et vita sub aquis meditatio）』に収められた話を紹介している。

かの高名なバーマン氏が請け合ったところによると、彼はピトヴィアのボーネス*で行われた葬式である説教を聞いた。ローレンス・ジョーンズという七十歳の男の葬式で、この男は十六歳のときに溺れたことがあり、そのまま七週間も水の中にいたというのに、息を吹き返し健康に過ごしたということだ。

なるほど。

最初から誤りと決めてかかる者の目にどれほど非現実的、空想的に映ろうと、この本の著者は当時事故が起きた場所に住んでおり、これを信じていた。最も洞察力が鋭く分別に富んでいた著者がである。[3]

全体的な論旨は称賛に値する。よく考えてみもせずに物事を否定してはいけないというわけだ。が、七週間も水の中にいた少年が助かるなどということがあり得るのだろうか。わざわざ言わなくても答えは明らかだろう。

＊私が調べた限りでは、ボーネス（町）もピトヴィア（教区）も、この話の中以外では見つけることができなかった。なくなってしまったか、存在しなかったのだろう。

# 享年百五十二

ウィリアム・ハーヴェイは、史上最も有名な医師の名に値する人物だ。臨床医としては月並みだったことも、入院患者への接し方がまずくて有名だったことも大した問題ではない。彼の名声は一六二八年に出版された一冊の本『動物の心臓ならびに血液の運動に関する解剖学的研究（Exercitatio anatomica de motu cordis et sanguinis in animalibus）』に発している。一般には『De motu cordis』として知られていた本だが、長年にわたる綿密な実験が記録されており、それが血液の循環について革新的な発見につながったのだった。

ハーヴェイのこの知見は新時代の医学の基盤となったもので、それと比べれば他の著作があまり知られていないのも無理はない。彼は、受胎から出産までの動物の生殖活動について長い論文を書いているが、その中で生殖器の解剖学的構造を記述し、卵の中においてひよこの胚《はい》がどのように発生するかについて研究結果も載せている。しかし彼の全集内には別に、もっと短くて興味深い記録が収められている。

その記録が最初に発表されたのは一六六八年のことで、細部に省略があった。問題の中身はといえば、イングランドで最も年老いた男の死後解剖記録である。

**《百五十二歳で死去したトマス・パーの死後解剖記録》**

## ウィリアム・ハーヴェイ

トマス・パーはサロップ郡ウィニントン近郊に生まれた貧しい男で、一六三五年十一月十四日に死去した。実に百五十二年と九カ月の人生で、その間に領主が九回も交代している。この男は、たまたま近辺に用事があったアランデル伯爵の訪問を受けたことがあり（驚嘆すべきこの男の名声に惹《ひ》かれて訪ねる気になったのだ）、そのままロンドンに招かれる運びとなった。旅の間も、伯爵家への滞在期間中も彼は心づくしのもてなしを受けた。というのも驚くべき長寿を誇るこの男を、国王陛下の御目におかけするためだった。

パーはジェームズ一世に謁見《えっけん》を許される前から、ちょっとした有名人だった。テムズ川の渡し守であると同時に、自称「水の詩人」でもあるジョン・テイラーは、同じ年に『歳に歳を重ね、さらに歳を重ねた老人（The Old, Old, Very Old Man）』という小冊子を出版している。詩による伝記で、老人はかなり理想化されていた。だが何ということだろう。王への謁見のおかげで興奮しすぎたと見え、そのわずか数週間後にパー氏は息を引き取ることになった。王は老人の遺体を調査するようにとハーヴェイ（と何人かの王室付き医師たち）に命じるのだった。彼の所見を次に載せておこう。

体はがっしりしていて、胸には毛が生えており、上腕の毛はまだ黒々としていた。しかしながら脚には毛がなく、その肌も滑らかなものだった。生殖器は健康である。老人にはありがちなペニスの収縮はなかったし、陰嚢《いんのう》の中身も水っぽくなってはいなかった。睾丸《こうがん》についても状態は良かったし、サイズも大きかった。彼が百歳を超えてから色欲を生じ、そのために公開の懺悔《ざんげ》を行ったという報告もあるが、あり得ない話ではない。

それでもパー氏の陰嚢はびくともしなかったらしい。色欲とは性的な衝動のことで、彼はキャサリン・ミルトンなる女性と密通していた。「公開の懺悔」についてはジョン・テイラーの詩に書いてある。

法の定めるところにより百五十歳の老人は
アルバリー教区教会にて
立ったままシーツに包《くる》まった。
罪は浄《きよ》められた(4)。

白いシーツに包まったまま教会の中に立たされるのは、性的な罪を犯した場合の処罰として一般的なものだった。パー氏はおそらく礼拝のときだけ罰を受けるよう言われていたはずだ。そうすれば教区民の全員が彼の姿を見ることになる。

あらゆる角度から遺体の外側が調べられた。次は内部の調査だ。

胸の内部は広かった。肺はまったくスポンジ状になどなっておらず、繊維《せんい》帯によって肋骨《ろっこつ》に付着しており、特に右側にその傾向が顕著だった。彼は死ぬ少し前には顔が青黒くなり、呼吸困難に陥っていた。起坐《きざ》呼吸の兆候が出ていた。

「起坐呼吸」とは寝そべっていると呼吸困難が強くなり、座るか起きるかすると呼吸が楽になる状態のこと。ハーヴェイの記述を読む限り、パー氏はかなり心不全が進んでいたようだ。

　腸の状態は完璧と言ってよいほど健全で肉がつき、丈夫そうだった。これは胃も同じである。小腸はいくつか輪に締め付けられたようになっている場所もあったが、これもがっしりしていた。彼の食事は不規則で時間も決まっておらず、夜となく昼となく手もとにあるものを食べていた。普段の食事といえば、鼻を突く臭《にお》いのチーズに、粗末で硬いパン、それに少々の飲み物だが、大抵は乳清を飲んでいた。また、彼はミルクならどんなものでも飲んだ。自分の家ではこんな風だったわけだが、この粗食のおかげで彼は類稀《たぐいまれ》なる長寿となったのだった。彼は死ぬ直前の深夜ですら何か食べていた。

「鼻を突く臭いのチーズ」とは、あまり美味《おい》しそうでもないし、滋養があるようにも思えない。が、それですぐに死ぬというものでもない。

　体の内部は、一言でいえば健康そのもので、老人が自分の習慣を変えなければならないような不調など起こらなかった。もしかしたらもう少し長生きできていたかもしれないくらいだ。

老人の死因は、空気のきれいなシュロップシャーから大気汚染が進んだ不潔なロンドンへ移ったことだと、ハーヴェイたちは考えた。

この大都市には膨大な人間と動物が集まっている。そこかしこに水路があるが、汚物や腐肉が散らばっている。硫黄炭《いおうたん》を燃料として使っていることから煙が発生しているが、この危険性については言うまでもない。そんなわけで、空気は非常に悪いわけだが、特に秋になるとその傾向が顕著になる。

これもある程度は本当だろう。ハーヴェイは続けて、つましい食事に甘んじてきた老人の胃が、王の食卓に並んだ豪勢な料理を受け付けなかったのではないかと述べている。

これまで簡素で単調な食生活を送ってきた者が、とりどりの珍味が並んだ食卓について、いつも以上に食べ、それればかりか強い酒まで飲むのだ。それまで正常に機能していた臓器に混乱が起きるのは必至だ。

報告によるとパー氏は死ぬまで知的能力を失っていなかった。驚嘆すべき百五十二歳である。が、それにしては結びの文章は辻褄《つじつま》が合わない。私としてはハーヴェイ氏が専門家として疑問に思った点を巧みに暗示しているものだと考えたい。

しかしながら、彼の記憶はだいぶ損《そこ》なわれていた。若かりし日に何があったのか、ほとんど何も覚えていなかったのだ。社会的事件も、名の知れた王侯貴族も、彼の前半生に起きたはずの戦争も、社会的風俗も物価も覚えていなかった。要は、普通なら覚えているだろうことを何も覚えていなかったのだ。(5)

それは変だ。

パー氏の人生の裏をとろうという試みが何度もなされた。十九世紀には本人の「遺言書」が出版されている。この中にはある霊薬の製法が記されており、これが長寿の秘訣だと思われた。もちろんこれは作り話で、「パー長寿薬」で一儲《もう》けしようというペテン師の策略である。残念ながら事実を確かめるのはもっと困難で、彼が一五八八年には結婚していたと示す書類を除いては、トマス・パーの足跡を示す資料は見つかっていない。(6)

# 燃える伯爵夫人

人体が発火するのはあり得ることなのだろうか。二百年前の人々はあり得ると信じていて、特に女性、老人、大酒家に多い現象だと考えていた。十九世紀初頭において、人体の自然発火は流行のトピックで、何件もの事例が大衆紙で報じられ、世間を賑《にぎ》わしていた。灯りといえば蠟燭《ろうそく》が主流の時代で衣服も燃えやすかったから、大半は単なる屋内火災で被害者の皮下脂肪が燃料になったのだろう。しかしながら、人体がほぼまるごと焼かれて灰になっているのに火が周りに燃え移った様子がない、というような場合には、もっと別の神秘的な原因があるに違いないと考える人も出てくるのだった。この現象を説明するために多くの仮説が生み出された。超自然的なものもあれば科学的なものもあった。

チャールズ・ディケンズも人体の自然発火を信じる一人で、『荒涼館』では飲んだくれのくず屋であるクルックが人体発火で死んでいる。その際、小さな「黒こげになって折れた、ちいさな丸太の燃えがら」［『荒涼館』青木雄造、小池滋訳］のようなもの以外は跡形もなかったと書かれている。ディケンズはこの現象に関しては、当たれるだけの資料に当たり、これは真実との結論に達したのだった。クルックの消滅については、寝室で火に巻かれて死んだというイタリア貴族、コルネリア・ディ・バンディの事例が基になっている。この事例は一七三一年にジュゼッペ・ビアンチーニなる聖職者によって報告されており、後に高名な詩人であり王立協会会員でもあるパオロ・ロッリの手で翻訳されている。

**《チェゼーナの伯爵夫人コルネリア・ザンガーリ・ディ・バンディの死について》**

王立協会会員パオロ・ロッリ氏による、ヴェローナの受禄聖職者ジュゼッペ・ビアンチーニ師のイタリア語論文の抜粋

コルネリア・バンディ伯爵夫人は六十二歳で、常に変わらぬ良好な健康状態だった。が、夕食の時間になるとやや体がだるいのを感じていたという。部屋に戻りベッドに入る。メイドと三時間余りいつものおしゃべりをすると、就寝前の祈りを済ませ、眠りについた。ドアが閉まった。

翌朝、メイドは雇い主がいつもの時間にやってこないのに気づき、ドア越しに声をかけた。返事がなかったので、彼女は外に出て部屋の窓を開ける。するとおぞましい光景が目に飛び込んできたのだ。

ベッドから四フィート（約一・二メートル）ほどのところに灰が堆《うずたか》く重なっていて、足先から膝《ひざ》までの部分の脚が二本ともストッキングを着けたままで残っていた。その間には伯爵夫人の頭が転がっていて、これは脳と頭蓋骨《ずがいこつ》の後ろ半分、それから顎《あご》の部分はまるまる灰になっていた。そのあたりには黒く炭化した指が三本転がっていた。残りはすべて灰だ。つかむと手が湿って脂《あぶら》っぽくなり、悪臭を放つのだった。

不思議なことに、家具類や寝具のリンネル類にはほとんど火の影響がなかった。

ベッドは無傷だった。毛布とシーツは片側に寄せられて盛り上がっていた。人が出てきたときか、これから入るときのようにも見えた。ベッドも他の家具類も、湿り気を帯び、灰色の煤《すす》をかぶっていた。それは整理簞笥《だんす》の中まで入り込み、衣服を汚していた。

煤は、寝室の隣にあったキッチンにも覆いかぶさってきていた。パンがいくつか汚れたので犬たちの餌《えさ》にしたが、手をつけようとはしなかった。付着した物体はおそらく主人の肉体が炭化したものだった。それを思えば、この反応も理解できないではない。

寝室の上にあった部屋を見てみると、窓の下側から脂っぽくて忌《い》まわしい、黄色の液体がしたたっていた。そして、何かはわからないもののそこから鼻を突く悪臭が漂っていて、周囲には煤が舞っているのだった。

床にも「べたべた」が付着して取れなかった。当然ながら、この火事の原因を突き止めようと活発な調査が行われ、心ある人士も参加することになった。ビアンチーニ氏（「ヴェローナの受禄聖職者」とされている）は、これはありきたりな原因で起きた火災ではないと考えていた。

このような火災は石油ランプで引き起こされるものではない。というのも、ただの火災なら、いくら火が強かろうと人体をここまで焼尽《しょうじん》することはないし、部屋にかなりの被害が出たはずだからだ。こちらのほうが人体よりも燃えやすい。

ビアンチーニ氏は、火災が落雷によって引き起こされた可能性も考えたが、壁には焦《こ》げ跡もなかったし刺激臭も残っていなかった。つまり、そのような痕跡は見つからなかった。それでは原因は何なのか。司祭は、女性の体内で発火が起こったのだとの結論に達した。

血液内のガス、発酵《はっこう》作用のある胃液、それから生きた人体に豊富に含まれている可燃性の物体。これら生命の維持に必要な物体が、体内で発火現象を引き起こしたのだ。この結果、胃の内壁に残っていた酒精、ブランデー、その他蒸留酒、それから脂肪の膜が燃焼することになったのだ。

ビアンチーニ氏が主張するところでは、体が休息し呼吸が規則的になる夜中に「燃焼」は起きやすくなる。また、ある種の布を髪にこすり付けると「閃光《せんこう》」が見える（静電気の放出により起こる現象だ）ことがあるのを引き合いに出し、それと似たことが胃の中で起こって「可燃性の物体」が発火したのだという説を提案している。

何の不思議があろう。就寝前にだるさを感じていたのは胸に熱が集まりすぎていたからで、そのせいで発汗作用が妨《さまた》げられていたのだ。一晩につきおよそ四十オンス（約一・二キログラム）ほど出るはずだった汗がせき止められていた。ベッドから四フィート（約一・二メートル）ほどの位置に灰の山ができていたのは簡単なことで、被害者が自然の本能に従って熱を冷まそうとベッドから出たのである。もしかしたら、窓も開けようとしたのかもしれない。

ということで、彼は本当の原因らしきものを取り逃している。

気分が優れないとき、この老婦人は体中に樟脳《しょうのう》の入った酒精を浴びており、ことによるとその夜もそうしていたのかもしれない。

樟脳の入った酒精、すなわち樟脳のアルコール溶液は皮膚病の治療に使われることが多く、それから化粧水としても用いられていた。これが非常に燃えやすい液体だという点は本件にはもちろん何の関係もないこととされている。

めったにない状況だった。原因として最も可能性が高いのは内部熱とそれに伴う発火だが、これは内臓の中で発火した後は自然の勢いとして上へ向かう。それを妨げるものはなく、もっと脂肪分が多くて燃えやすい物体に行き当たる。それで脚は無事だったわけだ。大腿《だいたい》は火元に近かったため燃え尽きている。尿と便により火勢は強まったはずだ。リンが含まれているため、両方とも非常に燃えやすい物体なのだ。[7]

つまり、「内部熱とそれに伴う発火」が原因で伯爵夫人は灰になったというわけだ。伯爵夫人は可燃性の液体を全身に浴びる習慣があり、問題の夜もそれを実行していた。それに火がついて歩く火だるまになった可能性はないのだろうか?――いやいや、そんな風に考えるのは手に負えないほど疑り深い人だけですよ。

# 二股のペニス

十九世紀フランスの内科医オーギュスト＝マリー＝アルフレッド・ポーレットは四十歳の誕生日を目前にしてこの世を去った。その名は何ら重要な革新に結びついているわけではないが、恐ろしいまでの魅力を持つ本を彼は書き上げている。二巻組の『外科治療における異物においての論文（Treatise on Foreign Bodies in Surgical Practice）』だ。体中の穴という穴から異物が入ってしまった（そして見失った）事例を集めた素晴らしい書物で、誰もその存在すら知らない穴に関する事例も収められている。ポーレットは勤勉に文献から異様な事例を集め、そのいくつかには鋭い考察を付け加えている。たとえば、尿道に異物が入ってしまった場合、患者の職業によって異物の種類が分かれるといった観察などだ。

尼僧《にそう》ならひもの先、カプチン会修道士ならベルトの切れ端、仕立て屋は針、お針子は裁縫箱《さいほう》、羊飼いなら羊の骨、画家は絵筆の欠片《かけら》、ブドウ園園丁はブドウの小枝、教師はペン軸、喫煙家はパイプの軸、洗濯女はヘアアイロンだ。

この人目を惹《ひ》く段落のすぐ後でポーレットは奇妙な話を書いている。私など最初は、いたずら好きの同僚がでっち上げた冗談かと思ったくらいだ。が、ポーレットに責任はない。ほぼ一世紀も前に、パリの外科医フランソワ・ショパールの『泌尿器《ひにょうき》の病気についての論文（Traité des maladies des voies urinaires）』に収められていた話だからだ。この上なく馬鹿馬鹿しい話だが、出典元は申し分ない。

**《観察――自発的切断――膀胱《ぼうこう》の異物》**

ガブリエル・ガリアンがマスターベーションを始めたのは十五歳のころ。回数は一日に八回というのめり込みようだった。

なるほど。確かに少々やりすぎかもしれない。

少しすると、射精がしにくくなる。射精までに一時間もかかるようになり、全身痙攣《けいれん》が引き起こされる。最後には数滴の血が出てくるだけになった。二十六歳になるまで彼は欲望を満たすのに自分の手だけを使っていた。が、それでは持続勃起症《ぼっき》（勃起が収まらない状態）に陥るだけで射精できなくなり、彼は長さ六インチ（十五センチ）ほどの小さな木の棒で尿道を刺激する方法を思いつく。時に深く、時に浅く挿《さ》し込んだが、油脂や粘液を使うことがなかったので、この敏感な器官には強すぎる刺激が与えられた。

つまり、摩擦を減らす方策は採られなかったわけだが、これは分別がなかったと後になって判明する。

彼は羊飼いになったが、これは一人になれる機会が多く、その分情熱に身を任せる機会が増えるからだった。

職業選択の基準としては変わっている。「羊飼い求む。経験不問。愉快な職場環境に水準以上の給与。マスターベーション愛好家に向いています」というわけだ。

彼は日に何度も尿道を木の棒で刺激しに行ったが、時間としてはこれで数時間になった。十六年もの間彼はその方法を使い、大量に射精していた。尿道はかなり頻繁《ひんぱん》にそれも長時間にわたって摩擦されていたので、硬く肥《ひ》厚《こう》してついには完全に感覚がなくなってしまった。こうなってしまえば木の棒も手と同じく役には立たない。ガリアンは自分が最も不幸な男だと思った。

「持続的な勃起」と女性に対する「抜きがたい反感」に悩まされ、ガリアンは意気阻《そ》喪《そう》していた。

心身にわたって抑《よく》うつ状態の影響が出て、彼は何度も羊の群れを見失うことになった。彼はいつも新たなマスターベーションの方法を探していた。数え切れないほどの失敗の後、またしても手と木の棒で猛然とマスターベーションに耽《ふけ》るが、欲望が掻《か》き立てられただけだった。彼は絶望的な気分になって、ポケットから切れ味の悪いナイフを取り出し、尿道に沿って亀《き》頭《とう》を切りつけた。

これでたじろがない人にとっては、そういうものなのだろう。亀頭とはペニスの先端のことで、成人男性の場合は大量の神経終末が集まっている場所なのだが。

他の男性ならばかなりの激痛を味わったはずだが、ガリアン氏に至ってはペニスに切れ目を入れることで、快感を味わい、満足のいく射精を経験することになった。

ガリアン氏は何かとてつもない間違いを犯しているとしか思えない。

この新発見に夢中になり、彼は今まで禁欲せざるを得なかった分を取り戻すことに決めた。興奮状態が来たらいつでもマスターベーションを始めることにしたのだ。くぼんだ場所や茂み、岩場などが格好の隠《かく》れ処《が》となった。彼は常に望みのままに快感を得て射精することができた。

羊飼いはついに切れ味の悪いナイフで快感を得るようになったのだった。いやいやどうして間違いなどではなかったのである。

最大限の情熱をこのマスターベーションに傾けた結果、ついに尿道口から尿道、それから陰嚢《いんのう》の上部の海綿体《かいめんたい》（恥骨《ちこつ》結合の近くだ）までがまっぷたつに分かれてしまった。ひょっとしたらこの方法で千回以上マスターベーションしていたのかもしれない。

「尿道口」はペニスの先端にある、尿路の口だ。彼は先端から根本まで、ペニスをまっぷたつに切り裂いてしまったことになる。自ら望んでそうしたこととはいえ、すごい。しかし、こんなことをすれば恐ろしい出血が引き起こされるのではないだろうか。幸運なことにこれは何とかなった。

おびただしい出血が引き起こされたが、ペニスに糸を巻きつけてしっかりと締め付けたので、血は止まったし、かといって海綿体へ血が流れ込んでくる道が塞《ふさ》がれたわけでもなかった。

海綿体はスポンジ状の組織で、そこに血が集まると勃起するようになっている。

三時間か四時間経ったころに糸をほどき、あとは放っておいた。ペニスには無数の切り傷がつけられていたが、それでも彼の欲望はとどまることを知らなかった。海綿体は真っ二つになりながらも、頻繁《ひんぱん》に勃起して二股に分かれるのだった。ナルボンヌのオテル・デューで外科医長を務めるセルナン医師（ドミニク・セルナン。産科学の教授で、南フランスのナルボンヌにある病院の外科医長。全国外科学会の準会員でもあった）がこの事例を私に知らせてくれた。彼はこの勃起現象の目撃者である。

何ということだ。左右二本のペニスとは。

これ以上ナイフを使うことはできなかった、というのも恥骨のあたりまでペニスは切断されていたからで、ガリアンはまたしても抑うつ状態に落ち込むことになる。彼は最初より小さな木の棒をもう一度使ってみることにした。まず尿道のなごりに挿し込んでみる。それから思うがままに尿道と射精管の切れ口の部分をこすってみる。すると射精するのだった。

彼は今やペニスの切断部分から木の棒を挿し入れて性的快楽を得るようになっていた。どうやら、ことここにいたっても自分の人生は何か間違っているのではないか、などと立ち止まって自問することはなかったらしい。

彼は真実恐るべきマスターベーション愛好家だが、人生の最後の十年間はこのようにしてマスターベーションに耽《ふけ》っていた。ペニスが分かれていることについてはいささかの懸念もなかったらしい。

フランス語の原文はもっと洒落《しゃれ》ている。「これぞ並外れたマスターベーション愛好家（Ce masturbateur vraiment extraordinaire）」。よくも言ったものだが、私なら墓石に刻んでもらいたい文言ではない。

長いこと木の棒を使っているうちに、彼は大胆に、ともすれば軽率になっていった。一七七四年六月十二日、彼は木の棒を尿道に挿し入れたのだが、うっかり指を滑らせて膀胱《ぼうこう》に入ってしまった。

すぐに変化が現れた。激しい腹痛に、排尿困難、熱、嘔吐《おうと》それからもっと悪い症状も出た。

これらの症状に苦しめられた彼は、自分自身でこの残酷な敵を取り除こうと試すことになる。木のスプーンの柄《え》を直腸に突っ込んで、力任せに前後に動かすのだった。百回以上もこんなことをしていたが、こうすれば木の棒が入ったときと同じ経路から出ていくと考えたのだった。しかしながらこの方法ではどうにもすることができなかった。

思うにあまり賢い「方法」ではない。これくらいは言っても許されるだろう。

彼は最後にはナルボンヌ病院に行く気になり、そこに三回入院することになる。合計で二カ月半にもなったが、毎回症状が回復されないまま退院することになった。というのは、病気の原因を突き止めるための検査に彼が同意しなかったからだ。セルナン医師にとって驚きだったのは、この不幸な羊飼いにはペニスが二つあったことだ。患者は尿が詰まると訴えており、それで下腹部を検査することになったのだが、この二つのペニスはそれぞれが普通のペニスと同じほどの大きさがあった。

まあ、何と言うべきか、セルナン医師は驚いたことだろう。

これはあまりに奇抜だったので、セルナン医師の関心を引くことになった。患者は、生まれつきこうなのだと主張し、一度は医師も信じたが、その部分を調べてみると明らかに傷がついており、分かれている部分の皮膚は全体が硬く肥厚していた。自然にこんな構造になったとは思えなかった。この段になって、ガリアンはこれまでの経緯を打ち明け、それがここまでの報告の元になっている。

さて、セルナン医師は膀胱に異物があるのを確かめようと、探り針を使い、次いでそれを摘出することに決めた。会陰《えいん》を切開することになった。これは陰嚢と肛門の間の部分のことだが、手順としては膀胱結石《けっせき》を取り除くのと似ていた。

**患者は恐るべき苦痛に苛《さいな》まれており、シデナム鎮痛剤を百滴投与されてようやくそれがやわらぐような状態だった。それで手術に応じたのだった。**

「シデナム鎮痛剤」とはアヘンチンキのことだ。名前はトマス・シデナム卿から来ている。彼は十七世紀の偉大な医者で、様々な病気の治療にアヘンチンキの使用を広めた人物だ。このチンキ剤は強力なアヘン剤で、（大抵は）痛み止めとしての効果があった。

**会陰が切り開かれた。指で異物の方向を変え、先端が切開部のほうを向くようにした。木の棒は鉗子《かんし》で取り除かれた。**

「鉗子」とはポリープ用鉗子《ポリーパス・フォーサップス》のことで、これはポリープ（粘膜にできた腫瘍）を摘出するための道具だ。ともあれ患者の症状は治まった、が、すぐに新たな症状が出る。

出血はわずかで、眠りも穏やか、尿は何の困難もなく通り抜けていく。が、長年患者を苦しめていた咳《せき》が五日目に激しくなった。熱が出て悪寒を感じるようになり、腸が弛緩《しかん》して、左の大腿《だいたい》、臀《でん》部《ぶ》それから仙骨《せんこつ》に壊疽《えそ》が広がり始めた。適切な治療を施《ほどこ》したので、これらは徐々に収まっていった。

感染症ではないかと思われる。この状況で生き残ったのは運が良い。だが、何ということだろう。「並外れたマスターベーション愛好家」の命は長くなかった。

胸の病は治まらなかった。この不運な羊飼いは、会陰部の傷が治ってから三カ月後にこの世を去ってしまう。検死の際、胸膜と右肺の間に形成された嚢から、緑色の膿《うみ》が大量に出てきた(8)。

蓄膿《ちくのう》だ。肺の周囲の空間に溜まった膿のことを言う。それだけなら死ぬことはないが、敗血症を引き起こすことがあり、そうなると患者の命はもう長くなかった。

ガリアン氏をただの変態だと切って捨てるのは簡単だが、彼の場合は何らかの精神疾患にかかっていたことは間違いない。性的快楽への執着は、性依存症や性行動亢進《こうしん》など様々な名前で知られているが、なかなか理解を得られずに、否定されがちである。もっとも彼の場合は明らかに極端なケースだったけれど。

## 蛇男の脅怖《きょうふ》

十三世紀に教皇を務めたニコラウス三世の姪《めい》は、全身が毛に覆われ手足にかぎづめのある子どもを産んだと言われている（少なくとも十六世紀の歴史家ギョーム・パラディンはそう述べている。典拠としては必ずしも信用できる相手ではないが）。叔父《おじ》と同じく彼女もオルシーニ家の一員だった。オルシーニとはイタリア語で「小さな熊」を意味していた。彼女の住んでいた宮殿は動物の絵で自由に飾り立てられており、日常的に熊の絵に接していた。それで奇形の子どもが生まれてきたのだと信じるようになったのだ。このことがあってから、ニコラウス三世はローマ中にある熊の絵を燃やすようにとのお触《ふ》れを出した。これ以上奇形の子どもが生まれてくるのを防ぐための処置だった。

妊娠中の女性が厄介《やっかい》な経験をすると胎児に多大な影響があるという迷信は古くからあった。ヒポクラテスやガレノスの著述にも記録されている。ばかげた迷信だと、長らく退けられていたのだが、十八世紀の初頭にもう一度甦《よみがえ》ることになる。一七一四年にダニエル・ターナーが出版した『皮膚病について（De Morbis cutaneis）』がそのきっかけだ。これは皮膚病について英語で書かれた初めての本である。ターナーは全編を、奇形児の誕生は母親の心理状態が原因になるという主張に費やしている。見出しは次の通り。

**母親の空想により胎児の肌に現れた斑点や跡——これらは幻想の力が原因で、奇妙でほとんど信**

じがたいほどである。妊娠中の女性にその傾向が強まる。

猛烈な反論もあったが、大方は「幻想の力」が生まれる前の子どもにとって危険だと信じた。一八三七年のアメリカで報告された事例を見ると、この迷信がどれほど長続きしたのかがわかる。「蛇男《へび》」ロバート・H・コープランドの話だ。

**《物理現象あるいは蛇男……ロバート・H・コープランドの話》**

あまりに特異な存在で、医学史上これに類するものは存在しないかもしれない。彼は今、およそ二十九歳で、体にも知性にも問題はない。彼の身体的欠陥は、およそ妊娠六カ月目に彼の母がガラガラ蛇に噛《か》まれかけたとき恐怖を感じたことに発している。蛇に襲われて数分間はてっきり足首の上を噛まれたと信じており、心的影響があまりにも大きかったので、子どもは右腕と右脚を自分の意思で動かせなくなってしまった。右側の腕も脚も、左側より小さかった。

脚が変形しているにもかかわらず、ロバートは歩けるようになった。いつも足を引きずってよたよたしていたが。だが、まだまだこんなものではない。

手首が普通よりも緩く、腕に対して斜めになっていた。前歯はいくらか尖《とが》っており、蛇の牙のように後ろに傾斜していた。顔の右半分は病気の影響を強く受けており、口が左側にかなり寄っていた。右目は斜視《しゃし》で、そこから深い溝が走っており、見た目がかなり蛇に似ていた。

それだけ？　そう思われるかもしれない。だが、似ているのはこれだけではなかった。右手が蛇の頭と首のようだと言われていたのだ。さらに気がかりなことには、その右手が自らの意思を持っているように見えたことだ。さながらストレンジラブ博士［映画『博士の異常な愛情または私は如何にして心配するのを止めて水爆を愛するようになったか』の主人公の一人］の爬虫類《はちゅうるい》版である。

右腕全体で獲物に襲いかかるのだった。ときに三回から四回、ときに四回から五回と、正確に同じ動作で攻撃を加える。そうすると腕が震え出し、かと思うととぐろを巻き、胴体に近い位置に来る。その興奮は顔にも伝わった。手の攻撃に合わせて口角が後ろに吊り上がり、目がまたたいた。その間　唇《くちびる》は割れて、蛇の牙のように尖《とが》った歯が覗《のぞ》く。このおかげで奇妙にも、顔全体が蛇のような印象を帯びるのだった。

医学論文でお目にかかる表現としては、さほど科学的とは言えない。多分この医師はコープランド氏の症状を調べた後、厳《おごそ》かな調子でメモに書いたのだろう。「外観・やや蛇に似ている」と。次の記述などほとんどジークムント・フロイトの先駆けと言ってよいくらいだ。

蛇を見ると彼は恐慌に駆られ、本能的な復讐《ふくしゅう》感情が渦巻くのだった。蛇が出る季節に彼は興奮しやすくなった。蛇について話をするだけで興奮を惹起《じゃっき》し、会話が始まるや否《いな》や、腕は相手に襲いかからんばかりの様子を見せるのだった。この特異な男は、生まれはカロライナで一八二九年にジョ

ージアに越している。以来彼はそこで片腕でできる労働をこなし、たゆみない努力により妻と家族を養った。(9)

この論文が一八三七年後半に『南アメリカ内科外科医学雑報（Southern Medical and Surgical Journal）』に寄稿されたとき、編集者は「蛇人間」を見るまでこの論文は載せないことにした。しかし惜しいかな、その機会は二度と訪れなかった。代わりにこの話が真実であると宣誓した六人の医者と一人の保安官、弁護士の名前を付け加えて保証とした。

ロバート・H・コープランドは確かに実在した。十三人の子どもを作り農場を経営し、七十九歳まで生きた。彼の右腕は奇形だったし実質的に労働の用には耐えなかった。しかし、もし母親が妊娠中ガラガラ蛇に襲われていたとしても、それが身体障害の原因ではないことだけははっきりしている。

## 蠟人間のリサイクル

一八四六年二月、マンハッタンで墓掘り人の一団が、ブロードウェイ十二番街路の角にある墓地から遺体を掘り起こしてほしいとの依頼を受けていた。その墓地は再開発用の土地として売却される予定だったので、遺体を掘り出して、可能ならばもう一度埋葬する必要があった。墓掘り人たちは、この手の仕事を何度も危なげなくこなしていたが、今回は非常に不気味な遺体を掘り起こす羽目になった。まあ、孫に語り聞かせる話題ができたわけだが、まずは地方紙の新聞記者に、ということになった。すなわち、ここで紹介するミセス・フレンドの話を、ニューヨークの『真実の日差し（True Sun）』誌の記者に語ることになったのである。

### 《法外な屍蠟《しろう》》

ミセス・フレンドは一八三〇年二月に思いがけなくこの世を去ったものらしい。体調に異変はなく、その日はもう休もうと寝室に戻ったところ、翌朝の三時前にはすでに亡くなっていた。頑健で元気な六十八歳で、病気などしたことがないくらいだった。それが、先述のように墓地から遺体を掘り起こす必要が出てきて、ミセス・Fのものも一緒に掘り出されたのだった。彼女の遺体はまったく劣化しておらず、埋められたときと同じくしっかり形を保っていた。

墓所から棺桶を引き上げると、蓋《ふた》が偶然外れた。「驚くべき光景だった」と報告は続いている。

ミセス・フレンドの顔も首も生前と同じく十全な状態で、実のところ頬《ほお》などは少々ふっくらとしていたくらいだ。眼球がなくなっていたのを除けば、劣化の跡は毛ほども見受けられなかった。しかしながら、白い膜状の物体が遺体の表面を厚く覆っていた。それを取り除くと、雪花石膏《せっかせっこう》と見まがうばかりの雪膚《ゆきはだ》が姿を現したのだった。肉体はしっかり形を保っており、混じりけのない鯨蠟《スペルム》のように堅固だった。そして不快な臭《にお》いはまったくなかった。

「スペルム」とは言っても精子とは関係ないので安心されたい。鯨蠟《スペルム》とはマッコウクジラの頭部から採れる、白濁《はくだく》色の蠟《ろう》様物質である。当時は薬や化粧品、蠟燭《ろうそく》を作るのに使われていた。

さらに調べてみると、体の全体も驚異の保存状態で保たれているのがわかった。胴体も四肢も同じように形を保っていて、劣化した様子は微塵《みじん》もない。墓地にあった二百人の遺体のうち、塵《ちり》に還《かえ》っていないものといえばこれのみだった。彼女の頭にあった帽子も、そのリボンも形はそのままで色も褪《あ》せていなかった。

神秘的な話だが、完璧に説明がつく。死と埋葬の習慣についてのトマス・ブラウンによる名著『ハイドリオタフィア（Hydriotophia, Urn Burial）』の中に、埋葬十年後に掘り出された死体についての記述がある。十年間、湿っぽい土壌の中にあったおかげで、「脂肪の塊が、カスティール石鹸《せっけん》（オリーブオイルから作られる石鹸で、スペインのカスティールで作られたのが最初）に凝固した」というのだ。一七八九年にはフランスの化学者アントワーヌ・フランソワ・ド・フルクロワが、パリの無垢の霊園《シミティエール・ティズィノサン》（Cimetiére des Innocents）から掘り起こされた遺体について同様の観察を残している。〝adipocere〟（屍蠟）という言葉もそのときに生まれた。これは遺体を覆う「脂肪質の蠟」を指す言葉だ。珍しくはあるが、湿っぽくて酸素のない場所に死体が埋められると起こりやすい現象だ。条件さえそろえば、酵素と嫌気性菌の働きで脂肪が白い蠟に変換され、数年後には硬く光沢を帯びるまでになる。一八七五年にフィラデルフィアで掘り起こされた女性の場合が特に見事で、石鹸婦人《ソープ・レディー》として知られるこの女性は、現在でもムター博物館に展示されている。

ミセス・フレンドに関して言えば、掘り起こされて数日後には家族が、ハーレムに埋葬する準備を整えていた。これはセントラル・パークのまた別の場所だが、死後十六年経ってから、ミセス・フレンドの姿を見たのでショックを受けたのだろう。

しかし、科学的、あるいは他の要因があってか、遺体を動かせば危険が降りかかるかもしれないと恐れ、彼らは遺体を家の中に運び入れてしまう。元の棺桶はマホガニー材のケースで囲い、その蓋はガラス製にしておいたので、日々それを見に多くの人々が訪れるのだった[10]。

趣《おもむ》き深い話である。まさに語り草。近所からは羨望《せんぼう》の的《まと》だったに違いない。残念ながら、ミセス・フレンドの遺体がこの後どうなったのかについては何も書かれていない。多分今でも、どこかの家の応接室に飾られていることだろう。が、もっと悪い可能性もある。一八五二年の『サイエンティフィック・アメリカン（Scientific American）』に、パリのもう使用されていない墓地から大量の屍蠟が発見されたとの報告が載っている。それによるとだいぶ気味の悪い使われ方をしたものらしい。

パリの石鹸製造人や蠟燭商人が、石鹸や蠟燭を作るのに使っていた。フランス人の高尚な感性からすると、祖先の体から作られた蠟燭の光を浴びるのは魅力的なことなのだ。[11]

私だってリサイクル好きでは人後に落ちないつもりだが、さすがにこれはやりすぎだと思う。

## 胃でナメクジを飼う女の子

ジャーナリズムの金言にこんなものがある。新聞の見出しにイエス／ノーの二択で答えさせる質問が出たら答えは常に「ノー」だ。たとえば、

「この写真のイエティは本物か？」
「太陽フレアがロンドンの暴動を引き起こす？」
「月を横切るUFOを発見？」

これらは私の創作ではない。

「Xで癌《がん》が治療できるか？」という質問ならさらに一目瞭然だ。Xに代入されるのが「緑茶」だろうと「瞑想」だろうと「蛇の油」［〝snake oil〟には「法螺」や「偽薬」といった意味がある］だろうと（はたまた他の何かが代入されようと）同じことだ。

なかなか当てになる話で、ベタリッジの法則と呼ばれることもある。一八五九年十二月に公開された、ロンドンの外科医デイヴィッド・ディックマンの論文についてなら、間違いなくこの法則は当てはまる。

## 《人間の胃の中でナメクジは生きられるか？》

もちろん答えは「ノー」だが、著者の驚嘆すべき信じやすさを確かめるためだけでも、報告書自体は一読の価値ありだ。

十二歳のサラ・アン・Cはここ二カ月の間、何度か胃がむかむかすると訴え、特に食事の後はそういうことが多かった。去る八月五日、彼女は大きなナメクジを嘔吐《おうと》した。ナメクジはまだ生きており、生々しく蠢《うごめ》いた。六日には二匹のナメクジが生きたまま吐き出された。七日の夜には嘔吐と腸の弛緩《しかん》により五匹のナメクジが吐き出された。サイズは様々で、一番小さいものは二インチ（約五センチ）だった。すべて生きていた。

とうていあり得そうな話ではない。人間の胃の中は、強い酸が降り注ぐ環境だ。空《から》っぽの状態でのpHは一・五から二になる。食べ物や飲み物で胃液が薄められると、中性（pH七）になることはあるが、それでも数時間後には元の数値に戻るのが通例である。この極限状況を生き残る寄生虫もいるが、ナメクジに関してはその限りではない。

八日の朝、私は彼女に初めて会った。嘔吐と下痢はやんでおり、彼女は腹部の左側と頭に痛みがあると訴えていた。アヘンの粉末を処方すると症状が取り除かれたが、九日の午後に喉から何かが這《は》い上がってくる感じが彼女を襲った。

身の毛もよだつ話だ。

喉の上部にあるものを取り除こうと、彼女はどうにかして嘔吐を引き起こそうとするのだった。何度も指を喉に突っ込んでそこにあるものをつかみ取ろうとしたが、これは成功しなかった。私はその感覚が治まりかけているところに偶然やってきた。その何かは、口と胃の真ん中あたりまで降りていったらしい。

疑い深い読者なら、「ちょっと都合よすぎない？」と言うだろう。これなら医者が少女の喉を覗《のぞ》き込んでもその何かを見ることはできないわけだ。

吐き出すのは無理なようだった。アンモニアとカンフルならこの生き物を殺すことができるのではないかという考えが私の頭に浮かんだ。死骸《しがい》は胃の消化作用によって溶け去るだろう。最初の二日間は四時間ごとに投薬し、続く二日間は一日に三回投薬した。結果は満足のいくものだった。アンモニアとカンフルを最初に投与した後、何かが喉を動き回っている感覚はやんで、彼女は今は常と変わるところがない。

ここで言う「結果」はかなり曖昧《あいまい》だ。そもそも何かが「這っている」というのも少女が言っているだけなのだ。医師はここで元の症状について説明を試みている。

夏の間、彼女はよく庭に行き、そこに生《な》る作物を口に入れていた。特に好んでいたのがレタスだ。とても小さなナメクジの一団がレタスに食いついていたのだろう。それをよく噛《か》みもせずに呑《の》み込んでしまった。胃液はそれを殺すほどに強くなかったので、ナメクジは胃の中で食事をし、普通の大きさにまで成長した。

つまり、慧眼《けいがん》なるディックマン医師の考察によれば、ナメクジは少女の胃の中で数日、ことによると数週間生き延びていたことになる。

ナメクジが胃の中にいた期間中、彼女は今までにもまして野菜と果物を好み、出された肉には手をつけなかった。野菜類だけを食べたのだ。

ナメクジの好物をふんだんに胃に投入したわけだが、信じやすい医師はこれについてさらに詳説している。

最初に吐き出された三匹はもう手もとにはいなかった。だが、私の依頼に応じて他の五匹は生きたまま、野菜を与えられていた。ナメクジたちは調理済みの野菜のほうがお好みらしく、生野菜を食べるのを最初は拒んでいた。

まったく大層な証拠だ。

**今は生野菜が餌《えさ》になっている。**

ナメクジをペットにするとは、不思議な話ではある。ところでディックマン氏の論文の結論を読めば、彼が古い迷信なら何でも信じてしまう人間だということがわかる。

**この患者の症状に関係ありそうなことがもう一つある。彼女は左手がない状態で生まれてきた。これは、ストリート・オルガンの奏者と一緒にいた少年がヤマアラシを持っていて、彼女の妊娠中の母親がそれに驚いたことによる。そのときの印象が焼き付いて、子どもの手に異常が起きたのだ。**[12]

本章の「蛇《へび》男」でおなじみの話だ。公平を期すために言っておけば、当時はまだ多くの人が母親の想像力が子どもの身体に影響を及ぼすと信じていた。が、ほとんどの医療専門家は、こんな話は一八五九年の時点でもう、相手にしていなかった。実はこの話、古くから伝わる二つの民間伝承が組み合わさってできている。ナメクジ、蛇、虫などの生き物が人間の体の中ですくすくと暮らす話は数世紀来、巷で囁《ささや》かれていたものだ。ときに「腹中の蛇」と呼ばれることもあり、世界中の民間伝承に似た話がある。この手の話は相当な頻度《ひんど》で医学雑誌にも寄稿されていて、一八六五年にはアメリカの医師、J・C・ダルトンが、本当にナメクジが人間の胃の中で生きられるものか調査している。

ダルトンはニューヨーク出身の生理学教授で、ディックマン医師が見落としている点を二つ指摘している。ナメクジは空気呼吸する動物だし、軟体動物に分類されるので人間の消化器官内で生きていける見込みはない。窒息するか消化されるのがオチというわけだ。だが理論だけでは満足できなかったのだろう、ダルトン医師は実験を行うことになる。そして実に、実に驚くべき結果が出た。胃酸に浸されたナメクジは数分で死に至り、その後数時間で完璧に消化されたのだ(13)。

さて、質問は「人間の胃の中でナメクジは生きられるか?」だった。百パーセント、ノーである。ではサラ・アンの抱える問題とは何だったのか。彼女の病気はおそらく身体のものではなく心にかかわるものだった。この章のはじめにご登場願った、アイルランド人女性メアリー・リオーダンを覚えておいでだろうか。驚愕《きょうがく》と好奇心を引き起こさずにはいないような、奇抜な症状を彼女は偽っていた。だが、彼女を苦しめる病気が何であれ、ナメクジの一団が胃に居座って新鮮な野菜をむしゃむしゃやるなんてことはあり得ない。

## 水陸両生幼児

一八七三年六月、新しい定期刊行雑誌『医療・メモと質問（Medical Notes and Queries）』が本屋の棚に並んだ。寄稿者は「卓越した医学の権威たち」とのことで、一般大衆向けに書かれていた。特に「ちょっとした病気のとき、医者にかかりに行くことができない数万の人々」のための雑誌ということだった。タイトルにしても形式にしても、『メモと質問（Notes and Queries）』の、厚顔無恥《こうがんむち》な剽窃《ひょうせつ》だった。この雑誌は文学および古物研究の雑誌で、二十年早く創刊され多大な成功を収めていた。『医療・メモと質問』は、読者が医学上の質問を送り、それに専門家が答えるという形式の雑誌だった（創刊八カ月目にして突如、『医療・メモと質問』は『夜の鐘（The Night Bell）』に題名を変えている。多分、弁護士から険悪な手紙でも受け取ったのだろう）。

「質問」には前置きとして何ページかにわたる「メモ」がついた。肝油《かんゆ》の利得から、暑い日に何を飲めばいいのかまで[*]、あらゆる質問に対応した。だがこの雑誌の創刊号で一際目立ったのはあるニュースだった。

＊どうやら紅茶らしい。この雑誌によると「シャンパンをソーダ水で割ったものがリフレッシュには最適だがこれは懐に余裕があればの話。レモネードやクラレットも有効だ。それからグラインダー・ビールも良いものは侮《あなど》れない」次第。

**《水陸両生幼児》**
「水陸両生幼児」の話題がロンドンのいくつかの新聞紙上を賑《にぎ》わしている。この話題は次のように紹介されている。「早期教育の奇妙な成果／二十五分間水中歩行する幼児、犬と子どもを水陸両生に仕立てることに成功したドイツ人」

何だって？

シカゴ在住のルイス・シュルツ医師……

まずここで、彼は「医師」ではない旨指摘しておかなければならない。若かりし日、プロイセンで医学に魅了されたとはいっても、彼は正規のトレーニングを受けたわけでも資格を持っているわけでもなかった。彼は肉屋だった。兵役についたときに外科医の助手に任命されたのは、もしかしたら肉を切るのに長《た》けているのを買われたからかもしれない。だがそれも大失敗を犯すまでだった。

不幸にもナイフを扱いそこなって負傷兵の命を奪ってしまう。不名誉にもこれで彼の医療従事者としてのキャリアは閉じることになった。

つまり、彼はどう言いつくろったところで医師ではなかった。ともあれ、なぜ、両生類が水中で生きられて、陸生生物がそうでないのか、彼は自分なりの結論に達した。両生類の場合は「心臓の楕円形の穴《だえんけい》」が開放されていて、陸生生物の場合は閉じているからだった。

「楕円形の穴」とは卵円孔《らんえんこう》という、左右の心房《しんぼう》の間に空いた穴のことだ。ちなみに心房とは心臓の上部にある部屋のこと。この穴は胎児循環に使われる二つの通路の一つで、これは生後には閉じる（もう一つは動脈管という）。血液は胎盤を通じて酸素化されるので、母親の胎内にいるときは肺は必要がない。動脈管と卵円孔はその間、血液の循環が肺を迂回《うかい》するためのものだ。役割を終えると、生後数日で閉じることになる。

もし、この卵円孔が閉じるのを防ぐことができれば、陸でしか生きられない生物も、水中を住処《すみか》にできるようになるはずだと彼は考えた。というのも陸にいるときは血液が肺を通過している生物も、水中にいるときは「楕円形の穴」を右から左へ通ることになるからだ。

もし、シュルツ「医師」がこのアイディアを自分の手柄にしようというのなら、彼は不誠実なことになる。十八世紀の偉大な自然学者、ジョルジュ＝ルイ・ルクレール・ド・ビュフォンが同じ（間違った）主張を一世紀も前にしているのだ。彼の『博物誌（Natural History）』は、その一章まるまるが、アザラシやセイウチなどの水生哺乳類に充《あ》てられている。ビュフォンは次のように書いている。

この穴を開いたままにしておくことで、これらの動物は呼吸するかどうか、自在に切り換えができるようになっている。

ビュフォンは、これらの哺乳類が長時間水中にとどまっていられるのは、血液が肺を迂回し、呼吸なしでも循環できるようになるからだと考えていた。これは完全に間違っていた。彼らがあんなにも長い時間水中に潜っていられるのは、筋肉中に（人間とは違って）かなりのミオグロビンを蓄《たくわ》えているからだった。これは相当な量の酸素を格納しておけるタンパク質である。しかし、偽医者シュルツは納得してしまった。

シュルツ医師は実験する決心を固めた。生まれてまだ一時間以内の、セッター犬の子犬を体温と同じ温度の水に入れ、まず二分、次いで五分、入れたままにしておいた。何の問題も出なかったので、彼の精神は空高く飛翔して、まだ幼い自分の息子で実験をすることにしたのだった。

あるいは次のように言うべきかもしれない。子犬たちを溺死《できし》させそこなったので、代わりに自分の息子《むすこ》を溺死させることにしたのだ、と。『シカゴ・タイムス（Chicago Times）』はこれについて詳細な事例報告を載せている。その愚かさはまったく驚嘆に値する。

**《魚、蛙《かえる》、人間？　二十五分間水中歩行する幼児**
**犬と子どもを水陸両生に仕立てることに成功したドイツ人》**

ルイス・シュルツの息子が生まれたのはある風の強い、雨の夜のことだった。産婆は早々に追いやられた。子どもは小さくて繊細《せんさい》な存在だ。母親は消耗し切って今は眠っている。看護人たちもいなくなった。九月二十日の午前二時だった。青ざめた顔ながらすっかり興奮したシュルツ氏は、ここにきて世にも不可思議な決心を実行に移す。こっそりと赤ん坊を若き母親の眠るベッドから連れ去った。

なんと、無謀としか言いようがない実験のために生まれたばかりの自分の息子をさらってきたのである。

まず錫《すず》のバケツに水を入れて、体温と同じ温かさまで熱する。次いで時計を目の前のテーブルに置き、そうしてからこの無謀な父親は、自らの手でためらうことなく幼児を水に浸した。四分間その状態が続いたが、その間、心臓の鼓動が感じ取れるように片手を幼児の胸に当てていた。水に浸してから二十秒以上が経ったころ、閉じたはずの通路がまた開いて血液が通い出したとシュルツは主張している。跳ねるような鼓動が伝わってきたので驚かされたが、しかしこれで気がかりな疑念は氷解した。彼はそう述べている。それから心臓の鼓動も通常通りになり、何の憂《うれ》いもなくなる。しかしながら、赤ん坊を水から取り上げたところ、通常通り肺が活動を再開して血液循環が元に戻るまで十秒かかったという。

もうたくさんだと思うのだが、シュルツはこの後も妻に秘密で実験を続けている。

翌日もこのスリル満点の実験は繰り返された。少なくとも五回、この父親は機会を捉えて実験を行っている。子どもが起きて泣き出したところを別室に連れて行った。表向きは子どもを宥《なだ》めるためだったが、実際は恐ろしい実験に手を染めていたのだった。

事態が判明したときシュルツ夫人が喜ばなかったのは当然である。

彼は自分の妻がベッドから出られるようになったところで、実験のことを話す気になった。細心の注意を払い、子どもに危険はないことを納得させ、それどころか妻が秘密にしていてくれれば一儲《もう》けできると請け合うのだった。気の毒な夫人が理解することはなかったが夫は聞く耳を持たなかった。彼女はショックのあまり二週間近くも寝込んでしまうが、無理もない。

素直に認めようではないか。彼女の反対は理が通っている。

冬の寒さが厳しさを増すころだったが、シュルツは欠かさずに日に五回、定期的に幼児を水に浸した。時間は五分のこともあったが、一度など二十五分間水に浸していたこともあった。そのときには肌に相当の浸軟《しんなん》が確認されたので、以降これほど長い間水に浸しておくことはなかった。

浸軟とは肌が白くふやけることで、長い間水に浸かっていた結果そういう状態になる。新聞記者は実際に水の中で動き回る赤ん坊を見たと言っている。

幼児の髪は金髪の巻き毛で、目は青かった。この年の子どもにしてはまれなほどの力強さを見せてくれた。体はがっしりとしていて、肌は白く輝いている。赤ん坊にありがちな気難しさはまったく見られない。この赤ん坊のために、部屋には風呂桶が設えられ、その中に温度計が吊り下げられた。筆者は、赤ん坊が水に浸されるのを目撃することができた。父親の目論《もくろ》みでは、子どもが自発的に水に入りに行くはずだったが、大抵は強制することになった。

この父親、ファーザー・オブ・ザ・イヤーの座をますます確固たるものにしつつあるようだ。

風呂桶の準備が済むと、赤ん坊は服を脱がされた。父親が水の中にナイフを落とし、赤ん坊にそれを取ってくるように言うと、そのまるまるした足先から水に入れていく。そのまま一息に水の中に入れられたが、子どもは水中にいるときのほうがかなり体が動かしやすそうに見えた。水深は三フィート（約〇・九一メートル）もあったが赤ん坊はすぐにナイフを父親に手渡した。それから、ペパーミントのドロップを五個か六個、ばらばらに撒《ま》くと、子どもはそれを熱心に追いかけるのだった。ドロップをつかまえるまでにたっぷり三分かかり、そうすると父親はすかさずドロップを追加した。

この記者の気持ちを考えてみてほしい。きっと狂人が目の前にいると思ったに違いない。

シュルツ夫人は、このときには危険がないことに関しては大体認めていたが、結局どうやっても実験に納得することはなかった。これが表沙汰《おもてざた》になれば、夫は起訴され投獄されてしまうと言うのだった。

当を得た意見だ。

シュルツ氏は反対に、人間が溺死する危険性をまるごと取り除く方法を確立すれば、人類に貢献することになると思っていた。人間が水陸両生になるのが予防接種と同じくらい当たり前になる日も遠くないし、もし必要なら法律で義務付けるべきだと彼は主張していた(14)。

不思議なことにその日はまだ訪れていない。『医療・メモと質問』の編集者は、まったく馬鹿げていると辛辣《しんらつ》な返答を書き送った。手紙は生理学の基礎の講義になっていた（『メディカル・タイムス・アンド・ガゼット（Medical Times and Gazette）』の編集者と言うべきかもしれない。この雑誌から無断で記事が転用されているのだから）。

子どもが水陸両生になるのが「予防接種」と同じくらい広まるようにする前に、血液が機能するためには、循環するだけでなく酸素が必要な点、もし酸素がなければ循環が止まる点を学んではいかがだろうか。残念ながら、卵円孔からはどうあっても酸素は供給されないのだ。そしてこの手の実験を行うにあたってさらに重要なことが一点。何らかの原因で実験が失敗した場合（どんな実験でも失敗はつきものだ）、実験者は殺人罪で刑務所に送られるだろうということだ。(15)

シュルツ氏はそのような運命からは何とか逃れられたらしいが、それ以降彼とその息子についての記述は見当たらなくなる。なぜだろう。その理由として、もともとそんな親子など存在しなかった可能性が考えられる。一八七〇年代は、新聞におけるでっち上げ記事の黄金時代で、マーク・トウェインなども虐殺事件や架空の劇場で起きた火事、そして（これは私のお気に入りだが）マダガスカルの人食い樹木の話なんかを新聞に寄稿していた。裏付けとなる資料もなく、私としては水陸両生幼児の話は「フェイクニュース」ではないかと疑っている。

333　第六章　信頼できない話

# 七十歳の妊婦

一八九五年、アイルランド、ドネガルのヘンリー夫人が百十二歳で大往生を遂げる。残された遺族には九十歳の娘もいて矍鑠《かくしゃく》としていたが、そそっかしい印刷工がゼロを抜かしたせいで、新聞には誤って九歳と表記されてしまう。この不幸な誤植のおかげで、ヘンリー夫人は何と百三歳で子どもを産んだ女性として事実無根の名声を博してしまう。

それはさておき、早い時期の医学雑誌において、異様なまでの高齢妊娠というのは何度も取り上げられている話題だった。六十代、七十代、それから何と九十代の記録まで残っている。大半は噂話にすぎないのだが、医者は自分で見たものでなくても面白い話なら喜んで記録に残したのだった。患者の年齢を特定するのは難しい、もしくは不可能な時代で、ほとんどの事例は厳密な検証には耐えない。

一八八一年、フランスの医学雑誌に「高齢妊娠」の表題を持つ論文が載った。これも一目見れば胡散臭《うさんくさ》いものとわかるのだが、この事例には奇妙な点があった。パリの大病院に勤める医者たちによって提出されており、疑問に付されることもなく印刷されたのだった。法外な主張には法外な根拠が必要だというのが、医者の間では自明の理として受け入れられていた時代にだ。報告を書いたのは外科医のラトゥール氏としかわかっておらず、文章もふざけた調子でまったく信憑性《しんぴょうせい》に欠ける。

**《高齢妊娠》**

私たちはつい先だって、七十歳の女性を医院に受け入れることになったが、彼女は興味深い状態にあった。つまり、病院の職員にとって興味深いということだ。この勇ましい女性はギャルシュに住んでいる。

ギャルシュは、今日ではパリの郊外になっている場所だが、十九世紀には首都には組み込まれておらず、パリから数マイル西の村としてあった。

彼女は、T・ストロングリーの未亡人で、「昔の人々にとってワインはミルクのようなもの」を座右の銘にしていた。常習的な酒飲みで、六カ月前、いつもより長時間酒盛りをやった帰り道に道端に座り込んでしまった。歩けるようになるまでそうしているつもりだった。

年齢を考えればまさに英雄的な飲みっぷりだ。

二十四歳になる知り合いの青年が彼女の状態に気づき、家まで送ろうと申し出た。彼女は申し出を受け入れた。家に着いたころには、夜も更《ふ》け森を通っていくのは危なくなっていた。未亡人はこの心優しきナイトに一夜の宿を提供する。彼は一日と言わず四日もそこにとどまることになった。彼の厚かましさのおかげだろう、長らく失われたと思われていた宝が発見されることになったのだ。つまり、この七十歳のヴィーナスがベルトを緩めなければならない日が来たのだ。これには彼女もたまげていた。

ラトゥール氏の婉曲語《えんきょく》を操る才能はかなりのものだ。彼は青年が老婆を誘惑したとは書かない。彼女は後に、腹部が膨張することになるのだが。

まず産婆に相談に行き、次に医者が呼ばれた。彼らは、春に実らない果実が秋（ほとんど冬だったが）に実った、と言うだけだった。

なかなか詩的な暗喩《あんゆ》である。

結局、麗《うるわ》しき恋人は入院することになったが、彼女は丁重な扱いを受けた。これは事例が非常に興味深いものだったからだ。ギャルシュの住人は固唾《かたず》を飲んで事の経過を見守った。彼らには、必要ならば洗礼と（ことによったら）結婚の費用を出す心づもりすらあった。そして、二人は結婚した(16)。

最後の部分はなかなかひねった言い回しで（原文では"il faut des époux assortis"）訳しにくい、というのもこれは古いフランスの諺《ことわざ》で、風刺漫画や小説、それから戯曲でも少なくとも一つ題名に使われているものがある。同時代の読者たちにとって、笑みが浮かぶようなほのめかしのはずだった。

もし彼女が出産していて、年齢の特定が可能ならば、記録上最も高齢の母親の座に納まることになる。つまり、自然に妊娠した女性の中では、ということだが。このような断りを入れるのは、IVF（体外受精）の登場以来、六十代の女性が次々と母親になっているからだ。二〇〇九年には七十歳のインド人女性が第一子を産んでいる。

しかし、T未亡人は子どもを産んだのだろうか。まったくすっきりしないことだが、彼女についてはこれ以降の記録が見つからなかった。もちろん、最初から妊娠していなかった可能性はある。妊娠に似た症状だったので、医者が診断を間違えたのかもしれない。この論文はヨーロッパの医学雑誌に嵐を巻き起こしたのだったが、不思議なことにそれ以降何の音沙汰《おとさた》もない。沈黙が事態を雄弁に物語るとだけ言っておこう。

第七章

# 日常に潜む「隠れた危険」

世界は危険に満ちている。思わぬ場所に危険の種が潜んでいるものだ。どうもプロのスポーツ選手はそれを見つけるのに特別な才能を持っているように見える。一九九三年にはサラダクリームの瓶をつま先に落として、チェルシーFCのゴールキーパー、デイブ・ビーザントが一シーズン試合に出るのを見送っているし、イングランドのクリケット選手、デレック・プリングルは手紙をタイプしていて背中を痛めたことがある。だが、医学文献には、これらの例など及びもつかないほど奇抜な事例が記録されている。入れ歯に指輪に帽子掛け、それから帽子そのものでさえ病や怪我《けが》の元になってしまうのを、これからお目にかけようではないか。

十九世紀の医者はどこからでも命の危険を察知する名人だった。子どものゲーム、団体スポーツ、さらにはペン。これらはすべてが、健康に害をもたらし得ると見なされた。公平を期すために述べておくと、危険を前もって察知するのは医学的にとてつもなく難しいことだったし、今でもそれは変わっていない。ヴィクトリア朝時代のある心臓病学者の話だが、彼の患者には熱心な自転車愛好家が多く、自然と彼も、この新奇な趣味と心臓病の間には何か関係があると考えるに至った。当時の医学界において、この説は完全に筋が通っていると認められた。

ところで一八三〇年代といえばアメリカの聖職者の間で新しい病気が蔓延《まんえん》していた時代だが、そこで確認された危険こそ、もしかしたら最も風変わりなものかもしれない。カリフォルニアからニュージャージーまで、あらゆる場所で説教師が声を失った。国中の聖職者が「発声器官から音が失われた」ことに打ちのめされていた。つまり、声がしわがれ、公衆の前で話せる状態ではなくなってしまったのだ。自分が迷える子羊たちを導ける状態になく、日々の礼拝を取り仕切ることすらおぼつかないと知ると、多くは（「聖職者の群れ」と『ボストン内科外科医学雑報（Boston Medical and Surgical Journal）』の報告には書かれている）職を辞したと言われている。

何がこの大惨事を引き起こしたのか。明敏なる観察者は次のように述べている。昔の聖職者は今以上とは言わないまでも同じくらい説教を行っていた。しかるに彼らの声が「枯れることなど考えられないほど」だった。何が変わったのか？　ロードアイランド州プロビデンス出身のモラン医師は、有名な内科医で、自分こそその答えを握る人物だと思っていた。往年の聖職者たちは皆タバコ好きで、パイプか葉巻が口もとにないことのほうが珍しかったくらいだと彼は指摘している。嚙《か》みタバコや喫煙用タバコは、声門近くの分泌作用を促進し、それが喉頭の働きに良いように作用していた、と言うのだ。これは他の分野の専門家の習慣からも証明できるとのことだ。

弁護士も何時間もしゃべり、余暇時間となると多くはタバコを吸う。概して言えば一流の弁護士ほど大のヘビースモーカーだ。それに、弁護士が声を出せなくなったなんて話を

誰か聞いたことがおありだろうか？(1)

一方聖職者はというと、禁酒運動以来、大部分が禁煙の誓いを立てており、現在その代償を支払っている。長いこと立派に聖職を務めあげたいのなら、一刻も早くタバコを再開すべきというのがモラン医師の意見だが、これが一流の医学雑誌に載り、読者に禁煙の弊《へい》害《がい》を説いていたのだった。

# キュウリの食べすぎが命取り

一七六二年、ケント州マリングの医者がロンドンの雑誌『医学博物館（Medical Museum）』に、尋常《じんじょう》ならざる報告を送っている。医者の身元は「W・P」としか書かれていなかった。十八世紀のマリングは小さな場所だったので、著者が教会区司祭の息子《むすこ》ウィリアム・パーフェクト医師だと突き止めるのはそう難しくはなかった。彼は有名なフリーメイソンにして、ジャーナリストであり、かつ（彼の言葉を借りるならば）マイナーポエットでもあった（彼の作品には『ハムレット』のパロディ、瀉血《しゃけつ》に対する疑念に囚《とら》われて」なるものがある。こんな風に始まっている。「瀉血するか否《いな》か、それが問題だ」同時代の文学者は「月並みからほとんど抜け出ていない」と書いているが、これには賛同せざるを得ない）。パーフェクト医師は精神病における専門家として評価を築き上げており、そのテーマで何冊か本も書き、後には私営で小さな精神病院を開いている。精神疾患の人々のための小病院である。

この施設を開く前からパーフェクト医師は（親切で心優しいとの評判で）、患者を自宅に宿泊させるのが習慣となっていた。今回紹介する事例ではある人物の死が報告されている。きわめて異様な状況なので、精神疾患の影響があったのかどうか訊《き》いてみたい誘惑に駆られる。

**《大量のキュウリを食べた挙句、一七六二年八月初頭に死亡した女性の遺体を切り開いた様子》**

この女性には胆石疝痛《たんせきせんつう》の症状がすべて発現したと述べておく必要があるだろう。最初に症状が出てから死亡するまでの間、症状はきわめて激しかった。彼女は死ぬ三日前にキュウリを食べていた。パーフェクト医師は、消化器官中の胆汁《たんじゅう》が過剰なせいで症状が引き起こされていると診断していた。

彼女が息を引き取って数時間後に私は遺体を切り開いた。すると胃が膨張して子どもの頭くらいの大きさになっていた。もっとも頭というには横長で、形も張りも大きな袋が風を孕《はら》んでいるのに似ていた。胃の外部を包んでいる被膜は炎症があるらしく赤らんで見えた。それにも切れ目を入れ、その下にある被膜も切ったところ、そこには輪切りになったキュウリとポッルム類があふれんばかりだ……

「ポッルム」とはかなり珍しい言葉だが「リーキ［西洋ネギ］に似たもの」くらいの意味だ。

……小嚢《しょうのう》は空気で満たされていて、切れ目を入れるとそこから逃げていった。

上部消化管のかなりの部分が炎症を起こしており、小腸は「膨張し切っていて何も通らない状態だった」とのことだ。

結腸、盲腸、直腸は小腸ほど炎症はひどくなかったが、小腸には数インチの壊疽《えそ》ができていた。これはかなりの異常事態である。肺（それも左葉の一部は特に）は、まるで釜茹《かまゆ》でにでもされたようで、青黒い斑点が全体に散らばっていた。肝臓、脾《ひ》臓《ぞう》、子宮だけは自然な状態を保っていた。膵《すい》臓《ぞう》、肋膜《ろくまく》、隔膜《かくまく》は炎症を起こしていたし、心嚢には相当量の水が詰まっているのが見つかった。腎《じん》臓《ぞう》も炎症を起こし、膀胱《ぼうこう》は非常にたるんだ状態にあった。尿はなかった。死の少し前、患者は頻繁《ひんぱん》に尿意を感じたが、一滴も排出できなかったと聞いている。[2]

この報告を見てみれば、キュウリばかりが患者を苦しめる原因ではなかったらしいとわかる。特に心嚢《しんのう》（心臓を取り巻く袋状の膜）の「水」は深刻だ。もし水が一定量に達していれば、心臓が止まっていたかもしれない。

ユニークな事例ではある。最近の文献では、バクテリアや薬物に汚染されたキュウリにあたってしまった報告などもあるが、キュウリの食べすぎで死亡した記録は見当たらない。

# 物書きは命がけの職業だ

この本の第三章でも紹介した通り、スイス人の医者サミュエル・オーギュスト・アンドレ・デイヴィッド・ティソは十八世紀ヨーロッパにおいて、マスターベーションの危険については研究家の中でも主導的な地位にあった。だが、このテーマにおける労作『オナニスム（L'Onanisme）』（一七六〇）でばかり彼が記憶されているというのは残念だと言わざるを得ない。というのも他の分野においても、彼は想像力豊かで人道的で賢明な臨床医学者だったからだ。たとえば彼は神経学について影響力のあった本を書いている。その中では、偏頭痛《へんずつう》について厳密な議論が展開されており、現在でも古典として扱われている著作だ。それからティソはかなり早い段階で天然痘《てんねんとう》の予防接種に対して支持を表明していたし、これより過激な、劇的な瀉血《しゃけつ》などといった治療法には反対していた。社会の貧困層における公衆衛生改善のキャンペーンでも有名だったし、彼の医院はヨーロッパの貴族の間では一種の流行になっていた(3)。

「孤独な悪習」についての名高い研究を出版した九年後、ティソはある職業に潜む危険について本を出版することになる。室内で、孤独に作業を行う職業だ。その本『著作家など、いつも座っている職業にありがちな病気についての試論（An Essay on Disease Incident to Literary and Sedentary Persons）』（一七六九）はある種のカタログになっていた。学者や物書き等々、あまりにも長時間本を読んだり書いたりしている人々がかかる様々な病気についてのカタログだ。その危険はまさに恐るべきものである。

## 《著作家など、いつも座っている職業にありがちな病気についての試論》

致命的な結末を防ぐための予防法および治療についての助言付き

ベルン大学医学部教授　医学博士　S・A・ティソ

ティソの主張はシンプルだ。

あまりに勉学に励みすぎるのは健康に良くない。これは昔から確認されてきたことだ。彼の挙げている事例は何とも議論がしにくい。特に、座りっぱなしの生活は長く健康な人生を送るには良くないと主張しているときにはそうだ。

**特に学究的な人間がかかりやすい病気には主に二つの原因がある。精神を常に働かせていることと、慢性的な身体の無活動だ。**

ティソは、体を動かさないのは、単なる無活動状態ではなく害になることと考えていたし、脳を酷使しすぎると嘆くべき結果になりかねないと信じていた。

精神の働きが肉体に及ぼす影響については承知済みかもしれないが、まず思い出してほしいのが、脳は思考中に活動する部位だという事実だ。次に、働いた部位には疲労が蓄積されるということ。もし使用が長時間にわたれば、その部位の機能に乱れが生じることになる。

ティソは、神経の広大なネットワークにより脳が体の他の部分とつながっている点を指摘している。このつながりこそ、我々の活動すべてにとって欠かせない役割を担っている。つまり、精神の疲労は全体に影響を及ぼすのだ。

これらの原則がいったん確立されれば、魂の活動により脳が疲弊《ひへい》すればもちろん神経も毀損《きそん》される、という事実に誰もが敏感にならざるを得ない。その結果健康がそこなわれ、目に見えるような原因がなくとも最後にはご破算《はさん》になってしまう。

ティソ医師は実際的な医者で、実証的な証拠がなければ仮説は無価値だと考える同時代の医者とは一線を画していた。医師はシュヴァリエ・デペルネ氏の不吉な話を引用している。

四カ月にわたる刻苦勉励《こっくべんれい》の末、病の兆候はまったくなかったにもかかわらず、髭《ひげ》や睫毛《まつげ》、眉毛が、つまりあらゆる毛髪が彼の頭と体から抜け落ちていったのだった。

今日では突発性脱毛症と呼ばれる症状だ。原因不明のまま毛髪が抜けていく。

この現象は、毛根に栄養が行き届いていないことから来ているに違いなかった。

ティソは急に栄養がなくなったのには、三つの原因が考えられると主張している。まず胃の異常。次いで神経の問題。最後に「文人がかかる微熱に似たもの」とのことだ。どうやら三つ目が毛穴を「消耗状態」にしている原因らしい。

精神を酷使することで、心臓が刺激を受けこの微熱が生じる。結果として心臓の鼓動も速くなる。

私は、(a)物書きで、(b)ほとんど毛髪が残っていない。と言うとティソ氏の仮説を自分で証明してしまったようだが、また別の学者がさらに心かき乱すような精神疾患の症状を呈している。

ガスパー・バーレウスは、演説家であり詩人であり医師であった。危険を察知する能力に長《た》けており、友人のヒューエンスにはよく警告していたものだ。にもかかわらず彼自身のことには気が回らず、勉学に励みすぎて自分の体がバターでできていると思い込むまでに、脳を衰弱させてしまったのだった。

その通り。本を読んでいると(それと書いていると)、毛髪が抜け落ちるばかりでなく、自分の体が絶品バターになってしまった妄想《もうそう》を抱くようになるのだ。バーレウスの場合、症状は一生涯のも

のになった。自分が溶けてしまう恐怖に駆られて、
彼は注意深く火のそばに寄らないようにしていたが、最後には不安に耐えかねて井戸に身を投げてしまう。

実はティソは似た事例を目撃したことがあった。才能豊かで、将来を嘱望《しょくぼう》されていた同僚がいた。が、昼夜を通して図書館での読書か実験に時間を費やすほど仕事にのめり込んでしまい、恐ろしい結果を招来することになる。

まず眠れなくなり、次いで間欠性精神異常の発作に見舞われた。最後には狂気に浸されて、生活自体が難しいことになった。私は他にも、学究生活に打ち込んでいる人物で、偏執的な情熱に囚《とら》われた挙句、頭脳の働きが完全に駄目になってしまった例を目撃したことがある。

次の例では、ティソの著作に親しんでいる向きにはなじみの名前が登場する。フランス人司祭で、頑固な考えと論争好きな性格で知られた人物だ。

ある誠実な人物から、ピエール・ジュリューの話を聞いた。神学上の論争や物議をかもすような著作、黙示録の解説で有名な人物だったが、その彼の頭脳が破壊されてしまい、まだ正常な判断力を発揮することも多いが、頻繁《ひんぱん》に疝痛《せんつう》が起こるのは自分の腸に閉じ込められた七人の騎士が争って

いるからだと、言い立てるようになった。

ちょっとモンティ・パイソン［英国の代表的コメディ・グループ。どぎついユーモアとタブーなき風刺で有名］みたいだと思われたかもしれないが、これに続く一文は実際彼らの台本から引用したのではないかと思われるくらいだ。

また、自分のことをランタンと思い込んだ人もいれば、大腿《だいたい》をなくしたと思い込んだことで知られた人もいた。

物書きとして出発した人で、大腿を（想像の中で）なくしたくない向きに対して、ティソは思慮に富んだアドバイスを残している。

精神の休養こそ最高の予防である。休養を取らなかった場合、他の手に訴えてみても効果はない。

学者肌の人間ほど健康状態に気を遣《つか》わない傾向があるのを見て取ったティソは、友人や家族が彼らを椅子から引きはがし、いくらか運動をさせるようにと提案している。その記述を読んでいるとまるで現代の治療処置みたいだ。中毒のおかげで患者が破滅的な結末に至ることがあるとわかっている場合に施《ほどこ》される現代の治療処置だ。

断固たる態度で臨むしか道はない。力ずくででも私室から追い出して気晴らしや休養をとらせる。

これで異常は取り除かれて健康が回復するし、さらに言えば、この時間は無駄ではない。新鮮な気持ちで仕事を再開できるのだ。毎日わずかな時間を余暇に充《あ》てるだけでよい。それで健康が保たれ、長く学究生活を送れることになる。

誰が反対しよう。ティソが書くには運動は、

最も効果的な予防法の一つで、学問に打ち込む人の健康を回復させてくれる。

体を動かすことだけでなく、外に出て新鮮な空気を吸うことも重要だ。

運動と新鮮な空気、いずれも有益だが、これが組み合わさることで気分が一新され、血液循環もなめらかになり、発汗作用も促進される。また神経の働きも活性化し、四肢も強健になる。何日も勉強づめになった人であれば誰でも頭が重くなるし目は充血し、唇《くちびる》も口内も乾燥する。胸に不快感を訴えることにもなるだろうし、みぞおちが張った感じになり、気分も沈みがちだ。眠っても疲れが取れず、手足は弱って感覚がにぶくなる。二、三時間も田舎《いなか》を散歩すればこれらの症状はすっかりよくなる。晴朗で爽快《そうかい》な気分になり、健康も戻ってくる。(4)

これ以上ないくらいもっともな意見だ。これについてはもう何も言うことはない。一身上の都合につき、すぐランニングに行かなければならないので。

# 子どもは帽子をかぶるな！

本書に収められている論説のほとんどは医者による、医者のためのもので、専門用語がふんだんに盛り込まれている。しかしここに、十八世紀の医者が子どものために書いた珍しい例がある。一七九二年にドイツで出版された本だ。一部抜粋しよう。人を惹《ひ》きつけるが、エキセントリックな本だ。著者はベルンハルト・クリストフ・ファウスト。ニューザクセン州の小さな公国を統治するユリアーネ・フォン・ヘッセン＝フィリップスタール伯爵夫人の主治医を務めていたこともある人物だ。ファウストは公衆衛生改善のため倦《う》むことを知らず活動を展開しており、また天然痘《てんねんとう》予防接種の促進に関しては多大な貢献をしている。だが、彼の一番の成功体験を挙げるとすれば、『健康教理問答集（Catechism of Health）』という小著になる。クリスチャンの教理問答を真似《まね》て、一問一答の形で子どもたちに体の仕組みや健康について教えるための本だ。彼の信念は福音主義的で（かなり奇妙なものもあった）、明らかにこの本がドイツ中の学校で使われるようになればいいと考えていた。彼は教師たちに向けた前書きをつけている。

完全に健康でいるためには、子どもたちはどのように過ごすべきなのか。この本はそれを教えるためのものです。『シラ書』*にも健康は黄金に優る、と書かれています。ですのであなた方も、ぜひこの原則に沿って子どもたちを指導していただきたいのです。能力も経験もそなえた大人であれば、ただ答えを暗記するだけの学習法では子どもたちには何の益にもならないことは納得されるでしょうし、私が提唱する教育方法にも異論はないことと思います。まず指導に使う章を教師が朗読し、その後で二人の子どもにしっかりと音読してもらいます。一人が質問を読み、もう一人は回答を読んで、章の終わりまで続けます。教師は、そこで読まれた内容をしっかり理解しておき、全体の趣旨を説明してください。

＊カトリック教会においては聖書に含まれている知恵の書の一つ。伝統的にユダヤ教とプロテスタント諸派においては聖典には含まれない。ジェームズ王欽定《きんてい》訳外典においては『集会の書』とも呼ばれている。ここで引用されている文言があるのは第三十章五節である。「健康は黄金に優る。強健な体は千金より貴い」

教師は定期的に生徒に質問をして理解度を確かめる役も割り当てられていた。

少なくとも週に一時間、できれば二時間はこの指導に充《あ》ててください。そうすれば年に二回、『健康教理問答集』を通して読める計算になりますし、子どもたちにもこの教理の精神が正しく伝わるでしょう。

週に二時間は期待しすぎだったが、意欲自体は咎《とが》められるべきものではない。しっかりと報《むく》われているのだ。本は二年で八万部も売れ、すぐにいくつかの言語で翻訳が出た。ファウスト医師は何と時のアメリカ合衆国大統領ジョージ・ワシントンにも一部献呈している。うやうやしい献辞付きで、まだ歴史も新しいアメリカ合衆国の学校においてもこの本を使用されたい旨が記してあった。

この本は、あなた方アメリカ合衆国国民の皆さんにお目にかけるのに価するものと存じます。

この本はアメリカでも出版された。建国の父の一人であり、国内で有数の医者でもあったベンジャミン・ラッシュの序文付きだった。この『教理問答集』には実際に有益なアドバイスも載っていたし、読んでみればなぜアメリカ合衆国建国の父たちが魅力を感じたのかもわかる。そこでは独立独行の価値観、美徳と禁欲が奨励されていた。誕生してまもない国が子どもたちに説き聞かせたいと思っていた価値観だ。ファウストの考えのいくつかは決定的な先進性を帯びていた。彼は男女を問わず同等の教育を受けるべきだと熱心に説いていたし、コルセットなど内臓を圧迫するような女性の衣服を非難していた。

とはいえ、ファウストにもいくつか妙なこだわりがあり、この本には今日読むと愉快な部分もある。彼の特異性が最も表れているのは衣服をめぐる章だろうか。

**《第六章　三歳のはじめから七歳あるいは八歳の終わりまで子どもが着るに適した衣服について。あるいは前歯四本が永久歯に生え変わるまでの子どもに合った衣服について》**

Q・特に子どもについてなのですが、体を温かくしておくにはどうすればよいのでしょうか？

A・健康的な食事を摂《と》り、運動をするようにしてください。

Q・天気が荒れた日などには子どもの体を冷やさないように、衣服をいくつも重ね着させるべきでしょうか。

A・その必要はありません。

Q・それはなぜでしょうか。

A・健康で強い体を作るためです。病気にもかかりにくくなります。

Q・子どもの頭はどうするべきでしょうか。

A・清潔にして風通しを良くしておきましょう。

Q・子どもの頭を温めるのに帽子をかぶらせるのはいいのでしょうか。

A・駄目です。非常によろしくありません。髪の毛があれば寒さ対策は十分です。

Q・人工的に頭を覆うのは危険なのでしょうか。

A・その通りです。子どもが、単純で頭の悪い子になってしまいますし、虱《しらみ》がたかり、ふけが出るようになってしまいます。気まぐれな気質が増長されますし、頭、耳、歯が灰に弱くなってしまいます。

Q・どんな帽子が最も危険なのでしょうか。

A・ウールの帽子、綿の帽子、毛皮の帽子です。

Q・それではどのようにすべきでしょうか。

A・男の子も女の子も何もかぶらないようにしておきましょう。これは冬も夏も昼も夜も変わりません。


ニーダーザクセン州はドイツでも温暖な地で、冬でも気温が氷点下に落ち込むことはめったにない。ヨーロッパやアメリカのもっと寒い地方で暮らす子どもたちがこれについてどう思うかは疑問だ。


Q・三歳から七歳、あるいは八歳までの間、子どもたちはどのような服装でいるべきでしょうか。

A・頭と首は露出させておくべきです。胴体には袖《そで》の短いシャツと上着を着せておきましょう。脚に関しては靴下と靴で十分です。靴はヒールがなくて、足に合うものを用意してください。

Q・それにはどのような利点があるのでしょうか。

A・身体が強くなり健康になり身長も伸び、それから美しくなります。子どもたちには上品な姿勢を身につけさせなければなりませんが、それには単純で動きやすい衣服が良いのです。

男女ともにスモックを着るのが一番だというのがファウスト医師の熱烈な信条だった。しかしながら、後にズボンを社会から追放するキャンペーンを張ったときには、悲しいことに失敗する。彼が衣服について抱いている見解はしばしば奇妙だったが、疑いようもなく正しい一面もあった。

コルセットや窮屈なジャケットはひどく有害な発明品です。女性のすらりとした姿勢を歪《ゆが》めてしまいます。かつては背をまっすぐ伸ばすのが望ましいと思われていたものですが、これは背筋を曲げてしまいますし、胸や腸にも有害で、呼吸や消化の妨《さまた》げになります。胸と乳首が痛んで、子どもに授乳することができなくなることもあるのです。それから癌《がん》にかかる人も多く、最後には健康も命も失うことになります。全体的に健康に悪いものですし、母子両方にとって、出産は非常に難しくて危険なものになります。そういうことなので、コルセットとジャケットは家に置かないようにするのが、親、特に母親の義務というものでしょう(5)。

これは賢明なアドバイスだ。ヴィクトリア朝時代のコルセット好きの親が気づいてくれていたらよかったのだが！

## 入れ歯奇譚

ウィリアム・ゲスト・カーペンターは有名な外科医ではなかったし、特に成功した人物でもなかった。ペントンヴィル、クラーケンウェル、ミルバンクの監獄付きの外科医として長年過ごしてきたが、ついには自分自身が収監の憂《う》き目《め》を見ることになる。借金が返せなくなって一八六一年に監獄に入れられたのだった。これはタイミングが悪かったと言うしかない。というのも数年後の法改正で、この罪状で投獄されることは少なくなっているからだ。

〝女王陛下の客となったことがある〟だけがカーペンター氏の人生における特記事項というのでは気の毒だ。もちろん、たしかに彼のキャリアは他の点ではぱっとしないが、幸いなことに、一度だけ例外的な事例を担当したことがある。どの病院にも所属していなかったが、彼はロンドンで最も古い医療組織、ガイズ病院医師会のメンバーで、一八四二年の会議では消えた入れ歯に関する何とも奇妙な話を報告している。

### 《死に至る胸膜炎》

胸膜の右側部分に発見された象牙《ぞうげ》製の四つの入れ歯によると思われる。これは十三年前に呑《の》み込まれたものである。

今回の事例で問題となるのは三十五歳のH氏で、エッジウェア・ロードの化学者であるワッツ氏の助手をしていた人物である。この二人は八年以上も同居していた。H氏は子どものころから喘息《ぜんそく》と気管支炎を患《わずら》っており、彼の家系には幾人か胸膜炎《きょうまくえん》、肺病、あるいは何らかの気管の病気にかかった人物がいたようだ。

大ざっぱに言うと、H氏の血縁が呼吸器系の病気に苦しんでいたということだ。気管、肺、あるいはそれを取り囲む胸膜の病気である。

最後の雇用主との共同生活が始まって最初のうちは、時折、呼吸が難しくなること以外に特に異常には気づかなかったと本人は述べている。しかし、検死の結果明らかになった興味深い事実と照らし合わせてみると、この患者は数年前から病気にかかっていたに違いないと思われる。気力に満ちていたためか、仕事熱心だったためか、患者は自分の健康状態には気がつかなかった。私が彼と初めて会ったのは去年の初冬だった。いつ会っても熱があり、脈拍も百を超え、肌は熱く、他にも炎症の兆候が出ていた。

患者は薬を求めたが、カーペンター医師は断った。これは他の医師によると、専門家としての哲学に基づく判断だったらしい。ちなみにその医師も患者から相談を受けたことがあった。他の医者も色々と処方したがすべてが無駄で、症状は冬の間ずっと続いた。そして数カ月後、患者の容体は悪化することになる。

四月十三日（金）に脇腹と胸が痛みはじめ、夕方にはそれがあまりに激しくて咳《せき》、会話、呼吸がほとんど不可能になった。私が呼ばれることになった。すぐに駆け付けたところ、彼は右胸から鎖骨《さこつ》にかけて鋭い痛みが突き上げてくるようで、深く息を吸うとそれが強まると言う。呼吸は短く速かった。脈拍は百四十ほどもあり、むしろ力強い。肌は熱を帯び乾燥していた。腸は閉塞《へいそく》して、厄介《やっかい》な咳に悩まされていた。

胸に聴診器を当ててみて、医師は右の肺が病気にかかっていると診断した。右側の呼吸音が聴こえなかったのだ。

炎症が原因だと考えて、私は彼の腕から八オンス（約二百四十九グラム）瀉血《しゃけつ》することにしたが、患者は失神したりはしなかった。この処置で痛みが緩和され、呼吸もだいぶ楽になったようだった。それから、瀉血というのはすごいものだと言うのだった。私は就寝前に飲むようにと、甘汞《かんこう》、アンチモン、それからコロシントウリを混ぜた液体を処方した。

この三種の薬物のカクテルは相当の不快感を催《もよお》す下剤となったはずだ。特にコロシントウリが難物で、これは苦いキュウリ、苦いリンゴとも言われるが、当時の物書きが書いているところによると「劇的な効果のある下剤で、腸の粘膜に炎症を引き起こすので、鋭い痛みと嘔吐《おうと》、下血を誘発」するとのことだ。

三日後、様々な治療が施《ほどこ》されたが、患者の容体に進展はなく、カーペンター医師は同僚にセカンド・オピニオンを求めに行くことになった。結果として治療方針が刷新され、今までと真逆の方策が採られた。劇薬で腸内を空《から》にするのではなくて、もう一度中を満たしてやることになったのだ。薄い粥《かゆ》とオリーブオイルを混ぜたもので即座に浣腸《かんちょう》が施され、それから食事の量が増えた。患者は日に何度かポートワインが振る舞われ、ビーフティーをそれなりの量摂《と》るのだった。

数日後、峠《とうげ》を迎えることになる。

私は浣腸に必要な道具一式を用意した。これは腹部を楽にしてやり、筋肉がもっと自由に活動できるようにするためだった。それから施術の最中に飲んでもらうためのワイン。これは患者の助けになるはずだった。そうするうち、患者の様子がおかしくなったというので、私は部屋に呼ばれた。私は即座に駆け付けたが、息を引き取るのを見守ることしかできなかった。

翌日、カーペンター医師とまた別の同僚が検死を行っている。肺を見るために胸を切り開いてみた。

右胸膜にメスを入れると、不快感を催すガスが噴出してきた。右側の胸腔には漿液膿《しょうえきのう》性の液体が五パイント（約二・四リットル）も溜まっていた。

薄黄色の膿《うみ》と言ってもいい。五パイントもそんなものが溜まっているのがどんなもの（で臭《くさ》い）か、ちょっと想像してみてほしい。肺は両方とも、病気にかかっているのが明らかだったが、さらに一点不可解な部分があった。右肺の表面に「小指の先が入るくらいの」穴が開いていたのだ。この少し後に、何がその原因になったのかカーペンター医師が発見している。

検査を終えた後、肺を元の位置に戻すために肺静脈から漏れ出てきた血液やクロットを取り除くと、奇妙な物体が見つかった。調べてみたところ、茶色の皮膜に覆われてはいたが、前歯四本分の象牙製の義歯だとわかった。義歯の上部には先の尖《とが》った銀が留めてあったが、これは義歯を上顎《じょうがく》に固定するためのものだった。何にせよ衝撃的な発見である。

胃でも腸でもなく、胸腔に入れ歯があったのだ！　どうやったらそんな場所に入るのだろうか。医師は何か知らないかと患者の父親に尋《たず》ねてみた。

息子《むすこ》は十三年前、せきこんだ拍子に入れ歯を呑み込んだことがあった、と彼は声を上げた。見習い時代のことだったという。私はもう一度食道を調べてみることにした。心ゆくまで調べてみたが、最近の傷も傷跡も見当たらなかった。穴は肺にあるものだけだった。この瘻《ろう》状の穴を通って、入れ歯は右胸腔に達したに違いなかった。

肺に入れ歯が入っていたわけだ。相当な痛みがあったのではないかと医師は思い、その当時深刻な苦痛を抱えていた様子はなかったか尋ねてみたが、どうもそんな様子はなかったらしい。

翌朝になって患者は入れ歯を呑み込んでしまったことを師匠のチャンプリー氏に相談すると、緩下剤《かんげざい》をとるようにとアドバイスされた。入れ歯が胃の中だろうと思ってのことだった。入れ歯は気づかぬうちに腸から排出されたと思われ、そのまま忘れられていった。

カーペンター医師はどういうわけか入れ歯が気管を通って、肺の中に入り、そこから壁を突き破り胸膜内に入り込んだものと推測している。入れ歯の中の一つはいまだに角がかなり鋭く、肺に見つかった穴を開けるには十分なくらいだと思われた。とても事実とは思えない話だが（そんな傷があれば出血は深刻なものになるだろうし、全体的にもっと劇的な症状が現れるはずだ）、それ以外に原因が見つからないのも確かだ。特に驚きなのは、患者が死ぬまで、入れ歯が十三年間も肺の中にとどまっていた事実だ。

報告書には、病的な好奇心を持つ人々に向けたあとがきがついている。

その入れ歯は現在カーペンター氏の所有となっている。カーペンター氏はフィンズバリー・サーカスのウェスト・ストリートに住んでいる。(6)

きっと大量の見物人が押し寄せたに違いない。

## 帽子掛けの怪

一八六四年、グロスター出身の外科医ロバート・ブランデネル・カーターは『眼科研究（Ophthalmic Review）』に複数の事例報告を送り、公表している。三十六歳当時のカーターは、本人の言葉を借りると「人目に立つくらい失敗した一般開業医」ということになるが、その数年後には仕事で成功を収め、四十から人生が始まる者もいるという、古い決まり文句に幾分の説得力を持たせることとなった。カーターは非常に教養があり、業績についても外科医の範疇《はんちゅう》を大きく超えている。クリミアでは軍医として卓越した働きを見せ、また彼が前線から送る記事は『タイムズ（The Times）』に載っている。

カーターはノッティンガムとグロスターに眼科病院を設立したが、次第に田舎《いなか》で医者をやっていくことに幻滅を感じるようになる。一八六四年にロンドンに戻る決意をしたとき、彼は病院ではなく、新聞社に働き口を求めた。『タイムズ』と『ランセット（The Lancet）』が彼をスタッフとして迎え入れた。その一年後にはサザーク区のロイヤル・アイ病院で外科医としての仕事も再開した。残りの人生は、卓越した外科医でありながらフリート・ストリートの記者でもあるという、風変わりな二重生活を送っている。『タイムズ』の記者としては、初めてタイプライターを使ったジャーナリストとして名が通っていたし、そのときに眼鏡を二つかけているのでも有名だった。

これから紹介する報告書を読めば、彼の文学的素養も多少は知れるはずだ。

## 《眼窩に貫入した異物》

G・W氏は強健で溌剌《はつらつ》とした老人で、年齢は七十三歳になる。五月の終わりに酔っぱらって暗い階段から足を踏み外してしまう。落下した後も意識はあった。右目と鼻の間あたりに怪我《けが》をして、血も大量に出てきたのだが、六月一日まで医者にかかろうとはしなかった。クラーク氏のもとに来たときには、結膜に裂傷ができ、瞼《まぶた》が腫《は》れ上がっていた。簡単に包帯を巻いて治療は終わった。

大したことはない。というか最初はそう見えた。老人は何か尖《とが》った物体の上に右目をぶつけたようだったが、眼球の表面をこすり、眼窩《がんか》と鼻の間に小さな傷を負っただけで済んだかに見えた。

六月六日にまたこの患者がクラーク氏のもとにやってきた。今回は異物が傷の中に入り込んでいることがわかったが、摘出するのは翌日まで待つことになった。クラーク氏は患者の自宅まで足を運んだ。鉄の破片が傷の中にあったので、鉗子《かんし》でそれをつかみ、引き抜こうとした。相当の力を入れて引っ張った。時間はかなりかかったが異物を取り除くことはできた。鋳鉄《ちゅうてつ》製帽子掛けの柄《え》の部分がまるまる出てきたのだった。長さは三・三インチ（約八・四センチ）で重さは二十五スクループル（約三十二・四グラム）だった。

こんなものが目の傷から出てくるとはまったく驚きである。スクループルとは薬剤師の使う重さの単位で、二十四スクループルで一オンス（約三十一グラム）になる。帽子掛けはしっかりしたもので、長さは八センチ以上もあり重さは三十二グラムもあったのだ。

さらに詳しく調べてみると、この帽子掛けは階段の下の壁に列で留められていたうちの一つだとわかった。患者はそこに落ちてきて、その衝撃で帽子掛けが折れたのに違いなかった。そして、折れた帽子掛けは完全に眼窩に埋まってしまったというわけだ。

正直に言おう。私はこの時点で早くも少し腰が引ける。

帽子掛けの根元はまだ壁に残っていて、折れたところは患者から摘出された異物とぴったり一致する。

誰も帽子掛けが折れていることに気づかなかったわけだ。これはまあ、理解できなくもない。しかしさらに驚きなのは、患者が長さ三インチ以上の金属が自分の眼窩に埋まっていると気づかなかった点だ。

どれくらいの間、異物が埋まっていたのか、正確なことは誰にもわからない。患者の経過観察には七日ほど費やされたが、彼は自分がその週の何曜日に転倒したのか、ついぞ思い出せず、医者に行く四日か五日前だと言うばかりだった。四日か五日。これはつまりわからないということだ。実際は、十日かもしれないし、二十日かもしれない。患者は回復し、何の後遺症も残らなかった。

運が良い男だ。ところでまだ一つだけ疑問が残っている。すなわち、三インチもの金属棒がどこに入っていたのか。失明もせず脳に損傷もなく、ましてやそれで死ぬこともなくだ。

クラーク氏は帽子掛けを引き抜くのに相当力を入れなければならなかったし、まっすぐ引き抜くだけでなく、横方向にも動かしてほぐさなければならなかった。それもあり、また単純に異物の大きさと長さに驚いたこともあったが、どんな向きで突き刺さっていたのかはほとんど自信が持てない。だが、彼の考えによると先端は左側の空洞を向いていたはずだった[7]。

帽子掛けが副鼻腔《ふくびくう》（空洞）の中に入っていたという説明は理にかなっているかに思える。しかし、ロバート・ブランデネル・カーターは、実際に脳に突き刺さっていた可能性も排除できないと指摘している。四十年後ならエックス線で確かめることができたのだが、一八六四年時点では推測に頼るしかなかった。疑問氷解とはいかないが、それもいたしかたあるまい。

## ストーブ・パニック

一八六〇年代後半になると、ある新造語が医学文献の中に頻繁《ひんぱん》に顔をのぞかせるようになるのだが、その激増ぶりはさながらシャーレの中のバクテリアだった。〝germ theory〟（細菌論）がその新造語である。病気はどのように拡散されるのか、何十年もの間議論が重ねられてきていた。十九世紀の前半でオーソドックスだったのは、チフスやコレラのような伝染病は瘴気《しょうき》、つまり汚染された空気が元となっているという意見だ。これは有機物が腐ったのや、それからよく換気がされていなかったり、不潔な環境で生じるとされていた。何人かの異端児は、肉眼では見えない微細な粒子が原因だと考えていた。しかしながらこの〝germ theory〟が注目されるのには、ルイ・パスツールの研究を待たなければならない。彼は一八六〇年代の前半に発酵《はっこう》作用のプロセスを調査して、そこから微生物が病気を引き起こすと結論を出した人物だ。

〝germ theory〟なる言葉が最初に使われたのは一八六三年、ロンドンの医学雑誌だったが、この仮説が広く受け入れられるまでには長い時間がかかった。多くの研究者は、伝染病には他に原因があると主張していた。埃《ほこり》の粒が「空気中の毒」を輸送する「いかだ」の役割を果たすのだと主張する者もいたし、さらに奇抜な説を主張する者もいた。たとえば一八六八年に『ランセット（The Lancet）』に公表されたこの論文である。

## 《鋳鉄《ちゅうてつ》製のストーブが病気を引き起こす》

少し前にシャンベリのオテル・デューに勤めるキャレ医師が鋳鉄製ストーブから病気が生じるという研究を発表し、パリ科学アカデミーの注意を引いたものだが、この研究はほとんど世間の関心を呼び覚まさなかった。

鋳鉄製のストーブと伝染性の病気に何の関係があるのか、わかりにくい話だが、キャレ医師には確信があった。

キャレ医師は、鋳鉄製ストーブは日常的に使っていると危険の元になると断言してはばからなかった。さて、最近サボイで伝染病が猛威を振るった。詳細な報告をしてくれているわけではないが、彼の観察によると鋳鉄製のストーブを使用していた人たちが発病し、他の種類のストーブを使ったり、暖をとるのにそもそもストーブを使っていない人たちは無事だったということだ。その後少しして、シャンベリのリセ［フランスの高等学校］でも腸チフスが蔓延《まんえん》するが、これは寮で鋳鉄製のストーブが使われていたせいだとキャレ氏は述べている。

ちょっと見た限りでは相関関係と因果関係の取り違えという、古典的な失敗に見える。一体どんな証拠があるというのか。キャレ医師は二人の同僚、トロスト氏とドヴィール氏の実験を引き合いに出している。

これら優秀な研究者が、鉄および鋳鉄は温度が一定以上になるとガスを通すようになると証明している。彼らには、どの程度の炭素酸化物が発生するのかを金属の表面積から算定することもできたし、鋳鉄製のストーブを取り巻く空気が水素と炭素酸化物で一杯になっていると証明することもできた。結論としては、鋳鉄製のストーブは熱されると酸素を吸収し、炭酸を放出することになる。

怪しげな主張だ。これでは炭酸（二酸化炭素のこと）とチフスの間にどんな関係があるのかわからない。が、そんなことはお構いなしである。

キャレ氏がこれに似た実験を行っている。裏付けになる実験だとモラン将軍は言っていた。それはこんなものだ。まず、まるまる一時間もの間、薄鋼板でできたストーブで部屋の温度を四十度に保つ。かなり汗をかき、空腹にはなったが、キャレ氏の体調が悪くなるといったことはなかった。陶器製ストーブでも同じ結果が出たが、鋳鉄製ストーブで試したときは三十分ほどで激しい頭痛と吐き気を覚えた。

しかし、チフスにはならなかったのでは？　この点についてキャレ医師は沈黙を保っている。

ドヴィール氏は、大学の同期だが、この見解を熱心に支持していた。

驚くには当たらない。何といってもキャレ氏と一緒にストーブの隣で座っていた人物なのだから。

彼は、鋳鉄製ストーブの使用は危険が非常に大きいと言っている。彼はソルボンヌ大学の講義で、水素か炭素酸化物が部屋に拡散されたら、すぐに電子ベルが鳴るようにしておいた。前回の講義では二つの鋳鉄製ストーブが使用されたが、ちょっと火をつけただけでベルが鳴り始めた。

それで誰がチフスにかかったのだろうか。肝心要《かんじんかなめ》のこの点は、捨て置かれたままだ。

驚くべき結果だ。何といってもこのストーブはこれまで安全だという評判で、家庭でも使用されていたのだから。フランスでは、特に貧困層の家屋や兵舎、芸術家のスタジオ、大学校の教室等々で一般的に使用されていた。(8)

キャレ医師は鋳鉄製ストーブとチフスの因果関係を説得力あるやり方で説明していない。そう思うのは私だけではないはずだ。にもかかわらず、フランス科学アカデミーは、この発見に危機感を抱いたらしく、有力な委員会にさらなる調査を命じている。委員会を率いたのはクロード・ベルナール。国でも有数の化学者だった。

ベルナール一流の厳密さで、五年かけて報告書が作成された。気が遠くなるほど多くの検証を行った末に委員会は次のように結論を出す。……事実として鋳鉄製ストーブは危険きわまりない。ただし、当初とは理由が異なっていた。ストーブから見過ごせない量の一酸化炭素が排出されることがわかったのだ。これは彼自身が猛毒だと証明したことのある物体だった。ストーブの設計や取り付け場所について、大幅な変更を迫る重大な発見である。

しかしチフスは？　報告書はおよそ五十ページにも及んだが、キャレ医師の主張については一行で片付けられている。

**この医師が例証として引いてきた事実は、彼の出した結論を正当化するものではない。**(9)

こと科学の世界において、これ以上辛辣《しんらつ》な言葉もない。

# 痛みの傘

私が学生だったころ、不運な友人が怪我《けが》を負ったことがあった。何かを取ろうとかがんでいたところ、肛門に傘が突っ込まれたのだ。あるお調子者がふざけてやったことだったが、力加減を間違えたおかげで、怪我になり、校医のところへ行く羽目になったのだ。診断では裂肛《れっこう》と言われたが、これは肛門の壁の筋肉が裂ける症状を言う。深刻な症状ではなかったものの、数日間は座るのが痛そうだった。どういうわけかこのゴシップは「痛みの傘（BROLLY PAINFUL）」（その通り、この見出しをいただいた。友よ、承知されたい）の見出しで、タブロイド紙に取り上げられた。きっと起業精神あふれる生徒が漏らしたのだろう。

どちらかと言えば些細《ささい》な事件だったが、アイルランド人外科医H・G・クローリーの一八七三年の報告書を見たときにこのことを思い出したのだった。こちらはもっと深刻な事態だ。

**《脊髄《せきずい》の損傷》**

二月十二日に八歳のパトリック・ドナホー少年がダブリン市病院に入院し、クローリー医師の治療を受けることになった。入院の三日前、彼は傘の骨で遊んでおり、それを端のほうから呑《の》み込んでしまった。彼はベッドにいたが、そのまま床に降りる。骨は咽頭《いんとう》の奥に深く突き刺さったので、少年は自分でそれを引き抜いた。

骨（傘をさすときに布を張るものだ）は胃にまでは届かず、喉の奥を切り裂いてしまった。

母親が二時間か三時間後に帰ってきたとき、彼はマントルピースに頭をもたせかけていた。胃が気持ち悪く、口と鼻からは血が出ていた。彼女は息子《むすこ》がタバコを吸っていたものと思い、病気の原因を訊《き》くこともなく彼を打った。

おお、何という理不尽！　とはいえ、母親がすぐにタバコだと決めつけたのは、息子に前科があったからだ。

しかしながら、妹が事の次第を話したので誤解はすぐに解けた。少年の口を見たところ、喉の奥に傷ができていた。その夜、さらに翌朝も少年はうわごとを言っており、まったく回復した様子がなかったので、母親は息子をクローリー氏のもとに連れて行った。熱があるだけでなく、物が二重に見えるようになっていると彼女は説明した。部屋に一つだけ服が吊り下げられていたが、少年は二つ見えると言っていたのだ。

気の毒に、この女性にとってはショックが大きかったに違いない。まずやったのが息子をむち打ちにすることだったのだからなおさらである。外科医がパトリックを診断したところ、喉の奥に大きな傷があった。少年は斜視《しゃし》になっており、明るい光を見ることができなかった。一番気がかりだったのは、まっすぐ立とうとするとどうしてもふらついてしまうことだ。

症状から推して、傘の骨は第一と第二頸椎《けいつい》の間を縫《ぬ》い、脊髄を貫いているとクローリー氏は考えた。過去の事例と照らし合わせた上の結論である。それに患者には麻痺《まひ》症状が出ていたのだ。彼は少年の頭を剃《そ》り、色々な場所から背骨にヒルをあてがい、甘汞《かんこう》とジェームズ・パウダーを処方した。

これまで本書に何度か登場している甘汞とは水銀から作られた強い下剤のこと。ジェームズ・パウダーは一七六四年にロバート・ジェームズ医師が開発し特許をとった薬品で、熱心なファンがついていた。しかしなぜそこまでの人気が出たのかは神のみぞ知るだ。というのも原料には猛毒のアンチモンが含まれていた。これは嘔吐《おうと》を誘発する。

ものを呑み込むのも難しかった。体温を測ってみたところ三十七度だったが、二月十四日には三十九度、四十一度と上がっていた。彼はヒューヒューと息を立て、金切り声を上げた。眉間には皺《しわ》が寄り、頭を後ろに投げ出していた。非常に危険な兆候だ。彼は照明を弱くして部屋の中にこもっていた。水銀とジェームズ・パウダーを使った治療は続けられ、頭には氷が載せられた。すべての症状が消え、子どもは回復した。

唐突ではあるが、ともかく全快したわけだ。外科医は、何が起こっていたのかいまだに確信が持てないでいた。脊髄が損傷していたのだという仮説を検証できないかと、彼は病院の死体安置所に赴《おもむ》いた。そこで適当な死体を選び、鋭い針金を喉の奥に突き刺してみた。少年と同じ位置だ。

**針金は第一と第二頸椎の間を通って、脊髄を損傷させた。医師が見るところ、これはユニークな事例だった。**[10]

クローリー氏の分析が正しいとすると、確かにユニークと言わざるを得ない。首の第一頸椎と第二頸椎（C1、C2とも呼ばれる）の間の損傷となると、脊髄についた傷の中でも最も深刻なものということになる。もし脊髄が完全に切断されていたら、行きつく先は死か、少なくとも全身麻痺（呼吸も停止する）は免れない。今回は明らかにそこまでの事態には至っていない。悪くとも、傘の骨は脊髄をこすったくらいだろう。何にせよ、珍奇な事件ではある。

炎のげっぷ

西部スコットランドのジョージ・ビートソン卿といえば、癌《がん》治療の同義語と言ってもよかった。グラスゴーにある癌治療を専門とする大病院は研究機関も兼ね、癌についての施療院でもあったが、その名前はビートソン卿にあやかってつけられている。ヴィクトリア朝時代の外科医で、進行してしまった乳癌に対して、初めて効果的な治療法を編み出した人物だ。卵巣《らんそう》を取り除いてしまえば、癌の進行を遅らせることができると彼は推定したのだった。この卵巣切除手術はこの後一世紀以上にわたり、乳癌の標準的治療法であり続けた。

この腫瘍《しゅよう》学の先駆者は一八八六年に喫煙の危険性について驚くべき発見をする。といって、肺癌との関連性ではない（二つのつながりが疑う余地なく実証されるには一九五〇年代まで待たなければならない）。そうではなく、事はビートソンがその年の二月に『英国医学時報（British Medical Journal）』に寄稿した論文に関わっている。それは「爆発するげっぷ」という重大テーマを取り扱っていた。

**《顔面火傷《やけど》の異常な原因》**

私はこれから紹介する事例は記録に残すべきと考えている。かなり希少な事例だし、法医学上の観点からも重要だと思われるのだ。この事件については、患者自身の言葉を借りるのが一番良いように思われる。彼は手紙に次のように書いていた。

「一週間前、私の身の上に奇妙な事件が起こりました。一カ月ほどの間、不愉快なおくびが出るので悩まされていました」

おくび、すなわちげっぷのことである。

「痛みはありませんでしたが、胃から立ち上ってくるガスの臭《にお》いは、私自身にも同室にいる人々にも耐えがたいものでした。一週間ほど前でしょうか。朝起きて、時計を見ようとマッチをすったのです。吹き消そうと口もとに近づけたところ、吐息に火がついたのです。銃声のような音が響きました。唇《くちびる》に火傷を負い、今でもひりひりします。私自身、非常に驚きましたが、妻も同じように驚いて目を覚ましました」

これ以上不安を掻《か》き立てる状況があるだろうか。爆発で目が覚めたのだ。あるいは、夫が機嫌を損《そこ》ねた竜のように火を噴いているのだ。口臭は普通なら患者とその周囲に不愉快なだけだが、ビートソン氏はこれは「危険な状態になる」かもしれないとの結論に達した。

今回の例では、食物の消化が不完全だったことが原因で、炭素原子と水素原子が化合して、炭化水素が発生した……

「炭化水素」とはメタンガスのことだ。「炭化」とは「炭素に反応もしくは炭素と化合」くらいの意味である。たとえば自動車エンジンのキャブレターは、爆発力を増加させるために炭化水素（つまりガソリン）を空気に混ぜ合わせる機関だ。

**……可燃性で爆発しやすい物質だ。一定以上の酸素比率の空気と混ざり、マッチの火が近づいたことで着火したのだった。**[11]

爆発にはメタンガスだけでなく水素も関わっていると思われるが、ともあれかなり説得力のある説明だ。両方とも、人間の消化器官内で比較的多量（一日に二百ミリリットル程度）に作られるガスだ。大半は大腸で作られる。しかしそれではなぜ口から出てきたか説明がつかない。

ビートソン医師の小論は活発な反応を呼んだ。数週間後にはバーミンガムのロバート・サウンドバイ医師から、学問的な内容の手紙が届いている。これには他の患者のげっぷに含まれる可燃ガスの化学的分析の結果が書かれていた。が、彼の批判的分析ももう一人のグラスゴー在住者、R・スコット・オール医師の手紙の前ではかすんでしまう。それには「脳卒中《のうそっちゅう》で亡くなった七十歳の紳士」についての逸話が書いてあった。すなわち、

「五年か六年前、私はひどい胃酸過多で、同時に消化不良状態でした。グレゴリー調合薬とビスマスが効果的で、長い期間それを使って、症状を緩和していました」

グレゴリー調合薬はルバーブ、ショウガそれから炭酸マグネシウムを混ぜ合わせて作られている。特許取得済みの薬品で、消化器官不調用の薬として広く使われていた。

「ですが、そのまま一年か二年が経ったころ、ガスが溜まって、夕食が終わった後は夜中腹が膨れるようになり、みぞおちにも相当の痛みがありました。胸やけや胃酸過多はそれほどでもなくなりましたが、不快な臭いのおくびが出るようになりました。そのおかげで、人といるのが気づまりで仕方なく、正直に言ってみじめなくらいです。最近は痛みもかなり鋭くて（圧迫感がすごいのです）、なかなか眠ることもできません」

まるで皮なめし工場のような悪臭を発するだけでは足りないとばかり、この哀れな男はさらに人付き合いがしにくくなるような状態に陥ってしまう。

「四カ月か五カ月前のことですが、パイプに火をつけようとしたところ、不意におくびが出てきました。パイプの火皿にマッチは寄せられていて、それがガスに着火したのです。おかげで私は口ひげと唇を焼くことになってしまいました。恐ろしい事件です。一つまみ分の火薬に火をつけたときくらいの爆発でした」

ドカン！　と音が鳴ったという話だ。

「そばに座って読書をしていた息子《むすこ》のHも驚いて、跳ねるように顔を上げてこちらを見ます。彼は同じ現象を二、三回目撃しています。全部で五、六回こんなことがありました。何度も食事を変えてみましたが、無駄に終わりました⑿」

この現象の説明を期待していた読者にはがっかりな話だが、可燃性ガスは類稀《たぐいまれ》なほど深刻な消化不良の副次的作用として片付けられている。だがこの四年後、ジェームズ・マクノート医師が同種の事例について作成した報告書ですべてが明らかになった。彼の患者は二十四歳の工場労働者だ。

彼は仕事柄早起きだった。あるとき、時計を見ようとマッチをすり、それを口もと近くに持っていたのだが、おくびが出た。そこで彼は驚愕《きょうがく》の事態に立ち至ることになる。胃から放出されたガスに火がついたのだ。顔と唇には相当の火傷を負うことになったし、口ひげにも火がついた。

マクノート医師は、患者の腹部が膨れ上がり尋常《じんじょう》でないくらい張っているのに気づいた。気になったので、胃までチューブを通し内容物を採取することにした。中には――

饐《す》えたパン酵母《こうぼ》のような臭いがするじめじめした物体があった。置いておいたら、厚い泡状の層が表面に形成された。まさにパン酵母だったが、不潔な感じがした。泡の中にはガスが詰まっていたが、この泡は容器の中で次々に発生しては弾けた⒀。

このガスは可燃性だった。マクノート医師はこれが発酵《はっこう》作用によって発生したものだと考えた。本来は腸内で起こる反応だが、患者は消化器官が閉塞《へいそく》状態にあり、胃の内容物が小腸に行きにくい状態になっていた。長いこと胃の中にとどめおかれたせいで、内容物が発酵して大量の水素とメタンガスを生じさせたのだ。そしてそれを排出するには口から出すしかなかった。

二十世紀前半に同種の事例が数多く記録されている。燃えるおくびと幽門狭窄症《ゆうもんきょうさくしょう》［胃の出口である幽門が狭くなってしまう症状］とのつながりについては、それで確認がとれた。ところでその中にはとんでもない隠し芸を披露してしまった例もある。ブリッジをやっている最中にタバコを吸おうとしたのだった。

彼は前傾姿勢になっていたが、げっぷが出るのを止められそうもなかった。人前だったので、何とか控えめに済まそうとして鼻からガスを抜こうとしたが、結果として鼻孔から扇のような形の炎が噴出され、居合わせた人間を驚かせた[14]。

これ以上奥ゆかしいやり方があるだろうか？

# サイクリングは心臓に悪い⁉

一八九四年九月、世界中から多くの科学者たちがブダペストに降り立った。最高峰の頭脳を持つと目される人物たちだ。彼らは、衛生学および人口統計学における第八回国際会議に出席するために集まったのだった。巨大な国際会議で、九日間の間に七百もの研究論文が提出され、二千五百人にも上る代表者が発表を行った。ハンガリーは出席者たちに大盤振る舞いをしたようで、ある雑誌などは、「科学はほぼ口実にすぎず、彼らは愉快な小旅行を楽しんだ」と書いているほどだ。

この会議で扱われたテーマは、ジフテリアが蔓延《まんえん》した際の対処法から、冷水浴の健康上のメリットまで、多岐にわたった。九月五日水曜日、「スポーツの衛生学」について短い討論会が行われた。E・P・レオン＝プティは「女性とサイクリング」の題で発表を行っている。この哀れで繊細な被造物にとって、自転車という新機軸の装置は安全なのかという疑問に彼は悩まされていた。が、危険性は誇張されすぎていると彼は言う。それに、潜在的に言えば健康上のメリットはかなりのもので、貧血や便秘などの症状が改善した事例を確認しているとのことだ。*

＊思い切り先進的な結論を出しているが、レオン＝プティ医師自身は古き良きヴィクトリア朝の気風を体現する性差別主義者にすぎなかった。着席する前に彼は次のように意見を述べている。「自分の能力以上のことをして事故を引き起こす自転車乗りがどんなものかということならば、女性のレースを見れば事足ります。これは大変な嫌悪感を催《もよお》す見世物です」と。

レオン＝プティ医師は自分自身もクラブに所属する熟練の自転車乗りで、それはこの後の発表者ジョージ・ハーシェルも同じだった。ロンドン出身の医者だったが、彼の発表は幾分か暗い色調を伴っていた。

**《心臓病の原因としてのサイクリング》**

分別ある範疇《はんちゅう》に収まるならば、サイクリングは最も健康的な娯楽の一つです。しかし、のめり込みすぎれば、最も有害な娯楽の一つとなってしまいます。私がこのテーマを選んだのはとりわけ、自分が心臓病の治療を専門とする病院の一員で、研究者として特別恵まれた立場にあるからですが、さらに言えば私自身も自転車乗りで、これは非常に興味を惹《ひ》かれる研究テーマでもありました。ここ数年間で数多の心臓病の事例を見てまいりましたが、残念ながらその多くはサイクリングが原因だと言わざるを得ません。

サイクリングは身体の運動だし、ヴィクトリア朝時代の人間はみんな運動が大好きだったはずだ。では何が問題なのか。ハーシェル医師は次のように説明する。

主に何が危険なのか、つまりどうして他のスポーツより有害なのかというと、一人で走らせている場合はやりすぎて有害になることが多く、集団で走っていても同じことが起こるからです。特にクラブでは。

「やりすぎて有害になる」とは良い言い回しだ。私もだるくてランニングに行きたくないときに使おう。

まず一人で走る場合を取り上げてみましょう。彼が、自分が思っているよりはるかに自転車を走らせてしまう可能性はきわめて高いのです。やりすぎと気づくのは後になってからです。

どうやらハーシェル医師は、彼女が自転車に乗っているかも、とは思いもよらなかったらしい。

出発は朝です。爽《さわ》やかで活力に満ちていますし、どこを走るのかあらかじめ計画も立ててあります。ですが、思っていたほど距離が進まずに、昼食の時間になっても目的地までまだ何マイルか残っている、という事態は珍しくないのです。もしかしたら、自分の能力を過信していたのかもしれません。それとも道の状態が悪く、計算通りに進まなかったのでしょうか。何にせよ彼は空腹で、その場所まで辿《たど》り着くためにペースを上げることになります。しかし到着したときには疲れ果てて食欲もなくなっているのです。

「自転車に乗っていてあまりにも疲れてしまったので、お昼はあまり食べられないかもしれない」

――こんなセリフ言ったこともないし、予想だにしなかった。

またこんな場合。道の状態が良好で追い風を背に受け、気力も充実しています。自転車もすいすい進んでおります。半日ほど走った後、来た道を引き返し始めますが、ここですべてがひっくり返るのです。疲労は蓄積し、風は向かい風。さらに、あまりにも簡単に進んだので、予定していたよりだいぶ遠くまで来てしまっております。というわけで家に帰り着くころには、自転車乗りの言葉で言うところの「baked（焼けた）」状態になっているのです。

「baked（焼けた）」は一八九〇年代、自転車乗りたちの使っていたスラングで、「疲れ果てている」という意味。現代のサーファーは「麻薬がきまっている」という意味で使うが、こちらではない。とはいえ、最近のスキャンダルを思えばそちらも的外《まとはず》れとは言えないかもしれないが。

自転車乗りにとって害になること最もはなはだしいのは、坂道を上ることとです。頂上に向けて走っている間、動脈内血圧が上昇し、圧力が上昇して心臓が膨張します。ここで休むならば何の害もありません。しかし、大抵そうはならないのです。あとちょっと自転車を漕《こ》ぐだけで頂上に到着すると思うので、ペースを上げてすでに限界に来ている心臓にさらに負担をかける結果になるのです。ほんの少しの時間ではありますが、心臓は回復できないほどのダメージを負いかねません。

主に心配なのはロードレーサーよりもレクリエーションとして自転車に乗る人たちだとハーシェル医師は付け加えている。とはいえ専門家たちも危険と無縁ではない。というのも彼らは「二、三の賞を勝ち取るために、将来の健康を犠牲にすることを辞さない」からだ。

さらに悪いのは「ヒルクライム」と呼ばれるレースです。わざわざ有害な乗り方を探している向きには、これ以上のものは思いつかないと言いたいくらいであります。急勾配《こうばい》の坂が入念に選ばれ、選手たちはそこでタイムを競います。これ以上の自殺行為は想像できません。つまり、これはかなりの確率で心臓病の原因になるのです。

この調子では、毎回山頂までの登坂を含むツール・ド・フランスはどうなってしまうことか。二〇一七年大会ではジュラ山脈がコースに含まれていたが（ステージ9だ）、走行距離は百八十キロ、上昇距離は四千六百メートルにも上る。このステージのちょうど半分の地点に、グラン・コロンビエがあり、選手たちはそこで三キロにもなる傾斜度二十二パーセントの坂道を登ることになった。涙が出そうなくらいきついコースだ。

ともあれハーシェル医師はそこで予防リストを挙げている。「この魅力あるスポーツを健全に楽しむために」提案されたものだ。

（一）低速ギアを使うこと。

（二）背筋を伸ばすこと。現代の自転車乗りはかがんだ姿勢をとっているために病気にかかることが多いのです。これは胸部が圧迫されて肺の膨張が妨《さまた》げられてしまい、血液中に酸素を供給する働きが滞《とどこお》ってしまうからです。すぐに息切れするようになります。

（三）自転車に乗っているときもしっかりと食べること。ただしビーフティーなどの筋肉に毒になるような食べ物は避けること。

（四）コラとコカは避けること。盛んに宣伝されていますが、これらは疲労感を麻痺《まひ》させてしまうので、乗り手もわからないうちにやりすぎになってしまうことが多いのです。

コラの実はカフェインを含んでおり比較的無害だが、コカの葉はコカインの原料になるものだ。競技の世界で使うと顔をしかめられる代物《しろもの》だ（一番有名なのは一八八六年発売のコカ・コーラだが、これは一九一九年にフランスで工場が作られるまでヨーロッパではほとんど知られていなかった。ハーシェル医師も存在を知らなかったと思われる）。

（五）息が切れ始めたら、どんなことがあっても走るのをやめるべきです。胸に少しでも不快な感覚があったときも同断です。(15)

言いたいことはわかった。ただし文字通りハーシェル医師のアドバイスに従った自転車乗りはサイクリングから得られるメリットを自ら拒むことになった。心拍数が上がるのも息が切れるのも、有酸素運動の肝《きも》である。心筋が鍛えられるので血液循環がより健全になる。これは（無理のない範囲内であれば）文句なしに利点と言える。このごろでは慢性的な心臓疾患を抱える患者にもサイクリングが奨励されるが、これは心臓の機能が鍛えられるためだ。

心臓病専門の病院に勤める医者とはいうものの、ハーシェル医師がこの病気について書いた論文は非常に少ない。彼は消化器官の専門家としては評価が高く、そのテーマでまとめた教科書はいくつか版を重ねている。胃が弱い人のためのレシピを載せた章を設けておくほどの細やかさで、彼が亡くなって数年後、このレシピを抜粋した小著が『胃に優しい料理法（Cookery of Dyspeptics）』の題で出版されている。これを上回るタイトルの料理本はおそらくあるまい。

# 訳者あとがき

この本は『The Mystery of the Exploding Teeth: And Other Curiosities from the History of Medicine』の全訳です。

十七〜十九世紀における医学の事例集と言えば、一般にはなじみのない専門用語が紙幅いっぱいに散りばめられ、そうでなくとも無味乾燥な記述が果てしなく続くので、読者は眠気と闘いながら何とかページを進めていく、といった苦行を想起しがちかもしれませんが、これはそういったタイプの本ではありません。というのは、やはり集められた事例の性格に負うところが大きいのでしょう。著者はおよそ専門家以外には退屈な医学文献の山から、ナイフを呑《の》み込んだ男の話や享年百五十二の老人の話など、砂粒にまぎれた砂金を見つけ出すように選りすぐりの逸話（訳者個人の好みを言わせてもらえば、第三章の〝「鳩の尻」療法〟の話がお勧めです）を収集しています。現代と当時の常識のギャップから奇妙に見えてしまうものもあれば、当時からしても異様な行動に走っている医師の話もあり、また病気自体が珍しいというものもありますが、いずれにしても新鮮な驚きをもたらしてくれる話には違いありません。

実に多くの奇行や奇想が採録されています。古い医学雑誌に載った論文がふんだんに引用されており、その渉猟《しょうりょう》ぶりにも感心するのですが、論文の著者たちの書きぶりは（例外もありますが）真剣なだけに却《かえ》ってユーモアが立ち上ってくるようです。また引用の合間には論文についての評言が差しはさまれているのですが、こちらはまさにずけずけといった感じで切り込んでいくので、明け透《す》けな笑いを引き起こしてくれます。ある意味では、本書の登場人物である医者や患者を出しにして笑いをとっているとも言えるわけですが、これは不思議なほど快活で、陰《いん》にこもったものを感じさせません。言ってみれば「王様は裸だ」と叫ぶ子どものようなものでしょうか。本書を読み進めていけば、引用論文と本文が漫才で言うところのボケとツッコミのような関係になっている箇所がかなりあることに気づくと思います。漫才というと人が笑うタイミングは大体ツッコミに集中するような気がしますが、物の見え方にギャップがあり、そのギャップを行き来することで誘発される笑いというのはあるようです。物の見え方が変化することで生じる笑い、と言ってもよいかもしれません。

茶化される人物は身分も地位も様々で、かなり有名な医者もいれば自称医者といった手合いもおり、またもちろん患者もいるのですが、著者の手にかかれば等しく「裸の王様」にされてしまうようです。本書に収められているのは過去の事例ですが、時にとんでもないことを思いつく人間がいて、さらにはそれが一時代の常識になってしまうこともある、というのは現代の私たちにとっても他人事ではないのかもしれません。百年後、二百年後には現代を射程に入れた第二、第三の『The Mystery of the Exploding Teeth』が書かれているかもしれませんし、私たちに「王様は裸だ」と叫ぶ機会が来ないとも限りません。それだけに、本書の引き起こす笑いには、実の締まったリンゴを齧《かじ》る時のような小気味よさがあると思います。

そのような本を翻訳するのは、訳者としても楽しい経験でした。文章は平明を心掛けましたが、ところどころ原文の調子が訳者にも伝染したようで、普段なら出てこないような言葉がふと筆先からこぼれ落ちてくるようなこともありました（作業はパソコンで行っていますが）。文章から何かが伝染するというのは、翻訳だけでなく読書一般の楽しみであると思います。読者の皆様にもそのような楽しみを味わっていただければ、訳者としてこれに優る喜びはありません。

二〇一九年三月

日野栄仁

14 'Fish, frog or human!', *Northern Ohio Journal* 2, no.39 (2 April 1873), p1
15 'An amphibious infant', *Medical Notes and Queries* 1, no.1 (1873), p.7
16 'Variétés', *Journal de médecine de Paris* 1, no.26 (1881), p.715

## ◆第七章　日常に潜む「隠れた危険」

1 'Impaired voice, in clergymen', *Boston Medical and Surgical Journal* 20, no.7 (1839), p.112–13
2 William Perfect, 'Appearances on opening the body of a woman, who died the beginning of August 1762, after eating a large quantity of cucumbers', *The Medical Museum* 1 (1781), p.212–13
3 J. S. Jenkins, 'Dr Samuel Auguste Tissot', *Journal of Medical Biography* 7, no.4 (1999), p.187–91
4 Samuel Auguste David Tissot, *An Essay on Diseases Incident to Literary and Sedentary Persons* (London: J. Nourse, 1769)
5 Bernhard Christoph Faust (trans. J. H. Basse), *Catechism of Health, for the Use of Schools, and for Domestic Instruction* (London: C. Dilly, 1794), p.37–46
6 W. G. Carpenter, 'Case of fatal pleuritis, apparently the effect of the presence in the right pleura of a piece of ivory, consisting of four artificial teeth, which had been swallowed thirteen years before', *Guy's Hospital Reports* 7 (1842), p.353–8
7 Robert B. Carter, 'Cases in practice', *Ophthalmic Review* 1 (1865), p335–43
8 'Medical annotations', *The Lancet* 91, no.2324 (1868), p.354–8
9 A. J. Morin, 'Mémoire sur l'insalubrité des poêles en fonte ou en fer exposés à atteindre la température rouge', *Mémoires de l'Académie des Sciences de l'Institut de France* 38 (1873), p.23–90
10 'Transactions of societies', *Medical Press and Circular* 15 (1873), p.249–59
11 'Clinical memoranda', *British Medical Journal* 1, no.1311 (1886), p.294–6
12 R. Scott Orr, 'Cases of inflammable expired air', *British Medical Journal* 1, no.1313 (1886), p.421
13 James McNaught, 'A case of dilatation of the stomach accompanied by the eructation of inflammable gas', *British Medical Journal* 1, no.1522 (1890), p.470–2
14 Archibald H. Galley, 'Combustible gases generated in the alimentary tract and other hollow viscera and their relationship to explosions occurring during anaesthesia', *British Journal of Anaesthesia* 26, no.3 (1954), p.189–93
15 George Herschell, 'On cycling as a cause of heart disease', in Zsigmond Gerlóczy (ed.), *Jelentés az 1894. Szeptember hó 1-töl 9-ig Budapesten Tartott VIII-ik Nemzetközi Közegészségi és Demografiai Congressusról és Annak Tudományos Munkálatairól*, vol.6 (Budapest: Pesti Könyvnyomda-Részvénytársaság, 1896), p.9–17

7 J. M. Chelius (trans. J. F. South), *A System of Surgery* (3 vols;Philadelphia: Lea & Blanchard, 1847), 1: p.485–7
8 George Guthrie, *On Wounds and Injuries of the Chest*) (London: Henry Renshaw and John Churchill, 1848), p.103
9 E. Q. Sewell, 'Lateral transfixture of the chest by a scythe blade followed by complete recovery, with remarks', *British American Journal of Medical and Physical Science* 4, no.10 (1849), p.270–2
10 W. Mortimer Brown, 'Severe and extensive injury to the brain followed by recovery', *New Jersey Medical Reporter* 5, no. 10 (1852), p.371–2
11 W. M. Chamberlain, 'Remarkable recovery from gunshot, sabre, bayonet, and shell wounds', *Medical Record* 10 (1875), p.685
12 'The courts: Making a false pension claim', *New York Daily Herald*, 6 March 1867, p.4
13 'Personated a dead man', *Brooklyn Daily Eagle*, 22 June 1890, p.18
14 'Singulier cas de suicide: un poignard dans le crâne produisant une plaie de cerveau sans symptômes', *Journal de médecine et de chirurgie pratiques* 52 (1881), p.366–7

## ◆第六章　信頼できない話

1 Alexander Munro (primus), 'The preface', *Medical Essays and Observations* 1 (1733), i–xxiv
2 William Pickells, 'Case of a young woman, who has discharged, and continues to discharge, from her stomach, a number of insects, in different stages of their existence', *Transactions of the Association of Fellows and Licentiates of the King and Queen's College of Physicians in Ireland* 4 (1824), p.189–221
3 Rowland Jackson, *A Physical Dissertation on Drowning* (London: Jacob Robinson, 1746), p.10–16
4 John Taylor, *The Old, Old, Very Old Man* (London: Henry Goffon, 1635)
5 Robert Willis (ed.), *The Works of William Harvey* (London: Sydenham Society, 1847), p.589–92
6 Keith Thomas, 'Parr, Thomas', *Oxford Dictionary of National Biography*, https://doi.org/10.1093/ref:odnb/21403
7 Paul Rolli, 'An extract, by Mr. Paul Rolli, F.R.S. of an Italian treatise, written by the Reverend Joseph Bianchini, a prebend in the city of Verona; upon the death of the countess Cornelia Zangári & Bandi, of Caséna. To which are subjoined accounts of the death of Jo. Hitchell, who was burned to death by lightning; and of Grace Pett at Ipswich, whose body was consumed to a coal', *Philosophical Transactions* 43, no.476 (1744), p.447–65
8 François Chopart, *Traité des maladies des voies urinaires* (2 vols; Paris: Rémont et fils, 1821), 2: p114–18, translated in Alfred Poulet, *A Treatise on Foreign Bodies in Surgical Practice* (2 vols; London: Sampson Low, Marston, Searle & Rivington, 1881), 2: p.105–07
9 'Robert H. Copeland', *Southern Medical and Surgical Journal* 3, no.6 (1839), p.381–2
10 'Extraordinary case of adipocere', *Western Medical Reformer* 6, no.11 (1847), p.238
11 'Human fat candles and soap', *Scientific American* 8, no.7 (1852), p.56
12 David Dickman, 'Can the garden slug live in the human stomach?' *The Lancet* 74, no.1883 (1859), p.337
13 J. C. Dalton, 'Experimental investigations to determine whether the garden slug can live in the human stomach', *American Journal of the Medical Sciences* 49, no.97 (1865), p.334–8

(1740), p.814–19
8 V. Rogozov and N. Bermel, 'Auto-appendectomy in the Antarctic: case report', *BMJ* 339 (2009), b4965
9 Rosie Llewellyn-Jones, 'Martin, Claude', *Oxford Dictionary of National Biography*, https://doi.org/10.1093/ref:odnb/63526
10 Samuel Charles Hill, *The Life of Claud Martin, Major-General in the Army of the Honourable East India Company* (Calcutta: Thacker, Spink & Co., 1901), p.147
11 'Col. Martin on destroying the stone in the bladder', *Medical and Physical Journal* 1, no.2 (1799), p.120–4
12 Dickinson Crompton, 'Reminiscences of provincial surgery under somewhat exceptional circumstances', *Guy's Hospital Reports* 44 (1887), p.137–66
13 Chevalier Richerand, 'Case of excision of a portion of the ribs, and also of the pleura', *Medico-Chirurgical Journal* 1, no. 2 (1818), p.184–6
14 'Histoire d'une résection des côtes et de la pléure', *Edinburgh Medical and Surgical Journal* 14, no. 57 (1818), p.647–52
15 'The Chinese peasant Hoo Loo: his removal to England; operation performed on him at Guy's Hospital; remarks on the operation by Mr. W. Simpson, and by J. M. Titley, M.D.', *The Chinese Repository* 3, no.11 (1835), p.489–96
16 'Guy's Hospital', *The Lancet* 16, no.398 (1831), p.86–9
17 W. Simpson, 'The operation on Hoo Loo', *The Lancet* 16, no.399 (1831), p.110–11
18 Alexander Starbuck, *History of the American Whale Fishery from its Earliest Inception to the Year 1876* (Washington: Government Printing Office, 1878), p.466
19 'Extraordinary operation on the subclavian vein, by the mate of a vessel; recovery', *The Scalpel* 6, no.21 (1853), p.311–13
20 'Extraordinary surgical operation', *Medical and Surgical Reporter* 11, no.1 (1858), p.25–8
21 'Editor's table', *San Francisco Medical Press* 3, no.12 (1862), p.226–43

## ◆第五章　想像を絶する奇跡の生還

1 William Maiden, *An Account of a Case of Recovery After an Extraordinary Accident, by Which the Shaft of a Chaise Had Been Forced Through the Thorax* (London:T. Bayley, 1812)
2 Robert Fielding, 'A brief narrative of the shot of Dr. Robert Fielding with a musket-bullet, and its strange manner of coming out of his head, where it had lain near thirty years. Written by himself', *Philosophical Transactions* 26, no.320 (1708), p.317–19
3 John Belchier, 'An account of the man whose arm with the shoulder-blade was torn off by a mill, the 15th of August 1737', *Philosophical Transactions* 40, no.449 (1738), p.313–16
4 Henry Yates Carter, 'Case of a gun-shot wound of the head', *Medical Facts and Observations* 6 (1795), p.91–5
5 Jean Baptiste Barthélemy, *Notice biographique du Docteur Urbain Fardeau* (Paris: Édouard Bautruche, 1846)
6 Urbain-Jean Fardeau, 'Observation sur une plaie de tête faite par une bayonette lancée par un boulet', *Journal général de médecine, de chirurgie et de pharmacie* 35 (1809), p.287–91

8 Salvatore de Renzi, *Storia della medicina italiana* (5 vols; Naples: Filiatre-Sebezio, 1847), 5: p.654–5
9 Karl Canstatt, *Handbuch der medizinischen Klinik* (5 vols; Erlangen: Ferdinand Enke, 1843), 3: p.390
10 'Ein sonderbares Mittel gegen die Eklampsie der Kinder', *Journal für Kinderkrankheiten* 16, nos.1–2 (1851), p.159–60
11 J. F. Weisse, 'Ein Beitrag zu Dr. Blik's Mittheilung über die Taubensteisskur gegen Eklampsie der Kinder', *Journal für Kinderkrankheiten* 16, nos.3–4 (1851), p.381–3
12 'Review XII', *British and Foreign Medico-Chirurgical Review* 22 (1858), p.112–28
13 'Digest of the journals', *London Journal of Medicine* 3, no.33 (1851), p.840–9
14 W. E. Bowman, 'Medicated cigarettes', *Canada Lancet* 1, no.3 (1863), p.19
15 'Editorial correspondence', *Medical and Surgical Reporter* 9, no.9 (1856), p.430–3
16 Alpheus Myers, 'Tape-worm Trap', US Patent no.11942, 1854
17 A. G. Wilkinson, 'The tape-worm, and kousso as an anthelmintic', *Medical and Surgical Reporter* 8, no.4 (1862), p.82–6
18 H. Llewellyn Williams, 'Port wine enemata as a substitute for transfusion of blood in cases of post partum haemorrhage', British Medical Journal 1, no.88 (1858), p.739
19 John Hastings, *An Inquiry into the Medicinal Value of the Excreta of Reptiles* (London: Longman, 1862)
20 'Reviews and notices', *British Medical Journal* 1, no.63 (1862), p.284–6
21 'Reviews and notices of books', *The Lancet* 79, no. 2012 (1862), p.305–07
22 'Court of Queen's Bench: Ex parte Hastings', *Justice of the Peace* 26, no.20 (1862), p.310

## ◆第四章　痛さ極限、恐ろしい手術

1 Tobias Smollett,The Adventures of Roderick Random（Oxford:Oxford University Press, 2008), p.86
邦訳・トバイアス・スモレット『ロデリック・ランダムの冒険』伊藤弘之他訳（荒竹出版1999年12月）110ページ
2 Lorenz Heister, *A General System of Surgery in Three Parts* (London:printed for W. Innys, 1750), p.24
3 William Bray (ed.), *The Diary and Correspondence of John Evelyn, FRS* (4 vols;London: Bell and Daldy, 1870), 1: p.29–30
4 Daniel Lakin, *A Miraculous Cure of the Prusian Swallow-Knife* (London:I. Okes, 1642)
5 Thomas Barnes, 'Account of William Dempster, who swallowed a table-knife nine inches long; with a notice of a similar case in a Prussian knife-eater', *Edinburgh Philosophical Journal* 11, no.22 (1824), p.319–26
6 William Oliver, 'A letter from Dr William Oliver to the publisher, giving his remarks in a late journey into Denmark and Holland', *Philosophical Transactions* 23 (1703), p.1400–10
7 Revd Dean Copping, FRS, 'Extracts of two letters from the Revd Dean Copping, FRS to the President, concerning the caesarian operation performed by an ignorant butcher; and concerning the extraordinary skeleton mentioned in the foregoing article', *Philosophical Transactions* 41

*Medical Journal* 1, no.161（1860）, p.65–8
2 Edward May, *A Most Certaine and True Relation of a Strange Monster or Serpent, Found in the Left Ventricle of the Heart of John Pennant, Gentleman, of the Age of 21 Yeares*（London: printed by George Miller, 1639）
3 Charlton Wollaston, 'Extract of a letter from Charlton Wollaston, M.D. F.R.S. to William Heberden, M.D. F.R.S. dated Bury St Edmund's April 13, 1762, relating to the case of mortification of limbs in a family at Wattisham in Suffolk', *Philosophical Transactions* 52（1762）, p.523–6
4 'The Copenhagen needle patient', *Medico-Chirurgical Review* 7, no.22（1825）, p.559–62
5 'A singular case of somnambulism', *The London Medical Repository* 6（1816）, p.475–8
6 W. H. Atkinson, 'Explosion of teeth with audible report', *Dental Cosmos* 2, no.6（1861）, p.318–19
7 J. Phelps Hibler, *Pathology and Therapeutics of Dentistry*（St Louis: James Hogan, 1874）, p.28
8 S. A. Arnold, 'Case of paruria erratica, or uroplania', *New England Journal of Medicine and Surgery* 14, no.4（1825）, p.337–58
9 'A foetus vomited by a boy', *London Medical and Surgical Journal* 6, no 151（1835）, p.663
10 'Foetus monstrueux de Syra', *Comptes rendus hebdomadaires des séances de l'Académie des Sciences* 3（1836）, p.52–3
11 R. Yaacob et al., 'The entrapped twin: a case of fetus-in-fetu', *BMJ Case Reports*（2017）, doi:10.1136/bcr-2017-220801
12 'An extraordinary injury', *Chicago Medical Journal and Examiner* 56, no.3（1888）, p.182–3

**◆第三章　こんな治療はお断り！**

1 Polydore Vergil（trans. Thomas Langley）, *The Works of the Famous Antiquary, Polidore Virgil, Containing the Original of all Arts, Sciences, Mysteries, Orders, Rites, and Ceremonies, both Ecclesiastical and Civil: a Work Useful for all Divines, Historians, Lawyers, and all Artificers*（London: printed for Simon Miller, 1663）, p.59
2 David Ramsey, *An Eulogium upon Benjamin Rush, M.D., Professor of the Institutes and Practice of Medicine and of Clinical Practice in the University of Pennsylvania*（Philadelphia:Bradford & Inskeep,1813）, p.39
3 Nicolas Culpeper, *Pharmacopoeia Londinensis, or, the London Dispensatory*（London: Sawbridge, 1683）, p.76–7
4 Kenneth Dewhurst, 'Some letters of Dr. Charles Goodall（1642–1712）to Locke, Sloane, and Sir Thomas Millington', *Journal of the History of Medicine and Allied Sciences* 17, no.4（1962）, p.487–508
5 'Anecdota Bodleiana:Unpublished Fragments from the Bodleian', *Provincial Medical and Surgical Journal* 10, no.5（1846）, p.54–5
6 John Wesley and Samuel Auguste David Tissot, *Advices with Respect to Health. Extracted from a Late Author*（Bristol:W. Pine, 1769）, p.150–3
7 V. L. Brera, 'On the exhibition of remedies externally by frictions with saliva', *Annals of Medicine* 3（1799）, p.190–3

### ◆イントロダクション

1 'Sudden protrusion of the whole of the intestines into the scrotum', *London Medical Gazette* 3, no.72 (1829), p654
2 James Young Simpson, 'General observations on the Roman medicine-stamps found in Great Britain', *Monthly Journal of Medical Science* 12, no.16 (1851), p.338–54

### ◆第一章　馬鹿馬鹿しいほど不幸な状態

1 Robert Payne, 'An account of a fork put up the anus, that was afterwards drawn out through the buttock; communicated in a letter to the publisher, by Mr. Robert Payne, Surgeon at Lowestofft', *Philosophical Transactions* 33, no.391 (1724), p.408–09
2 Alexander Marcet, 'Account of a man who lived ten years after having swallowed a number of clasp-knives; with a description of the appearances of the body after death', *Medico-Chirurgical Transactions* 12, pt.1 (1823), p.52–63
3 'Case of infibulation, followed by a schirrous affection of the prepuce', *London Medical and Physical Journal* 58, no.345 (1827), p.558–9
4 M. Marx, 'Chirurgie clinique de l'Hôtel-Dieu', *Répertoire général d'anatomie et de physiologie pathologiques, et de clinique chirurgicale* 3 (1827), p.108–09
5 Thomas Davis, 'Singular case of a foreign body found in the heart of a boy', *Transactions of the Provincial Medical and Surgical Association* 2 (1834), p.357–60
6 Walter Dendy, 'Discovery of a large egg-cup in the ileum of a man', *The Lancet* 21, no.543 (1834), p.675–7
7 Thomas Mitchell, *Materia Medica and Therapeutics* (Philadelphia: J. B. Lipincott, 1857), p.343
8 Antoine Portal, *Observations sur les effets des vapeurs méphitiques dans l'homme, sur les noyés, sur les enfants qui paroissent morts en naissant et sur la rage* (Paris: Imprimerie Royale, 1787), p410–11; translated in 'Swallowing pins and needles', *London Medical Gazette* 23, no.586 (1839), p.799–800
9 K. Burow, 'On the removal of the larynx of a goose from that of a child by tracheotomy', *British and Foreign Medico-Chirurgical Review* 9 (1850), p.260–1
10 A. B. Shipman, 'Novel effects of potassium – foreign bodies in the urethra – catalepsy', *Boston Medical and Surgical Journal* 41, no.2 (1849), p.33–7
11 Andrew Valentine Kirwan, *The Ports, Arsenals, and Dockyards of France* (London: James Fraser, 1841), p.138
12 'Foreign body in the colon transversum', *Medical Times and Gazette* 2, no. 596 (1861), p.564

### ◆第二章　本当にあった「謎の病気」

1 Benjamin Ward Richardson, 'Vacation lectures on fibrinous deposition in the heart', *British*

# 爆発《ばくはつ》する歯《は》、鼻《はな》から尿《にょう》
## 奇妙《きみょう》でぞっとする医療《いりょう》の実話集《じつわしゅう》

2019年5月10日　第1刷発行

著者
トマス・モリス

訳者
日野栄仁《ひのえいじ》

発行者
富澤凡子

発行所
柏書房株式会社
東京都文京区本郷2-15-13（〒113-0033）
電話（03）3830-1891［営業］
（03）3830-1894［編集］

装丁
藤塚尚子（e to kumi）

翻訳協力
株式会社トランネット

DTP
株式会社キャップス

印刷
萩原印刷株式会社

製本
株式会社ブックアート


ISBN978-4-7601-5100-4